U0163730

国 家 重 大 项 目
国家自然科学基金 资助出版

缩减多体系统传递矩阵法

芮 雪 著

科 学 出 版 社
北 京

内 容 简 介

本书首次全面系统地介绍了国家重大项目研究成果之一，多体系统动力学多体系统传递矩阵法的最新理论——缩减多体系统传递矩阵法。该方法具有无需系统总体动力学方程、系统矩阵阶次低且与系统自由度无关、计算速度快、计算稳定性高、程式化程度高的特点，发展了多体系统动力学分析方法，大幅提升了计算能力和性能，为构造多体系统动力学仿真设计大型通用软件提供了快速并稳定的计算基础；揭示了任意多体系统中任意体和铰的任意联接点的状态矢量之间严格的线性传递规律；提供了相关元件和子系统传递方程和传递矩阵的一般形式；针对囊括各种拓扑结构链式、闭环、树形和一般多体系统，提出了4条总传递方程自动推导定理，定义了3种缩减变换，建立了各种元件的缩减传递方程和缩减传递矩阵普遍递推公式，据此形成了适用于各种拓扑结构多体系统动力学的两种递推求解策略，大幅提高了多体系统动力学计算的数值稳定性和精度。本书理论经各种拓扑结构多体系统动力学的计算对比和履带车辆复杂多体系统动力学大型工程实践证明对解决实际问题非常有效。

本书可作为多体系统动力学、机械系统动力学师生和科研人员的参考书，对从事兵器、航空、航天、船舶、车辆、机械等研究和工程技术应用的科技人员具有重要参考价值。

图书在版编目(CIP)数据

缩减多体系统传递矩阵法 / 芮雪著. —北京：科学出版社，2022.6

ISBN 978-7-03-071974-4

Ⅰ. ①缩… Ⅱ. ①芮… Ⅲ. ①系统动力学 Ⅳ. ①N941.3

中国版本图书馆 CIP 数据核字(2022)第 047063 号

责任编辑：许 健 / 责任校对：谭宏宇
责任印制：黄晓鸣 / 封面设计：殷 靓

科学出版社 出版
北京东黄城根北街 16 号
邮政编码：100717
http：//www.sciencep.com

南京展望文化发展有限公司排版
苏州市越洋印刷有限公司印刷
科学出版社发行 各地新华书店经销

*

2022年6月第 一 版 开本：B5(720×1000)
2022年6月第一次印刷 印张：13
字数：180 000

定价：150 元

(如有印装质量问题，我社负责调换)

序一

多体系统动力学作为现代科技工业的基石之一，对推动兵器、航空、航天、船舶、机械等众多行业工程技术发展发挥了重大作用。由南京理工大学芮筱亭院士29年前首创的多体系统传递矩阵法，作为一种多体系统动力学崭新方法，具有无需系统总体动力学方程、系统矩阵阶次与系统自由度无关、计算速度快、程式化易于实现的特点。因此突破了通常多体系统动力学研究需要建立系统总体动力学方程和系统矩阵阶次随系统自由度增加而提高从而导致计算速度迅速下降的技术瓶颈，有效解决了计算效率无法满足复杂机械系统动力学仿真、设计、制造、试验、评估、使用等实际需要的难题，吸引了德国力学家勃兰登堡工业大学Dieter Bestle教授等许多国家的专家学者到中国持续开展合作研究，在国际上150多种重大工程应用中不断取得令人振奋的理论、技术、软件、工程使用等重要进展，得到全球众多科学家和工程技术专家的广泛重视和高度评价。

在多项重大科研项目和其它研究项目支持下，芮雪博士作为多体系统传递矩阵法原创团队成员之一，分别在南京理工大学和德国斯图加特大学，通过与多体系统传递矩阵法原创团队以及国际多体系统动力学协会原主席Peter Eberhard教授深入的探讨，特别是与其博士导师Dieter Bestle教授持续的合作研究，系统地提出了新型缩减多体系统传递矩阵法，为多体系统动力学提供了高程式化、高稳定性、高效率快速计算理论，解决了大型工业软件全面提升计算效率与计算稳定性理论的重大迫切需求。芮雪博士及其合作者对该书内容进行了广泛的国际学术交流，在德国锡根大学从事博士后研究工作期间，通过学术报告和认真讨论，对该方法及其拓展进行了深入的探讨。芮雪博士及其合作者在该领域顶级国际刊物发表了多篇关于该方法研究的学术论文，其中一些论文得到 *Journal of Computational and Nonlinear Dynamics* 前主编、美国力学家 Ahrmed A. Shabana 教授和 *Multibody System Dynamics* 主编、芬兰力学家 Aki Mikkola 教授等知名科学家的高度评价和大力推荐。该方法尽管以多体系统动力学为研究对象提出，但其主要思路和理论可推广应用于声、光、电、磁、热乃至多场耦合物理系统，比如光子、声子、声光子、热子、电磁和力学超材料、多场耦合智能叠层复合材料等复杂物理、力学和声学系统动力学，应用前景十分广阔。

缩减多体系统传递矩阵法作为多体系统传递矩阵法的一个新研究方向，标志着多体系统传递矩阵法的发展在近 29 年中经历了线性系统、离散时间、新型版本三个阶段后的第四个阶段的开始。毫无疑问，缩减多体系统传递矩阵法首部中文版与英文版专著的出版，将有助于该领域科学家、学者和工程师们认识和掌握机械系统动力学分析的一种高效方法，推动多体系统动力学尤其是多体系统传递矩阵法的发展，助力兵器、航空、航天、船舶、机械等行业多体系统动力学仿真、设计、制造、试验、评估和在线监测水平的提升。

本书目前为缩减多体系统传递矩阵法的唯一专著，衷心祝贺芮雪博士该书的出版，相信读者们通过潜心细读，定会领悟该方法的奥妙之处，并能成功应用于自己的研究工作。

Chuanzeng Zhang

德国锡根大学科学与技术学院教授

欧洲科学院院士

欧洲科学与艺术院院士

2022 年 3 月于德国锡根

序二

多体系统传递矩阵法是南京理工大学近三十年来发展起来的一种相当新的多体系统动力学建模方法。该方法规避了质量矩阵,因此处理由体和铰组成的长链系统非常有效,有些其它递归方法有类似特性。多体系统传递矩阵法最初用于分析求解线性多体系统,其关系先天线性。为了应用于非线性系统仿真,首版多体系统传递矩阵法要线性化运动学和动力学方程,从而隐含近似误差,引入的数值积分法作为整个过程的固定部分影响了其灵活性。2013年问世的新版多体系统传递矩阵法在状态矢量的状态变量中用加速度代替位置坐标消除了这些缺点,而原有元件传递矩阵库不再适用影响了其适用性。在《缩减多体系统传递矩阵法》(英文版 *Some Improvements on the Transfer Matrix Method for Simulation of Nonlinear Multibody Systems*)中,芮雪博士提出了元件传递矩阵库的新构建模块,将新版多体系统传递矩阵法的应用范围扩展到诸如链式、树形、闭环及其任意组合而成的一般多体系统拓扑结构。

该书的杰出贡献是在勃兰登堡工业大学工学博士工作期间的研究成果,是多体系统传递矩阵法与 Ricatti 变换的全新结合。与典型多体系统传递矩阵法相比,该书建立了独立于系统其它元件的铰元件缩减传递方程,由于铰传递矩阵规避了涉及铰外接体甚至外接体外接端类型信息组合的问题，从而极大地简化了多体系统传递矩阵法的实施。由于精通多体系统传递矩阵法，我预言这个基准性的成果为未来多体系统传递矩阵法的发展铺平了道路。

该书从经典力学定律说起，到多体系统传递矩阵法，对概念循循善诱而又透彻的阐述，使其不仅对多体系统传递矩阵法领域专家具有学术意义，而且也值得推荐给初学者。

Dieter Bestle

德国力学教授

勃兰登堡工业大学

2022 年 3 月

前言

多体系统传递矩阵法是近29年来发展起来的一种全新的多体系统动力学建模方法。与通常多体系统动力学方法相比,它具有系统矩阵阶次低、计算速度快、程式化程度高等优点,受到国内外广泛关注并被用于解决约150种各类工程问题。同时,如何用该方法快速计算的优点构建多体系统动力学仿真设计工业软件,特别是如何确保复杂机械系统动力学计算稳定性,就成为多体系统动力学及其大型工业软件国内外关注的焦点之一。本书中文版《缩减多体系统传递矩阵法》与英文版 *Some Improvements on the Transfer Matrix Method for Simulation of Nonlinear Multibody Systems* 于2022年分别在科学出版社和德国SHAKER出版社同时出版,旨在为此提供新方法。书中基于新版多体系统传递矩阵法,建立了多端输入刚体和多铰子系统与由二者组成的子系统以及各种类型铰的传递方程和传递矩阵。据此,形成了适用于各种拓扑结构多体系统的4条总传递方程自动推导定理。特别是定义了全新的缩减变换,系统地提出了缩减多体系统传递矩阵法的思想、步骤、基本公式、算法和实践,各种类型系统数值计算和实践证明:该方法适用于链式、闭环、树形和一般多体系统各种拓扑结构,在保持多体系统传递矩阵法快速计算优点的同时,保证了在计算中严格满足边界条件和减少误差,提高了计算稳定性。本书理论得到了由599个相对大运动元件组成的履带车辆复杂多体系统动力学仿真设计重大工程等实践验证。

该书在南京理工大学多体系统传递矩阵法原创团队工作的基础上，总结了本人近几年在德国勃兰登堡工业大学工程力学和车辆动力学研究所取得的研究成果，得到了国家重大项目(2017-JCJQ-ZD-005)、国家自然科学基金(11472135、11972193)、教育部留学基金委奖学金(210708080083)、南京理工大学国际联合培养奖学金等项目的资助。勃兰登堡工业大学提供了很好的研究、工作、生活条件。

非常感谢我的德国博士导师勃兰登堡工业大学 Dieter Bestle 教授的精心指导和无私帮助及 Regine Bestle 夫人母亲般的关照，尤其是他们为本书英文版撰写付出的大量心血！感谢斯图加特大学 Peter Eberhard 教授对我在斯图加特大学访学期间的指导与帮助！感谢胡斌博士全家和 Dieter Bestle 教授团队师生对我在德国学习期间的帮助！特别感谢南京理工大学及其多体系统传递矩阵法原创团队的王国平教授、张建书副教授、王勋博士、缪云飞博士等师生和我的家人长期忘我的支持帮助！本书也成为我终生难忘的我们共同研究探讨的成果结晶。感谢我的德国博士后导师欧洲科学院院士 Chuanzeng Zhang 教授对我在德国锡根大学做博士后研究工作期间的指导帮助和对本书内容进行的深入交流！感谢科学出版社和德国 SHAKER 出版社分别高质量出版本书的中文版和英文版！

芮　雪

2022 年 3 月于德国锡根大学

符号表

英文符号

符号	含义
$\boldsymbol{a}$	加速度
$\boldsymbol{A}$	方向余弦矩阵
$\boldsymbol{b}$	补充方程非齐次项
$\boldsymbol{B}_a$, $\boldsymbol{B}'_a$, $\boldsymbol{B}_b$	补充方程系数矩阵
C	刚体质心
$\boldsymbol{D}$, $\boldsymbol{D}'$	缩减传递矩阵
$\boldsymbol{e}$	缩减变换非齐次项
$\boldsymbol{e}_1$, $\boldsymbol{e}_2$, $\boldsymbol{e}_3$	单位正交矢量基
$\boldsymbol{f}$	外力
g	重力加速度（$g = 9.81\ \mathrm{m/s^2}$）
$\boldsymbol{G}$	协调矩阵
$\boldsymbol{G}_P$	相对于刚体基点 P 的绝对角动量矩
$\boldsymbol{H}$, $\boldsymbol{H}_{1-2}$, $\bar{\boldsymbol{H}}_{1-2}$, $\boldsymbol{H}_3$	投影矩阵
$\boldsymbol{H}_{I_k}$	加速度提取矩阵
$\boldsymbol{I}_n$	$n \times n$ 单位阵
$\boldsymbol{J}_P$	相对于点 P 的转动惯量矩阵
m	体质量
$\boldsymbol{m}$	内力矩
$\boldsymbol{O}_{m \times n}$	$m \times n$ 零矩阵
P	点
$\boldsymbol{q}$	内力
$\boldsymbol{r}$, $\dot{\boldsymbol{r}}$, $\ddot{\boldsymbol{r}}$	位矢、速度和加速度列阵

$\boldsymbol{r}'$	刚体上任一点在连体系中的坐标列阵
$\boldsymbol{S}$	缩减传递矩阵
t	时间
$\boldsymbol{T}_{1,j}$	主传递矩阵
$\boldsymbol{T}_{ij}$	传递矩阵分块矩阵
$\boldsymbol{U}^i$	元件 i 传递矩阵
$\boldsymbol{U}_{i,j}$	传递矩阵分块矩阵
$\boldsymbol{U}_{1\sim n}$	链式系统总传递矩阵
$\boldsymbol{U}^B$	单端输入刚体传递矩阵
$\boldsymbol{U}_{\text{all}}$	系统总传递矩阵
$\boldsymbol{z}$	状态矢量
$\boldsymbol{z}_{\text{all}}$	所有边界状态矢量列阵
$\boldsymbol{z}_a$，$\boldsymbol{z}_b$	分块状态矢量
$\boldsymbol{z}_{I_k}$	输入点 $I_k(k=1, 2, \cdots, N)$ 状态矢量

希腊符号

θ_x，θ_y，θ_z	转动角度
$\boldsymbol{\theta}$	转动角度列阵
$\boldsymbol{\omega}$，$\dot{\boldsymbol{\omega}}$	角速度和角加速度列阵
$\boldsymbol{\omega}'_r$	相对角速度

运算符

$\dot{\bullet}$，$\ddot{\bullet}$	对时间的一阶和二阶导数
$\tilde{\bullet}$	向量的叉乘矩阵
$\bullet'$	连体系中描述的变量
$\bullet^{\mathrm{T}}$	矩阵的转置

上下标

$\bullet^i$，$\bullet^j$，$\bullet^k$	元件序号

$\bullet_x$，$\bullet_y$，$\bullet_z$	在 x、y、z 轴的坐标
$\bullet_I$，$\bullet_O$	输入端和输出端
$\bullet_C$	相对质心的量
$\bullet_{IC}$	从输入点 I 到质心 C 的量
$\bullet_{IO}$	从输入点 I 到输出点 O 的量

缩写

DT-MSTMM	离散时间多体系统传递矩阵法
FEM	有限元法
MSTMM	多体系统传递矩阵法
NV-MSTMM	新版多体系统传递矩阵法
RMSTMM	缩减多体系统传递矩阵法
RMSTMM-H	解耦铰缩减多体系统传递矩阵法
TMM	传递矩阵法

目录

图目录

表目录

1 绪 论

诸如履带车辆的机动性、舒适性、可靠性等机械系统的先进动力学性能主要依赖基于机械系统动力学仿真的先进设计理论和技术。牛顿定律、牛顿-欧拉方程、分析力学、有限元法(FEM)和经典传递矩阵法(TMM)为机械系统提供了这样的理论和技术。特别是多体系统动力学理论与仿真技术,逐渐发展成为系统动力学设计的重要基础之一。多体系统传递矩阵法[1-3]作为一种相当新的多体系统动力学方法,引起了广泛关注,并已应用于解决许多工程问题。本章综述了履带车辆等典型机械系统动力学仿真、多体系统动力学分析的概况,尤其是牛顿-欧拉方程、通常多体系统动力学方法、多体系统传递矩阵法、FEM、TMM的发展历程及其应用,阐述了多体系统动力学仿真特别是多体系统传递矩阵法仍然需要解决的问题。

1.1 履带车辆动力学仿真研究状况

随着兵器、航空、航天、船舶、车辆、机器人、精密机械等工程技术的发展,出现了大量以各种方式联接多个物体而成的机械系统,如各种运动平台、飞机、航母、飞船、机械手、机器人、车辆、民用机械等。几乎所有的机械系统都可视为多体系统,多体系统动力学将一般的多体系统分解为两类元件:体和铰。体主要包括刚体、柔性体和集中质量等。体元件全部为刚体组成的系统称为多刚体系统,体元件只有柔性体的多体系统称为多柔体系统。体元件有刚体和柔性体的混合系统称为多刚柔体系统。铰描述体之间的相互作用。目前,不仅仅是刚体和柔性体,流体和气体也已成为多体系统动力学的研究对象,尤其是流固耦合和气固耦合问题。

各种机械系统被广泛应用于许多领域并发挥着重要作用。例如,履带车辆作为典型的机械系统,由于接地比压小、附着性高、稳定性好、防护性强等优点,在农业、建筑、矿业、军事、林业、国际红十字会应急救援、野外通信、沙漠运输等领域发挥着越来越重要的作用。各种履带车辆实物如图 1.1 所示。履带车辆通常含有大量存在相对大运动的运动部件,与通常机械系统相比最大的区别在于,履带车辆结构以及履带与轮系、多变的外部环境之间的力学关系更为复杂。履带车辆的振动特性、操纵性、舒适性和可靠性等动力学性能是履带车辆核心性能,近 30 年来,随着多体系统动力学方法的发展,履带车辆的动力学性能提升迅速,已达到较高水平。在美国,20 世纪 80 年代到 90 年代使用 ADAMS 等仿真软件进行了履带车辆的动力学分析,2000 年前 M1A1 坦克的履带寿命从 2 000 公里增加到 8 000 公里[4]。近 30 年,中国各种履带车辆技术与产品发展迅速。

履带车辆动力学仿真技术是履带车辆性能设计的关键技术之一,得到了深入研究与广泛关注。Murphy 和 Ahlvin (1976)[5]提出了一种履带车辆模型,车架被视为刚体,负重轮为沿圆周方向均匀分布的径向弹簧,悬架系统为平动弹簧阻尼器。Galaitsis (1984)[6]证明了高速履带车辆中的动态履带张紧力和悬挂载荷有助于其动力学特性。Bando、Yoshida 和 Hori (1991)[7]介绍了橡胶履带小型推土机的设计和分析程序与车辆性能计算机模拟方法。Nakanishi 和 Shabana (1994)[8]提出了履带车辆平面接触动力学模型。Dhir 和 Sankar (1994)[9]建立了三自由度车架附加负重轮自由度的二维履带车辆模型,其中,履带为无质量有张力的连续皮带,地面为刚性,负重轮和履带板之间的接触视为连续径向弹簧阻尼结构。Choi、Lee 和 Shabana (1998)[10]提出了三维履带车辆模型,描述了驱动系统的作用力。Balamurugan (2000)[11]研究了中等重量高速军用履带车辆在崎岖越野地形下的行驶动力学特性有限元模拟。Ryu、Bae 和 Choi 等(2000、2002)[12,13]建立了柔性履带递归模型与车架子系统最小数目方程组,研究高机动履带车辆的虚拟设计。Ozaki 和 Shabana (2003)[14,15]使用受冲击力的履带车辆模型评估了不同方法的性能。Rubinstein 和 Hitron (2004)[16]使用 LMS-DADS 仿真程序建立了履带越野车辆动力学三维模型。Sandu 和 Freeman (2005)[17,18]推导了“摇杆”悬挂系统和独立兼容履带车辆的一般动力学方程,并进行了

图 1.1 各种履带车辆实物一览

数值模拟。Gunter、Bylsma 和 Edgar 等(2005)[19]进行了无人履带车辆计算机建模和仿真与现场测试。Janarthanan、Padmanabhan 和 Sujatha(2012)[20]根据试验性能参数,使用 Simulink 预测了重型履带车辆在各种道路上的加速和制动性能。

履带车辆动力学仿真模型经历了从简单到复杂、从二维到三维的过程。如本书第 6 章介绍,典型的履带车辆是一个由约 600 个有相对大运动元件组成的复杂多体系统,包括 210 多个具有相对大运动的体,这些体由 380 多个铰相联接而成。对于上述履带车辆这样一个含有大量元件的复杂系统动力学仿真以往主要基于通常多体系统动力学方法,其中除了完全递归法外,其它通常多体系统动力学方法都需要建立系统总体动力学方程。如果动力学模型有任何变化,就需要重新推导系统总体动力学方程,该过程通常十分繁琐,且计算时间长,不能满足实际工程设计的需求。履带车辆系统动力学的计算速度直接决定其动力学设计的成败,因此,亟需建立一种更好的履带车辆系统动力学仿真和设计方法。

1.2 多体系统动力学研究状况

本节回顾了通常多体系统动力学方法和独特的多体系统传递矩阵法的起源、发展、在工程中的作用、特点、面临的问题和解决方法等,介绍了多体系统传递矩阵法与经典 TMM 和 FEM 之间的关系。

1.2.1 牛顿定律和牛顿-欧拉方程

力学是研究物质机械运动规律,特别是力与运动之间关系的科学。机械运动是指物质在时间和空间上位置的变化,包括平动、转动、流动、变形、振动和扩散。刚体动力学是研究刚体在外力作用下运动规律的力学分支。力学作为一门系统独立学科发展始于 16 世纪至 17 世纪。动力学研究作用在物体上的力与其运动之间的关系。牛顿力学以牛顿定律为基础研究速度远低于光速的质点系的运动。1687 年,牛顿在其著作《自然哲学的数学原理》(*Philosophiae Naturalis Principia Mathematica*)[21]中提出了物体运动的三个基本定律,也称为牛顿三定律,使经典力学形成了系统的理论。

牛顿第二定律,也称为运动定律:在惯性坐标系中,物体的加速度与作用在物体上的合力大小成正比,与物体质量成反比,加速度 $\boldsymbol{a}$ 的方向与力 $\boldsymbol{f}$ 的方向相同,其表达式为

$$\boldsymbol{f} = m\boldsymbol{a} \tag{1.1}$$

牛顿第三定律又称作用与反作用定律:任何物体间的作用力和反作用力同时存在,同时消失,它们的大小相等,方向相反,作用在同一条直线上。

刚体的一般运动可以分解为随同其基点的平动与绕基点的转动,基点可依需要选取。对于绕基点的转动,可以像研究定点转动那样定义转动角速度和角加速度。欧拉定理[22]是指刚体绕定点的任意有限转动角位移都可用绕过定点某轴的一次转动位移实现。

欧拉动力学方程指的是定点转动刚体运动微分方程。根据牛顿第二定律[式(1.1)],有刚体的质心运动定理[23]

$$m\boldsymbol{a}_C = \boldsymbol{f} \tag{1.2}$$

式中, m 是刚体总质量; $\boldsymbol{a}_C$ 是刚体质心绝对加速度; $\boldsymbol{f}$ 为刚体所受合外力。

对转动运动,欧拉给出了相应的定理,即相对于物体上任一固定点 P 的动量矩 $\boldsymbol{G}_P$ 的绝对变化与合力矩 $\boldsymbol{M}_P$ 有关[23]

$$\frac{\mathrm{d}\boldsymbol{G}_P}{\mathrm{d}t} = \boldsymbol{M}_P - \boldsymbol{r}_{PC} \times m\boldsymbol{a}_P \tag{1.3}$$

式中,动量矩可以通过相对于基点 P 的惯性矩阵 $\boldsymbol{J}_P$ 和绝对角速度 $\boldsymbol{\omega}$ 计算,即

$$\boldsymbol{G}_P = \boldsymbol{J}_P\boldsymbol{\omega} \tag{1.4}$$

式中

$$\boldsymbol{J}_P = \begin{bmatrix} J_{xx} & J_{xy} & J_{xz} \\ J_{yx} & J_{yy} & J_{yz} \\ J_{zx} & J_{zy} & J_{zz} \end{bmatrix} = \boldsymbol{J}_P^{\mathrm{T}} \tag{1.5}$$

$\boldsymbol{M}_P$ 是刚体受到的对基点 P 的合外力矩，$\boldsymbol{r}_{PC}$ 是从 P 到质心 C 的位矢，$\boldsymbol{a}_P$ 是点 P 的绝对加速度。牛顿-欧拉方程指的是，利用质心动量定理和对基点动量矩定理建立的刚体一般运动微分方程组，由平动动力学方程［式(1.2)］和转动动力学方程［式(1.3)］组成。

牛顿定律和欧拉定理奠定了经典矢量力学的基础。针对矢量力学因非自由质点系动力学方程推导过程中存在未知约束力而导致使用不便的问题，侧重于用能量函数来度量系统运动和所受作用的分析力学方法逐步兴起。达朗贝尔(1743)[24]提出了达朗贝尔原理，为分析力学研究奠定了基础。拉格朗日(1788)[25]在虚位移原理和达朗贝尔原理基础上，采用广义坐标导出具有普遍意义的拉格朗日方程，形成了拉格朗日力学体系。高斯(1829)[26]在最小约束原理的基础上提出了理想约束系统的变分原理，即高斯原理。哈密顿(1835)[27]引入广义动量的概念，提出了理想完整约束系统最具代表性的积分型变分原理——哈密顿原理。哈密顿原理以及由此导出的哈密顿正则方程统称为哈密顿力学，其与拉格朗日力学一起被视为分析力学的两大分支。牛顿定律、欧拉定理、达朗贝尔原理、拉格朗日方程、高斯原理、哈密顿原理等经典力学的数学描述是质点和刚体的基本运动定律。以上述经典力学为基础，经典刚体力学研究已有 200 余年历史，在机械系统动力学的研究及其应用中发挥了重要作用。但经典刚体力学仅研究仅含少数刚体的系统。

1.2.2 通常多体系统动力学方法发展历程

利用牛顿-欧拉方程手工建立复杂机械系统的总体动力学方程是十分繁琐和复杂的过程。在研究工程问题时，由于动力学方程的推导过程繁琐，经典力学方法面临着前所未有的挑战。因此，经典力学方法不断发展产生了一个新的学科分支，称为多体系统动力学[28–30]。它的主要研究对象是包含许多相对运动物体的系统。与有限元分析一样，它已成为机械系统动力学性能分析和设计的重要理论基础[3,31]，为现代科学技术的发展和大量工业产品的设计做出了无可替代的重大贡献[32]。

多体系统动力学早期的研究工作主要针对多刚体系统。德国数学家 Fischer (1906)[33]研究了人体运动学和动力学，是最早的多刚体系统动力学研究记录。Kane (1961)[34]提出了利用广义速率代替广义坐标描述系统运动,将力与达朗伯惯性力直接向特定的基矢量方向投影以消除理想约束力的偏速度方法。Roberson 和 Wittenburg (1966)[35]提出了利用图论方法拓扑信息描述多体系统内各体间联系的程式化的系统总体动力学方程建立方法。Chace 和 Smith (1971)[36]提出了基于拉格朗日方程的多体系统动力学方程程式化和计算机化推导方法。Andrews (1971)[37]提出了将矢量动力学方法与图论相结合的矢量网络方法。Magnus (1972)[38]在德国第 15 届应用力学和数学年会上以"多体系统动力学的进展"为题,首次提出"多体系统动力学"的概念。Vereshchagin (1974)[39]推导了 Gibbs-Appel 形式的运动方程递推公式,运动方程规模小、计算量随体数增加线性递增。Schiehlen 和 Kreuzer (1977)[40]在列写出系统牛顿-欧拉方程后,用达朗贝尔原理实现了铰约束力的程式化自动消除,为建立多体系统总体动力学方程提供了有效的手段。Magnus (1977)[41]作为会议主席在慕尼黑组织召开了由国际理论与应用力学联合会(IUTAM)主办的第一届多体系统动力学国际学术会议,确立了多体系统动力学学科。Huston、Passerello 和 Harlow (1978)[42]采用低序体阵列描述系统拓扑结构,提出了用欧拉参数描述体间相对方位的面向计算机的建模方法。Popov、Vereshchagin 和 Zenkevich (1978)[43]应用变分方法研究多体系统动力学,基于高斯最小约束原理将动力学问题转化为铰约束条件下寻求约束函数极小值的条件极值问题。Nikravesh 和 Haug (1983)[44]提出最大数量直角坐标方法,列写各单个刚体动力学方程,利用拉格朗日乘子处理刚体间约束。刘延柱和杨海兴(1986)[45]将旋量-矩阵方法与 Roberson-Wittenburg 图论工具相结合,用旋量形式简化多刚体系统动力学的牛顿-欧拉方程的表达式。

Winfery (1971)[46]不考虑构件弹性变形对其大范围运动的影响,引入弹性系统分析有限元法,研究多柔体系统动力学。对多柔体系统,通常采用 Reyleigh-Ritz 法、有限段法、有限元法、模态分析法等方法描述柔体变形,基于浮动参考框架、旋转标架或惯性标架等描述柔体运动学,进而可将多刚体系统动力学方法拓展应用于多柔体系统动力学[47-50]。20 世纪 70 年代以后增量有限元和几何精确非线性有限元被引入多柔体系统动力学研究[51],分别处理小转动和大转动大变形耦合的多柔体系统动力学。Schiehlen (1986)[52]出版了第一本将多体系统、有限元系统和连续系统视为统一等价模型的多体系统动力学手册。Shabana (1996)[53]提出基于有限元与连续介质力学原理的绝对节点坐标方法,在全局坐标系中定义单元节点坐标和斜率矢量,动力学方程具有常值质量矩阵,不含科氏力和离心力项,对大变形几何非线性系统具有良好的适用性。

1997 年,Schiehlen 创立了第一个报道各领域多体系统动力学重要发展的国际学术期刊 *Multibody System Dynamics*。Ambrósio 和 Gonçalves (2001)[54]探讨了柔性车辆多体系统动力学。Bestle 和 Eberhard (1992, 1995)[55-57]对多体系统动力学优化问题进行了系统研究, Bestle (1994)[56]出版了多体系统动力学优化领域的第一本专著,为机械系统优化设计提供了重要手段。Eberhard 和胡斌(2003)[58]提出了多刚体/有限元混合方法,实现了多柔体系统接触碰撞动力学高精度快速计算,并用于散粒体系统碰撞挤压破碎三维数值模拟研究[59]。随后,南京理工大学发射动力学研究所将其推广并成功应用于实际散粒体系统理论和数值评估[60],对解决实际工程问题发挥了重要作用。

从建立动力学方程的原理和出发点来看,通常多体系统动力学方法可归纳为三类[61]:一是从牛顿-欧拉方程出发的矢量力学方法,它应用牛顿-欧拉方程写出隔离体的动力学方程,推导过程简单,物理意义明确,具有良好的开放性,但不太便于处理动力学方程中铰约束力。包括 Roberson 和 Wittenburg 对纯转动铰链系统的研究方法[35]、矢量网络方法[28,29]、Schiehlen 方法[40]、最大数量直角坐标法[44]、旋量形式牛顿-欧拉方程[45]、基于牛顿-欧拉方程的递归算法[62]等。二是从达朗贝尔原理(或 Jourdain 原理)出发导出的拉格朗日分析力学方法,它将系统作为整体考虑,无需考虑理想约束力(矩),建立方程的过程通常更加程式化,但过程不够直观。包括:Roberson 和 Wittenburg 对具有完整任意约束铰链系统的研究方法[28,29], Gibbs-Appel 递推公式[39]、Kane[34]、Chace 和 Smith[36]、Huston、Passerello 和 Harlow[42]、Ambrósio 和 Gonçalves[54]的研究方法以及增量有限元法[51]、几何精确非线性有限元法[63]、绝对节点坐标方法[53]等。三是基于高斯原理等变分原理,如 Popov、Vereshchagin 和 Zenkevich 的方法[43],这类方法可直接应用优化计算方法进行动力学分析。

基于不同方法的多体系统动力学方程形式不同,如基于牛顿-欧拉矢量力学或拉格朗日分析力学方法可得到常微分方程或微分代数方程形式的系统总体动力学方程。不同形式的多体系统动力学方程数值性态的优劣不尽相同。有许多成熟的数值求解方法用于多体系统动力学二阶微分方程,例如可采用直接积分法将其降为一阶微分方程组后再作数值积分。多柔体系统动力学方程往往是强非线性刚弹耦合的刚性方程。隐式积分算法数值计算稳定性通常优于显式算法,但因求解高维非线性代数方程组时需牛顿-拉夫逊(Newton-Raphson)迭代或拟牛顿迭代来获得未知变量的增量从而计算效率较低。多体系统微分代数方程的求解方法还处于不断探索和发展阶段,可归纳为两类策略[50]:第一类是采用缩并法[64]或增广法[65]将微分代数方程转化为常微分方程,然后寻找合适的数值方法求解转化后的常微分方程;第二类是直接用数值差分方法将微分代数方程离散成非线性代数方程,然后用牛顿-拉夫逊迭代或其它方法进一步求解[66]。

众所周知,系统总体动力学方程的建立及其解是多体系统动力学的两个主要挑战[67,68]。利用计算机自动生成多体系统符号形式的总体动力学方程是目前最重要的研究方向之一[69]。利用计算机从方程表达式中形成方程自动推导原理,是自动生成方程的重要组成部分。特别是提高计算速度、精度和稳定性已成为复杂多体系统动力学长期的重要研究方向。

1.2.3 多体系统传递矩阵法发展历程

大多数通常多体系统动力学方法都具有以下三个共同特征[1,2]:

1) 作为主要步骤,需建立系统总体动力学方程。从本质上讲,系统总体动力学方程涉及系统每个边界端和内部联接点的所有状态变量。如果系统拓扑结构发生变化,相应的系统总体动力学方程必须重新推导,而方程推导是最困难的部分。

2) 因此,复杂系统的状态矩阵阶次很高,通常不小于自由度数,导致计算速度降低而无法满足机械系统设计对快速计算的需求。

3) 1993 年以前,在计算复杂多刚柔体系统的固有振动特性时存在因大刚度梯度引起的病态问题。由于刚体和柔体之间的耦合作用,系统特征矢量不具有通常意义下的正交性,使得线性多刚柔体系统特征值问题非自共轭,难以用经典模态方法精确分析线性多刚柔体系统的动力响应[70]。

面对上述三个问题,芮筱亭于1993年首次提出了多体系统传递矩阵法(MSTMM)[71],通过状态矢量间的传递规律来研究多体系统动力学,为多体系统动力学研究提供了一种全新的方法,并因此通常被称为"芮方法"[3,72]。经过世界上许多科学家和工程专家29年以来的不断发展,该方法已被广泛研究并用于解决各种机械系统动力学问题。我国许多国家重大工程对提高多体系统动力学计算速度和精度的迫切需求,推动了多体系统传递矩阵法理论和计算技术的快速发展。目前,多体系统动力学计算理论与技术及其软件的研究受到了特别关注,尤其是基于多体系统传递矩阵法的大型多体系统动力学仿真设计软件,已成为我国在该领域的主要任务和特色之一。

多体系统传递矩阵法的发展,按其特征主要经历了三个阶段:1993年以来的线性多体系统传递矩阵法(linear MSTMM)[2,71];1998年以来的非线性离散时间多体系统传递矩阵法(DT-MSTMM)[2,73];以及2013年以来的新版多体系统传递矩阵法(NV-MSTMM)[2,74]。多体系统传递矩阵法已经分别用于研究线性多刚柔体系统的机械振动问题和一般多刚柔体系统动力学问题,并在这三个阶段相对独立发展。如今,多体系统传递矩阵法在这三个阶段仍不断发展和完善,其主要发展和变化如表1.1所示。

芮筱亭1993年在其博士学位论文《多体系统发射动力学研究》[71]中首次提出了线性多体系统传递矩阵法,以应对复杂刚柔耦合发射系统振动响应精确分析的需求。在后来出版的著作《多体系统发射动力学》[75]中,解决了复杂线性多体系统特征值问题和由大刚度梯度引起的计算病态问题,同时大幅提高了计算效率。在线性多体系统传递矩阵法中,状态矢量由模态坐标下的线位移、角位移、内力和内力矩构成,元件和系统传递矩阵都是常数矩阵,并通过奇异问题确定系统特征值[70]。芮筱亭、黄葆华和陆毓琪[76]于1997年提出了多刚柔体系统"增广特征矢量"和"增广算子"的新概念,由此实现了对柔性多体系统的精确分析[77]。为了突破仅适用于一维系统的TMM局限性,芮筱亭、贠来峰和

表 1.1 多体系统传递矩阵法的发展与变化

方法	提出时间	适用系统	状态变量	代表性成果	
线性多体系统传递矩阵法	1993 年	线性多体系统	模态坐标下的线位移、角位移、内力矩和内力	1997	增广特征矢量和增广算子与广义正交性
				2005	二维系统传递矩阵法
				2006	稳态响应分析
				2007	随机参数系统分析
				2014	特征值递推搜根算法
				2016	链式系统 Riccati 线性多体系统传递矩阵法
				2017	树形系统 Riccati 线性多体系统传递矩阵法
离散时间多体系统传递矩阵法	1998 年	线性/非线性多体系统	线位移、角位移、内力矩和内力	2005	多刚体系统离散时间多体系统传递矩阵法
				2005	链式系统 Riccati 离散时间多体系统传递矩阵法
				2006	多刚柔体系统离散时间多体系统传递矩阵法
				2019	微分求积离散时间多体系统传递矩阵法
新版多体系统传递矩阵法	2013 年	线性/非线性多体系统	加速度、角加速度、内力矩和内力	2014	可视化仿真软件
				2017	柔性体传递方程

续　表

方　　法	提出时间	适用系统	状态变量	代　表　性　成　果	
新版多体系统传递矩阵法	2013 年	线性/非线性多体系统	加速度、角加速度、内力矩和内力	2018	直接微分法灵敏度分析
				2019	链式和树形系统 Riccati 新版多体系统传递矩阵法
自动推导定理	2012 年	线性/非线性多体系统	对应所选的方法	2014	线性/离散时间多体系统传递矩阵法、链式/闭环新版多体系统传递矩阵法
				2016	线性受控系统
				2016	分叉和闭环-分叉混合系统新版多体系统传递矩阵法
受控多体系统传递矩阵法	2006 年	线性/非线性多体系统	对应所选的方法	2006	线性受控系统
				2010	非线性受控系统离散时间多体系统传递矩阵法
				2019	非线性受控系统新版多体系统传递矩阵法

唐静静等(2005)[78,79]提出了适用于二维系统的传递矩阵法。贠来峰、芮筱亭和陆毓琪(2006)[80]提出了扩展传递矩阵法以提高求解多体系统稳态响应的计算速度。董满才、芮筱亭和王国平(2006)[81]提出了一种含随机参数多体系统分析方法。王国平、芮筱亭和杨富锋(2007)[82]将动力学仿真和含随机参数多体系统优化相结合。Bestle、Abbas 和芮筱亭(2014)[83]提出了一种新的多刚柔体系统特征值递归搜索算法,该算法将搜根问题转化为最小值问题,具有良好的鲁棒性,且比直接枚举算法效率更高。本质上,线性多体系统传递矩阵法是基于模态坐标下线性系统状态矢量的状态变量之间存在的严格线性关系。

为实现用多体系统传递矩阵法对非线性多体系统动力学仿真,芮筱亭、陆毓琪和何飞跃等(1998)[73]建立了在每个时间步长内非线性系统的状态变量,包括位置、转角、内力矩和内力在物理坐标下的线性关系,提出了离散时间多体系统传递矩阵法。由此建立的系统传递矩阵是时变的,是线位移和角位移以及相应速度变量的函数。该方法将传递矩阵的思想与逐步积分法(如 Newmark 法或 Wilson-θ 法)以及线性化方法相结合,以建立状态矢量之间的线性传递关系,获得元件和整个系统的传递方程[84],并扩展到非线性多刚柔体系统[85,86]。离散时间多体系统传递矩阵法采用二阶计算精度的一步时间积分技术,计算开始需要系统初始加速度。而实际工程中有时需要比二阶计算精度更高的精度,在不使用系统总体动力学方程来规避相应的高阶系统矩阵的情况下,不便于求解系统初始加速度。为此,芮雪、王国平和何斌(2019)[87]提出了微分求积离散时间多体系统传递矩阵法,用微分求积法[88]替换原离散时间多体系统传递矩阵法中的逐步积分法,扩展其状态矢量和传递矩阵维数,推导了各种典型元件和子系统传递方程,将元件微分方程在时间点离散为一组代数方程。从而提高了离散时间多体系统传递矩阵法的计算精度和稳定性,也规避了需要系统初始加速度的困难。

为规避离散时间多体系统传递矩阵法仅具有二阶计算精度、对运动参数进行线性化导致近似和需要初始加速度三方面问题,并进一步提高计算精度和简化多体系统动力学的研究过程,芮筱亭、Bestle 和张建书等(2013,2016)[74,89]提出了新版多体系统传递矩阵法的思想、步骤、基本公式和算法,分别用加速度和角加速度替代离散时间多体系统传递矩阵法所用状态变量中的位置坐标和转角,传递矩阵也因此成为时变的精确矩阵,元件和系统传递方程不涉及任何线性化,是严格精确的,可采用更广泛的高阶计算精度的各种步长的时间积分方法,例如,用龙格-库塔法来提高计算精度。同时,规避了需要初始线加速度和角加速度这一离散时间多体系统传递矩阵法中的难题。新版多体系统传递矩阵法本质上是基于牛顿定律和欧拉定理推论出非线性系统在物理坐标下的状态变量之间存在严格的线性关系。芮筱亭、杨海根和顾俊杰等(2014, 2017)[90-92]开发了以多体系统传递矩阵法为核心的多体系统动力学可视化仿真设计软件 MSTMMSim,实际算例验证了它比其它多体系统动力学软件(如 ADAMS[93])具有快得多的计算速度。屠天雄、王国平和芮筱亭等(2018)[94]提出了基于新版多体系统传递矩阵法和直接微分法的灵敏度分析方法。贺子豪、芮筱亭和张建书等(2019)[95]建立了空间大运动小变形板的传递矩阵。

许多由力学元件和控制元件组成的现代工程系统,可以建模为两类受控多体系统:第一,如果当前时刻的控制力可用前一时刻系统状态来表示,如延时受控多体系统,则可将其视为受控元件传递矩阵中的外力;第二,如果控制力与当前状态有关,如实时 PID 控制,则需要根据控制方程和受控元件的动力学方程重新推导控制系统和受控元件的传递矩阵。这两种受控系统的研究方法与非受控系统线性多体系统传递矩阵法、离散时间多体系统传递矩阵法或新版多体系统传递矩阵法类似。陆卫杰、芮筱亭和贠来峰等(2006)[96]及杨富锋、芮筱亭和贠来峰等(2006)[97]提出了线性系统受控多体系统传递矩阵法,来进行多体系统的控制设计;杨富锋、芮筱亭和展志焕(2007)[98]提出了带分叉受控多体系统 PID 控制分析方法;Bestle 和芮筱亭(2013)[99]将传递矩阵法与带有任意控制器的线性机械系统相结合,提出了一种新的受控多体系统动力学方法,从而使控制工程师能够处理更复杂的多体系统模型,并使机械工程师能够在多体动力学中使用更复杂的控制策略;Hendy、芮筱亭和周秦渤等(2014)[100]研究了基于多体系统传递矩阵法的控制参数整定问题;周秦渤、芮筱亭和陶玙等(2016)[101]提出了受控元件、子系统和系统传递方程的推导方法。通过将多体系统传递矩阵法与现代控制理论相结合,实现了根据系统动态响应进行如下振动控制设计:展志焕、芮筱亭和戎保等(2011)[102],王国平、芮筱亭和唐文兵(2017)[103],以及顾利琳、芮筱亭和王国平等(2020)[104]对多管火箭系统的主动振动控制设计;江民、芮筱亭和朱炜等(2020)[105]对6自由度磁流变Stewart平台的线性二次高斯控制设计;戎保、芮筱亭和王国平等(2010、2011、2012、2019)对层合板的 H_∞ 独立模态空间振动控制设计[106]、柔性机械臂的末端轨迹跟踪控制设计[107,108]和船舶海上补给系统的波浪补偿控制设计[109];王平鑫、芮筱亭和于海龙(2019)[110]对高速履带车辆的动态履带张紧控制设计。

至今,多体系统传递矩阵法已成功用于刚体、柔体和多刚柔体系统以及受控多体系统动力学研究,取得了大幅提高计算速度、用元件和系统传递方程代替系统总体动力学方程两项突破[111]。为了快速高效地建立各种多体系统总传递方程,芮筱亭、张建书和周秦渤(2012)[112,113]提出了系统动力学模型拓扑图的概念和总传递方程自动推导定理。由于任何光滑铰都可以建模为具有刚度系数非常小的弹性铰[114],如果刚度系数接近于零,则弹性铰就趋于相应的光滑铰。从这个意义上讲,沿着系统的传递路径和传递方向上,元件的传递矩阵总是存在,其逆矩阵也存在。因此,原有的总传递方程自动推导方法一般适用于上述四种多体系统。对于新版多体系统传递矩阵法,所有单端输入元件(包括光滑铰)的传递矩阵都存在,这就是原总传递方程自动推导方法适用于任何链式和闭环多体系统的原因。针对开发新版多体系统传递矩阵法仿真软件,对手工或计算机自动生成符号总传递方程的要求,芮雪、王国平和张建书等(2016)[115]与孙露、王国平和芮筱亭等(2018)[116]提出了分叉以及闭环与分叉混合多体系统的总传递方程自动推导方法,解决了急需。同时,由于用于多端输入体的综合状态矢量包括第一输入端的所有状态变量和所有其它输入端的内力矩和内力,其传递方程的表达形式较为复杂,因此,树形系统和一般系统的总传递方程的推导和描述需要更为简洁。芮雪(2022)[117]建立了多端输入体、多铰子系统传递方程的一般形式,并研究提出了更便于工程应用的树形和一般多体系统总传递方程自动推导方法。

原理上,系统总传递方程是通过元件传递矩阵依次相乘得到的。

对于大型系统,大量矩阵相乘可能会增加计算误差,与许多多体系统动力学方法一样,截断误差导致的误差累积可能导致计算失败。Horner和 Pilkey(1978)[118]提出了线性链式系统 Riccati TMM 以提高 TMM 的计算稳定性,该方法将原微分方程中两点边值问题转化为一点初值问题。通过将 Riccati 变换与线性多体系统传递矩阵法相结合,张建书、芮筱亭和王国平等(2013)与陈刚利、芮筱亭和杨富锋等(2016)建立了线性链式多体系统的 Riccati 线性多体系统传递矩阵法[119,120],顾俊杰、芮筱亭和张建书等(2017~2020)推广应用到线性树形系统和含闭环的一般线性系统[121-124]。

TMM 以及相应的 Riccati TMM 的研究方法不同于具有相对大运动的一般多体系统。以往无法建立独立于其外接元件的具有相对大运动一般多体系统的铰传递方程。与线性多体系统不同的是,非线性系统中的具有同一外接体的多铰子系统的传递方程强耦合。因此,就像线性多体系统传递矩阵法不能用于具有相对大运动的一般多体系统一样,Riccati TMM 也不能直接用于具有相对大运动一般多体系统。何斌、芮筱亭和陆毓琪等(2005, 2007)[125,126]通过引入类似的 Riccati 变换,提出了链式系统的 Riccati 离散时间多体系统传递矩阵法,保留了多体系统传递矩阵法的所有优点的同时,提高了计算稳定性。针对原 Riccati 多体系统传递矩阵法仅适用于链式系统或线性系统,既不适用于新版多体系统传递矩阵法,也不适用于具有相对大运动的闭环和树形及其任意组合多体系统的难题,芮雪、Bestle 和王国平等(2020)[127]提出了一种用于链式和树形系统的 Riccati 新版多体系统传递矩阵法,不仅比 Riccati 离散时间多体系统传递矩阵法具有更广泛的适用范围,而且比新版多体系统传递矩阵法具有更高的计算稳定性。

本质上,上述 Riccati TMM、Riccati 离散时间多体系统传递矩阵法和 Riccati 新版多体系统传递矩阵法都建立在对相应的传递方程进行 Riccati 变换的基础上,这就决定了这些方法都无法解决闭环系统及其与其它系统任意组合系统。这是因为 Riccati 变换引入的待求变量数少于上述系统的未知状态变量数,即原 Riccati 变换对上述系统无效。因此促使人们思考是否有对上述系统有效的其它变换,可以用来提高上述系统的计算稳定性?同时解决上述方法不适用于非线性多体系统的多端输入子系统及其树形系统问题。因此,芮雪和 Bestle (2021)[128]找到了这样的变换并称之为缩减变换。由此,提出了全新的缩减多体系统传递矩阵法,普遍适用于各种拓扑结构的链式、树形、闭环和一般多体系统,这也将是本书重点介绍的内容。

多体系统传递矩阵法通过元件状态之间的传递规律来研究多体系统动力学,其中“铰”和“体”具有同等地位,这样,就避免了通常多体系统动力学方法需要对“铰”特殊处理为“约束”导致的困难;同时兼有矢量力学动力学方程推导过程简单直观和分析力学无需考虑理想约束的双重特点,更具矢量力学与分析力学所不具有的系统矩阵阶次与系统自由度无关的重要优点,解决了多体系统动力学以下主要问题:用元件和系统传递方程代替系统总体动力学方程,所以系统矩阵阶次低;由于总传递方程和元件传递方程分别只涉及边界端和相应元件的状态变量,这与系统总体动力学方程的情况完全不同,因此具有很快的计算速度。

多体系统传递矩阵法的原理是模块化建模策略和每个元件的加速度与力之间的线性关系。任何复杂的多体系统都可以分解为体和铰,其动力学特性很容易地用矩阵形式表示。对于相同类型元件,其传递方程在不同的多体系统中有完全相同的表达形式,它的传递方程一经建立,就可以一劳永逸地在各种不同的多体系统中任意永久使用。每个元件的传递矩阵被视为一个“砖块”。因此,可以提前建立元件传递矩阵库,根据多体系统的拓扑结构用其组装成多体系统[1,2]。使用元件组装多体系统的过程对应于使用元件传递矩阵和自动推导定理自动形成系统总传递方程的过程[113,115]。与一般的多体系统动力学方法不同,即使系统拓扑发生变化,只要多端输入体的结构不变,就无需重新推导相应的元件传递方程和系统总传递方程。对于这些变化,唯一需要做的就是根据变化后系统的拓扑结构,在原系统总传递方程中添加或删除相应元件的传递矩阵。

元件和系统传递方程规律性表达的重要特点,使得多体系统传递矩阵法特别便于工程应用和推广,因此广泛吸引世界各国科学家和工程设计人员研究多体系统传递矩阵法以解决各种机械系统动力学问题,改进其动力学性能和试验设计,由于计算速度很快从而确保了许多复杂机械系统总体设计。据不完全统计,多体系统传递矩阵法已被科学家和工程师用于解决150多种工程问题[3],为此,大幅度加快了工程进展,改善了工程产品的动力学性能,并降低了大量产品的试验消耗和开发成本。

国内外使用多体系统传递矩阵法进行系统动力学建模、仿真和设计的150多项工程应用主要包括以下12大方面:① 各种发射系统,如自行火炮[129]和多管火箭系统[130];② 各种履带和轮式车辆,如坦克[128]和卡车[131];③ 各种飞行器,如直升机[132]和卫星[133];④ 各种惯性测量系统[134];⑤ 各种船舶,如水下拖曳系统[135]和潜艇系统[136];⑥ 车辆悬架[137];⑦ 各种机床,如重型机床[138]和飞切机床[139];⑧ 各种机械,如大型旋转机械[140]和汽车起重机[141];⑨ 各种建筑物和桥梁,如浮桥[142]、超长斜拉索[143]、复合立管[144]和增强热塑性管[145];⑩ 各种涡轮机,如风力涡轮机主轴[146]和风力涡轮机塔架[147];⑪ 各种内燃机,如柴油机[148]和燃气轮机[149];⑫ 各种智能机械装置,如智能柔性连杆装置[107]和压电作动器[150]。

2018年8月,"多体系统传递矩阵法及其应用"国际学术会议在加拿大魁北克市举行。芮筱亭的报告[151]综述了多体系统传递矩阵法的原理、步骤、基本公式、算法、软件、功能、重要工程应用、研究方向、优点、面临的问题等,获得了该国际学术会议的最佳论文奖。这些国际活动显示了国际学术界对多体系统传递矩阵法的高度重视。来自世界各地60多所大学和研究所的200多名科学家和工程师在100多种学术期刊上发表了大量多体系统传递矩阵法及其应用研究的论文,出版了5部关于多体系统传递矩阵法[1,2]及其应用[75,129,152]的专著。

TMM也许可以被认为是多体系统传递矩阵法的前奏,它创建于20世纪20年代,用于分析一维线性时不变弹性系统振动[153]。它将稳态运动方程归纳为一个与元件两端的力和位移有关的矩阵方程,从系统一端边界开始沿着结构依次扫过直到系统的另一端。TMM主要研究由弹性元件组成的一维线性时不变系统特征值问题以及此类系统在周期激励下的稳态响应,系统状态矢量用模态坐标表示,传递矩阵是常数矩阵。Kumar和Sankar(1986)[154]结合传递矩阵法和数值积分方法提出了线性时变结构动力学的离散时间传递矩阵法。TMM的主要优点是矩阵维数不随元件数量的增加而增加，并且无需存储和处理大型系统数组[155]。TMM 长期被广泛应用于现代工程和科学技术，如结构动力学、光学、声学、电子学、机器人、兵器、航空[156]、航天[157]和机械[158]等。但是纯传递矩阵法不能解决多刚柔体系统振动特性的计算，也不能解决非线性时变大运动多刚体系统和多刚柔体系统动力学问题。

因为本书中的许多结果对多刚柔体系统动力学有效[159]，因此，了解柔性体变形的描述方法，尤其是结构分析数值方法——FEM，具有重要意义。FEM 作为被多体系统传递矩阵法用于结合其它方法描述柔性体的有力工具之一，于 20 世纪 30 年代开始建立并逐步发展起来。它将复杂结构划分为若干基本单元，根据变分原理和每个单元中分段构造的未知函数，推导以单元节点变量为待定参数的代数方程，通过求解这些代数方程得到原问题的近似解。由于对每个单元进行插值和近似，所以很容易处理复杂形状和边界问题。当单元尺寸接近零时有限元解趋于实解。FEM 收敛条件取决于单元插值函数的完备性和一致性。然而，需要处理非常复杂结构许多节点产生的巨大矩阵，计算量大，大刚度梯度系统往往伴随着计算“病态”而导致计算困难。因此，如何提高计算速度与避免计算“病态”是 FEM 研究的重要课题之一。提高 FEM 计算速度的主要方法有有限元矩阵的高效存储法和高效稀疏求解法。FEM 理论基础牢靠，条理明晰易懂，应用范围广，特别适合于高度复杂结构的程序设计和科学计算，已被广泛应用于结构、热、流体、电磁、固体力学、多体系统动力学等学科问题的工程分析和设计优化，出现了 NASTRAN、LS-DYNA、DYTRAN、ASKA、SAP、MARC、ALGOR、ANSYS、IDEAS、ADINA 等 FEM 的专用和通用计算机软件。

然而，单纯用 TMM 或 FEM 无法求解多刚体系统、多柔体系统和多刚柔体系统的动力学问题。即使利用质量矩阵和刚度矩阵的稀疏性，由大量元件组成的复杂结构的系统矩阵阶次仍然很高，计算速度无法满足实际工程设计需求，进一步降低系统矩阵阶次以提高计算速度是 FEM 永恒的目标之一。Dokanish (1972)[160]提出了将 FEM 与 TMM 相结合的有限元传递矩阵法，以提高计算速度。有限元传递矩阵法不仅具有 FEM 的强大功能，而且在处理复杂结构时具有 TMM 的高效性。何斌、芮筱亭和于海龙(2007)等[161]将有限段法与离散时间多体系统传递矩阵法相结合,提出了非线性机械臂的有限段传递矩阵法,具有考虑有限段法的几何非线性和动态刚度以及多体系统传递矩阵法的灵活和计算量低的优点。特别是通过结合 FEM 与多体系统传递矩阵法,有限元多体系统传递矩阵法[162]极大地提高了处理复杂柔性多体系统动力学的能力,并提高了计算速度。

可以混合使用多体系统传递矩阵法和其它多体系统动力学方法解决多体系统动力学问题。事实上,任何多体系统都可以分解为若干子系统,子系统之间的联接关系可以视为每个子系统的"边界",就好像其它子系统不存在一样。用通常多体系统动力学方法分别建立某些子系统"总体"动力学方程,用多体系统传递矩阵法分别建立其余子系统"总"传递方程。这些子系统"边界"上的未知状态变量被处理为通常动力学方法的外力和多体系统传递矩阵法的内力。将这些子系统的总体动力学方程(通常为微分代数方程)与其余子系统的总传递方程和元件传递方程(代数方程)组合成整个系统的方程。求解上述方程,就可得到系统动力学时间历程。该方法的优点是对每个子系统可分别采用各自最适合的数学模型和软件。何斌、芮筱亭和陆毓琪(2006)[163]提出了离散时间多体系统传递矩阵法与通常多体系统动力学方法和 FEM 的混合方法,可以利用这些方法的优势,并与基于各自方法的各种软件包进行移植,来提高这些软件的计算速度。戎保(2014)[164]提出了绝对节点坐标传递矩阵法来提高绝对节点坐标方法[53]的计算速度。

多体系统传递矩阵法主要研究各种刚体和柔性体之间具有相对大运动的非线性时变系统动力学,系统的状态矢量的状态变量在物理坐标下表示,传递矩阵随时间而变化。实际上,TMM 只是多体系统传递矩阵法在线性时不变系统时的一个特例。多体系统传递矩阵法似乎是 TMM、FEM 和通常多体系统动力学方法发展的必然和共同结果。FEM 几乎所有的研究成果都可以用来描述多体系统传递矩阵法中复杂形状柔性体的变形,以研究多刚柔体系统动力学。为进一步发展通常多体系统动力学方法和 FEM,大幅提高计算速度,满足人类对各种产品仿真、设计、制造、试验、评估、使用多体系统动力学的迫切工程需要,多体系统传递矩阵法无疑是最佳选择之一。

1.3 本书主要内容

本书旨在新版多体系统传递矩阵法的基础上，进一步提升其计算速度、稳定性、程式化程度及其在实际工程和多体系统动力学大型仿真设计通用软件中的应用。通过解决原新版多体系统传递矩阵法中出现的诸如因使用综合状态矢量导致多端输入元件传递方程表达式形式复杂、大型系统大量矩阵连乘导致计算不稳定等问题来实现上述目标。为此，建立了简洁的各种元件和子系统传递方程一般形式以降低传递方程的计算规模；定义全新缩减变换降低了所涉及矩阵的阶次，且使边界条件自动严格满足，特别是在长链中，完全避免了长链大量传递矩阵的依次连乘。本书的主要内容安排如下：

第 1 章综述了履带车辆系统动力学仿真、多体系统动力学方法特别是多体系统传递矩阵法的概况。

第 2 章概括了多体系统动力学的基础知识，这些也是新版多体系统传递矩阵法的基础。借助符号约定引入刚体运动学和动力学方程，为建立元件和子系统的传递方程和传递矩阵提供基础。

第 3 章为新版多体系统传递矩阵法提供了全新的元件和子系统传递方程，以及多输入刚体、多铰子系统和各种铰传递方程的一般形式。发现并删除了这些方程中大量乘零的计算，降低了计算量。利用力/力矩和加速度/角加速度之间的严格线性关系来推导传递规律。

第 4 章借助上述各种元件和子系统传递方程的一般形式，提供了诸如链式系统、闭环系统、树形系统和一般系统各种拓扑结构的多体系统总传递方程。据此和动力学模型拓扑图结构，系统地形成了 4 条总传递方程自动推导定理，实现了各种拓扑结构多体系统总传递方程的自动推导，从而进一步提高了多体系统传递矩阵法的程式化程度，为构造多体系统传递矩阵法大型仿真设计工业软件提供了新的理论基础。

第 5 章定义了全新的各种拓扑结构多体系统缩减变换，提出了两种不同缩减策略的各种拓扑结构多体系统全新的缩减多体系统传递矩阵法，给出了对应链式系统、闭环系统、树形系统和一般系统的算法。与新版多体系统传递矩阵法相比，缩减多体系统传递矩阵法的传递方程严格满足边界条件,在继承新版多体系统传递矩阵法计算速度快特点的同时,显著提高了各种拓扑结构多体系统的计算稳定性。

在第6章中,用前面所提出的各种方法对各类系统各种拓扑结构12个算例进行建模和仿真与对比,包括链式系统和树形系统、一些巨大的空间树形系统、一个具有多个多端输入体的树形系统、一些闭环系统和两个具有闭环子系统的一般系统,以证明这些方法的适用性。特别是将其应用于实际的履带车辆动力学建模与仿真,并通过实际履带车辆的行驶试验验证了仿真结果。

第7章总结了本书的研究成果和结论,并对进一步的研究提出了若干建议。

2 多体系统动力学基础

多体系统传递方程和传递矩阵可由刚体和柔体的运动学和动力学方程导得。为了推导元件传递方程,本章提供了元件的基本方程并对其进行巧妙的排序。此外,本章还论述了多体系统拓扑结构和所涉及参量的符号约定。

2.1 多体系统拓扑结构和元件

根据力学元件的自然属性,任何多体系统的力学元件(简称为元件)可被分为体和铰两类。体主要包括刚体、柔体、集中质量等;铰是体之间的相互作用和联接方式,包括光滑转动、滑移、固结,例如球铰、柱铰、线弹簧、扭簧、线阻尼器、扭转阻尼器及其组合等。在多体系统动力学研究方法中,铰通常处理为无质量,有些铰无尺寸(例如转动铰),其质量全部划归相邻的体中。需要指出,在多体系统传递矩阵法及传递方程和传递矩阵中体和铰具有同等地位,因此,简化了多体系统动力学建模过程。完全不同于通常多体系统动力学研究必须用不同方法分别处理体与铰(例如铰通常处理为约束)的研究模式。对所有体和铰,一个元件仅有一个联接端被选择为输出端,所有其它联接端为输入端。每个与其它元件(包括边界)有 2 个联接端的元件称作一端输入一端输出元件,简称单端输入元件。每个与其它元件(包括边界)有多于 2 个联接端的元件称作多端输入一端输出元件,简称多端输入元件。

多体系统根据其拓扑结构可划分为如图 2.1 所示的四类。除了第一个和最后一个元件具有自由、固定或简支边界,链式系统仅涉及具有两个联接端的元件首尾相连。闭环系统是一个特殊的链式系统,其第一个和最后一个元件的首尾相连形成一个回路。树形系统至少含有一

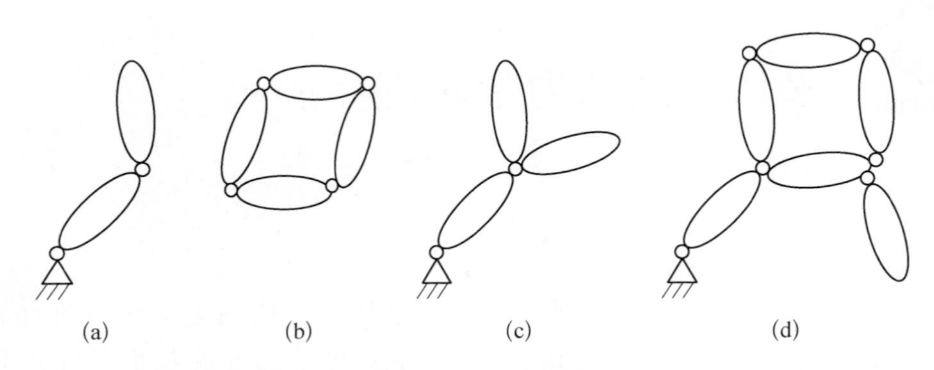

图 2.1 多体系统拓扑结构:(a) 链式系统;(b) 闭环系统;(c) 树形系统;(d) 一般系统

个具有两个以上联接端的体,但不含闭环子系统。最后,一个一般系统可能含有几个树形子系统和闭环子系统。

2.2 隔离体受力图

系统每个元件的运动均在同一个静止惯性直角坐标系 $Oxyz$ 中描述,x、y 和 z 为元件联接点的位置坐标。此外,元件的结构参量在连体坐标系 $I\xi\eta\zeta$ 中描述,单端输入元件的连体坐标系原点为其输入端,当输入端不止 1 个时以第 1 输入端为连体坐标系原点。

力学的基本原理之一是可以用相互作用的内力 $\boldsymbol{q}$ 和内力矩 $\boldsymbol{m}$ 来代替元件之间的联接作用,从而将每个元件与其它元件隔离,如图 2.2 所示,这样处理后每个体或铰都可被视为自由的体或铰。两个相邻元件 i 和 j 的联接点 P, 可以通过其位矢 $\boldsymbol{r}$ 和其局部坐标系的转动张量 $\boldsymbol{A}$ 来描述,如图 2.2(a)所示。根据牛顿第三定律,力 $-\boldsymbol{q}$ 和力矩 $\boldsymbol{m}$ 可以从元件 j 作用到元件 i 上;反之,力 $\boldsymbol{q}$ 和力矩 $-\boldsymbol{m}$ 也会从元件 i 作用到元件 j 上。如果将元件 i 和 j 分隔开,可以更清楚地看到这一点,如图 2.2(b)所示。多体系统传递矩阵法将上述力和力矩分别重命名为 $-\boldsymbol{q}_O^i$、$\boldsymbol{m}_O^i$ 和 $\boldsymbol{q}_I^j$、$-\boldsymbol{m}_I^j$, 并且位矢和转动张量也重命名为 $\boldsymbol{r}_O^i$、$\boldsymbol{A}_O^i$ 和 $\boldsymbol{r}_I^j$、$\boldsymbol{A}_I^j$, 符号中右上标 i 和 j 表示元件序号,右下标 I 和 O 分别表示元件的输入端和输出端, 如图 2.2(c)所示。由于联接点 P 满足恒等关系 $O^i \equiv I^j$ 和牛顿第三定律即"作用力-反作用力"定律,可得如下恒等式:

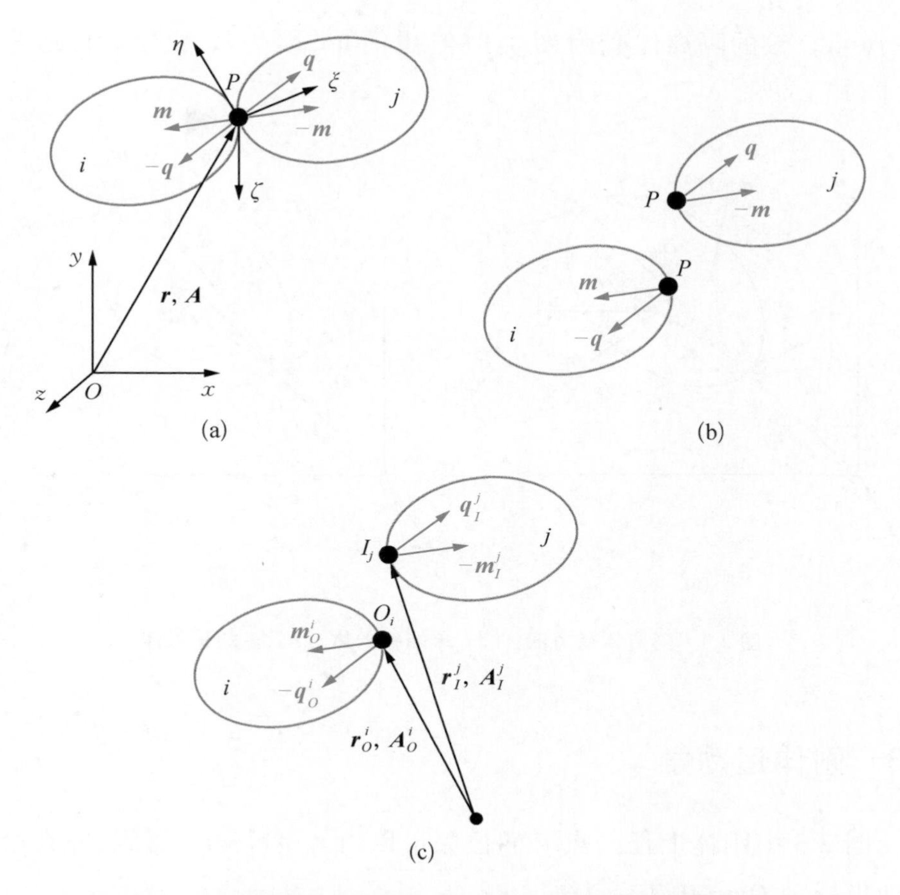

图 2.2　两个相邻元件联接点受力和运动学分析：(a) 联接元件；(b) 隔离元件；(c) 符号约定

$$\boldsymbol{r} \equiv \boldsymbol{r}_O^i \equiv \boldsymbol{r}_I^j \tag{2.1}$$

$$\boldsymbol{A} \equiv \boldsymbol{A}_O^i \equiv \boldsymbol{A}_I^j \tag{2.2}$$

$$\boldsymbol{q} \equiv \boldsymbol{q}_O^i \equiv \boldsymbol{q}_I^j \tag{2.3}$$

$$\boldsymbol{m} \equiv \boldsymbol{m}_O^i \equiv \boldsymbol{m}_I^j \tag{2.4}$$

需要指出，元件输入端的内力矩（$-\boldsymbol{m}_I$）的符号约定可能看起来有点异于常规，这样选择是为了使多体系统传递矩阵法中的状态矢量得以传递，参见文献[1]。

由此得到的具有单个和多个输入端的体的隔离体受力图如图

2.3 所示。铰的隔离体受力图类似但更简单，因为铰无质量且通常无尺寸。

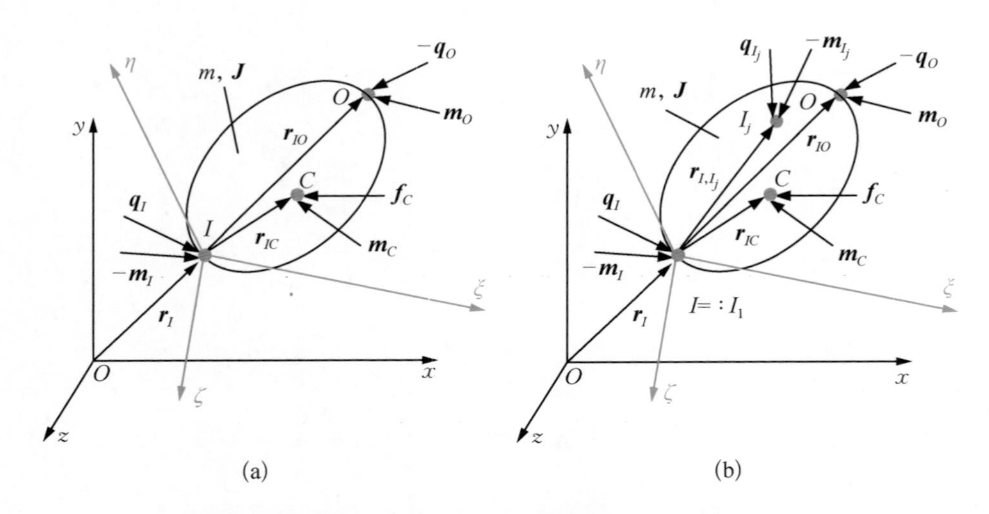

图 2.3　隔离体受力图：(a) 单端输入体；(b) 多端输入体

2.3　刚体运动学

图 2.3 中刚体上任一点 P 的位矢可以由 $\boldsymbol{r}_P=\boldsymbol{r}_I+\boldsymbol{r}_{IP}$ 得到，并在全局惯性坐标系 $Oxyz$ 中表示为

$$\boldsymbol{r}_P=\boldsymbol{r}_I+\boldsymbol{r}_{IP}=\boldsymbol{r}_I+\boldsymbol{A}\boldsymbol{r}'_{IP} \tag{2.5}$$

式中，$\boldsymbol{r}'_{IP}$ 在连体系中描述且不随时间变化。利用坐标逆变换关系 $\boldsymbol{r}'_{IP}=\boldsymbol{A}^{\mathrm{T}}\boldsymbol{r}_{IP}$ 和式(A.12) $\tilde{\boldsymbol{\omega}}=\dot{\boldsymbol{A}}\boldsymbol{A}^{\mathrm{T}}$，式(2.5)对时间求导，得到在全局惯性系 $Oxyz$ 中的绝对速度

$$\dot{\boldsymbol{r}}_P=\dot{\boldsymbol{r}}_I+\dot{\boldsymbol{A}}\boldsymbol{A}^{\mathrm{T}}\boldsymbol{r}_{IP}\equiv\dot{\boldsymbol{r}}_I+\tilde{\boldsymbol{\omega}}\boldsymbol{r}_{IP} \tag{2.6}$$

进一步求导得到绝对加速度

$$\ddot{\boldsymbol{r}}_P=\frac{\mathrm{d}}{\mathrm{d}t}(\dot{\boldsymbol{r}}_I+\tilde{\boldsymbol{\omega}}\boldsymbol{A}\boldsymbol{r}'_{IP})=\ddot{\boldsymbol{r}}_I+(\dot{\tilde{\boldsymbol{\omega}}}\boldsymbol{A}+\tilde{\boldsymbol{\omega}}\dot{\boldsymbol{A}})\boldsymbol{r}'_{IP}=\ddot{\boldsymbol{r}}_I+\dot{\tilde{\boldsymbol{\omega}}}\boldsymbol{r}_{IP}+\tilde{\boldsymbol{\omega}}\dot{\boldsymbol{A}}\boldsymbol{A}^{\mathrm{T}}\boldsymbol{r}_{IP} \tag{2.7}$$

由式(A.12)和 $\boldsymbol{a}\times\boldsymbol{b}=-\boldsymbol{b}\times\boldsymbol{a}$（或 $\tilde{\boldsymbol{a}}\boldsymbol{b}=-\tilde{\boldsymbol{b}}\boldsymbol{a}$），最终得到

$$\ddot{\boldsymbol{r}}_P = \ddot{\boldsymbol{r}}_I - \tilde{\boldsymbol{r}}_{IP}\dot{\boldsymbol{\omega}} + \tilde{\boldsymbol{\omega}}\tilde{\boldsymbol{\omega}}\boldsymbol{r}_{IP} \tag{2.8}$$

刚体内所有质点之间没有相对运动,因此,刚体上每一点的角速度和角加速度相等

$$\boldsymbol{\omega} \equiv \boldsymbol{\omega}_P \equiv \boldsymbol{\omega}_I,\ \dot{\boldsymbol{\omega}} \equiv \dot{\boldsymbol{\omega}}_P \equiv \dot{\boldsymbol{\omega}}_I \tag{2.9}$$

多体系统传递矩阵法中式(2.8)中通常使用 $\boldsymbol{\omega}_I$, 得

$$\ddot{\boldsymbol{r}}_P = \ddot{\boldsymbol{r}}_I - \tilde{\boldsymbol{r}}_{IP}\dot{\boldsymbol{\omega}}_I + \tilde{\boldsymbol{\omega}}_I\tilde{\boldsymbol{\omega}}_I\boldsymbol{r}_{IP} \tag{2.10}$$

2.4 隔离体的牛顿-欧拉方程

对于图 2.3(b)所示多端输入自由刚体,输入端、输出端作用力和外力可归结为

$$\boldsymbol{f} = \sum_{k=1}^{N}\boldsymbol{q}_{I_k} - \boldsymbol{q}_O + \boldsymbol{f}_C \tag{2.11}$$

将式(2.10)的考察对象视为质心 C,即 $P = C$, 得到质心加速度 $\boldsymbol{a}_C = \ddot{\boldsymbol{r}}_C$, 根据牛顿运动定律[式(1.2)],记刚体第一输入点 $I_1 = I$, 得到刚体平动动力学方程

$$m\ddot{\boldsymbol{r}}_I - m\tilde{\boldsymbol{r}}_{IC}\dot{\boldsymbol{\omega}}_I + m\tilde{\boldsymbol{\omega}}_I\tilde{\boldsymbol{\omega}}_I\boldsymbol{r}_{IC} = \boldsymbol{q}_I + \sum_{k=2}^{N}\boldsymbol{q}_{I_k} - \boldsymbol{q}_O + \boldsymbol{f}_C \tag{2.12}$$

由图 2.3(b),对元件输入端 I 的合力矩为

$$\boldsymbol{M}_I = -\boldsymbol{m}_I - \sum_{k=2}^{N}\boldsymbol{m}_{I_k} + \boldsymbol{m}_O + \boldsymbol{m}_C - \tilde{\boldsymbol{r}}_{IO}\boldsymbol{q}_O + \sum_{k=2}^{N}\tilde{\boldsymbol{r}}_{I,I_k}\boldsymbol{q}_{I_k} + \tilde{\boldsymbol{r}}_{IC}\boldsymbol{f}_C \tag{2.13}$$

相对刚体第一输入点 $I_1 = I$ 的动量矩定理(1.3)在惯性系下记为

$$\frac{\mathrm{d}\boldsymbol{G}_I}{\mathrm{d}t} + \tilde{\boldsymbol{r}}_{IC}m\boldsymbol{a}_I = \boldsymbol{M}_I \tag{2.14}$$

式(1.4)在连体坐标系中可写成

$$\boldsymbol{G}_I' = \boldsymbol{J}_I'\boldsymbol{\omega}_I' \tag{2.15}$$

式中

$$\boldsymbol{J}_I' = \begin{bmatrix} J_{\xi\xi}' & J_{\xi\eta}' & J_{\xi\zeta}' \\ J_{\eta\xi}' & J_{\eta\eta}' & J_{\eta\zeta}' \\ J_{\zeta\xi}' & J_{\zeta\eta}' & J_{\zeta\zeta}' \end{bmatrix} = \boldsymbol{J}_I'^{\mathrm{T}} = \mathrm{const} \tag{2.16}$$

称为惯性矩阵;对角线元素 $J_{\xi\xi}' = \int(\eta^2 + \zeta^2)\mathrm{d}m$, $J_{\eta\eta}' = \int(\xi^2 + \zeta^2)\mathrm{d}m$, $J_{\zeta\zeta}' = \int(\xi^2 + \eta^2)\mathrm{d}m$ 称为惯性矩;非对角线元素 $J_{\xi\eta}' = J_{\eta\xi}' = -\int\xi\eta\mathrm{d}m$, $J_{\xi\zeta}' = J_{\zeta\xi}' = -\int\xi\zeta\mathrm{d}m$, $J_{\eta\zeta}' = J_{\zeta\eta}' = -\int\eta\zeta\mathrm{d}m$ 称为惯性积。使用转换公式 $\boldsymbol{J}_I = \boldsymbol{A}\boldsymbol{J}_I'\boldsymbol{A}^{\mathrm{T}}$,将式(2.15)转换到惯性系中

$$\boldsymbol{G}_I = \boldsymbol{A}\boldsymbol{G}_I' = \boldsymbol{A}\boldsymbol{J}_I'\boldsymbol{\omega}_I' = \boldsymbol{A}\boldsymbol{J}_I'\boldsymbol{A}^{\mathrm{T}}\boldsymbol{\omega}_I = \boldsymbol{J}_I\boldsymbol{\omega}_I \tag{2.17}$$

式(2.17)对时间求导,并利用式(A.13)得

$$\begin{aligned} \frac{\mathrm{d}\boldsymbol{G}_I}{\mathrm{d}t} &= \frac{\mathrm{d}}{\mathrm{d}t}(\boldsymbol{A}\boldsymbol{J}_I'\boldsymbol{A}^{\mathrm{T}}\boldsymbol{\omega}_I) = \dot{\boldsymbol{A}}\boldsymbol{J}_I'\boldsymbol{A}^{\mathrm{T}}\boldsymbol{\omega}_I + \boldsymbol{A}\boldsymbol{J}_I'\dot{\boldsymbol{A}}^{\mathrm{T}}\boldsymbol{\omega}_I + \boldsymbol{A}\boldsymbol{J}_I'\boldsymbol{A}^{\mathrm{T}}\dot{\boldsymbol{\omega}}_I \\ &= \tilde{\boldsymbol{\omega}}_I\boldsymbol{A}\boldsymbol{J}_I'\boldsymbol{A}^{\mathrm{T}}\boldsymbol{\omega}_I + \boldsymbol{A}\boldsymbol{J}_I'\boldsymbol{A}^{\mathrm{T}}\underbrace{\tilde{\boldsymbol{\omega}}_I^{\mathrm{T}}\boldsymbol{\omega}_I}_{\mathbf{0}} + \boldsymbol{A}\boldsymbol{J}_I'\boldsymbol{A}^{\mathrm{T}}\dot{\boldsymbol{\omega}}_I \\ &= \tilde{\boldsymbol{\omega}}_I\boldsymbol{A}\boldsymbol{J}_I'\boldsymbol{A}^{\mathrm{T}}\boldsymbol{\omega}_I + \boldsymbol{A}\boldsymbol{J}_I'\boldsymbol{A}^{\mathrm{T}}\dot{\boldsymbol{\omega}}_I \end{aligned} \tag{2.18}$$

将式(2.18)和(2.13)代入式(2.14)中得刚体转动动力学方程

$$\begin{aligned} \tilde{\boldsymbol{\omega}}_I\boldsymbol{A}\boldsymbol{J}_I'\boldsymbol{A}^{\mathrm{T}}\boldsymbol{\omega}_I + \boldsymbol{A}\boldsymbol{J}_I'\boldsymbol{A}^{\mathrm{T}}\dot{\boldsymbol{\omega}}_I + m\tilde{\boldsymbol{r}}_{IC}\ddot{\boldsymbol{r}}_I &= \boldsymbol{m}_O - \boldsymbol{m}_I - \sum_{k=2}^{N}\boldsymbol{m}_{I_k} - \tilde{\boldsymbol{r}}_{IO}\boldsymbol{q}_O \\ &\quad + \sum_{k=2}^{N}\tilde{\boldsymbol{r}}_{I,I_k}\boldsymbol{q}_{I_k} + \boldsymbol{m}_C + \tilde{\boldsymbol{r}}_{IC}\boldsymbol{f}_C \end{aligned} \tag{2.19}$$

对于图 2.3(a)中的单端输入体,由于 $N=1$,式(2.12)和式(2.19)中的求和 $\sum_{k=2}^{N}\cdot$ 不再需要。体的平动和转动动力学方程也可以应用于铰,只需忽略有关质量和惯性矩阵的项,以及在某些情况下忽略物体的尺寸。

2.5 通常动力学方法转换到多体系统传递矩阵法

为了理解多体系统传递矩阵法的基本思想，首先考虑图 2.3(a)所示的单端输入刚体，其任一固定点 P 的运动学关系由式(2.9)和式(2.10)给出。对输出点，即 $P=O$，得

$$\ddot{\boldsymbol{r}}_O = \ddot{\boldsymbol{r}}_I - \tilde{\boldsymbol{r}}_{IO}\dot{\boldsymbol{\omega}}_I + \tilde{\boldsymbol{\omega}}_I\tilde{\boldsymbol{\omega}}_I\boldsymbol{r}_{IO} \tag{2.20}$$

和

$$\dot{\boldsymbol{\omega}}_O = \dot{\boldsymbol{\omega}}_I \tag{2.21}$$

刚体动力学方程由式(2.12)和式(2.19)描述。对单端输入刚体，将式(2.12)重新排序可得

$$\boldsymbol{q}_O = -m\ddot{\boldsymbol{r}}_I + m\tilde{\boldsymbol{r}}_{IC}\dot{\boldsymbol{\omega}}_I + \boldsymbol{q}_I + \boldsymbol{f}_C - m\tilde{\boldsymbol{\omega}}_I\tilde{\boldsymbol{\omega}}_I\boldsymbol{r}_{IC} \tag{2.22}$$

将式(2.19)重新排序并将 $\boldsymbol{q}_O$ 用式(2.22)代替得

$$\begin{aligned}\boldsymbol{m}_O = & m\tilde{\boldsymbol{r}}_{IC}\ddot{\boldsymbol{r}}_I + \boldsymbol{A}\boldsymbol{J}_I'\boldsymbol{A}^{\mathrm{T}}\dot{\boldsymbol{\omega}}_I + \boldsymbol{m}_I + \tilde{\boldsymbol{r}}_{IO}(-m\ddot{\boldsymbol{r}}_I \\ & + m\tilde{\boldsymbol{r}}_{IC}\dot{\boldsymbol{\omega}}_I + \boldsymbol{q}_I + \boldsymbol{f}_C - m\tilde{\boldsymbol{\omega}}_I\tilde{\boldsymbol{\omega}}_I\boldsymbol{r}_{IC}) \\ & + \tilde{\boldsymbol{\omega}}_I\boldsymbol{A}\boldsymbol{J}_I'\boldsymbol{A}^{\mathrm{T}}\boldsymbol{\omega}_I - \boldsymbol{m}_C - \tilde{\boldsymbol{r}}_{IC}\boldsymbol{f}_C\end{aligned} \tag{2.23}$$

由于 $\boldsymbol{r}_{CO} = \boldsymbol{r}_{IO} - \boldsymbol{r}_{IC}$ 及 $\tilde{\boldsymbol{r}}_{CO}^{\mathrm{T}} = -\tilde{\boldsymbol{r}}_{CO}$，最终得到

$$\begin{aligned}\boldsymbol{m}_O = & m\tilde{\boldsymbol{r}}_{CO}^{\mathrm{T}}\ddot{\boldsymbol{r}}_I + (\boldsymbol{A}\boldsymbol{J}_I'\boldsymbol{A}^{\mathrm{T}} + m\tilde{\boldsymbol{r}}_{IO}\tilde{\boldsymbol{r}}_{IC})\dot{\boldsymbol{\omega}}_I + \boldsymbol{m}_I + \tilde{\boldsymbol{r}}_{IO}\boldsymbol{q}_I \\ & + \tilde{\boldsymbol{\omega}}_I\boldsymbol{A}\boldsymbol{J}_I'\boldsymbol{A}^{\mathrm{T}}\boldsymbol{\omega}_I - m\tilde{\boldsymbol{r}}_{IO}\tilde{\boldsymbol{\omega}}_I\tilde{\boldsymbol{\omega}}_I\boldsymbol{r}_{IC} - \boldsymbol{m}_C + \tilde{\boldsymbol{r}}_{CO}\boldsymbol{f}_C\end{aligned} \tag{2.24}$$

从运动学关系(2.20)和(2.21)以及动力学关系(2.22)和(2.24)可见，输出端的状态变量加速度 $\ddot{\boldsymbol{r}}_O$、角加速度 $\dot{\boldsymbol{\omega}}_O$、力 $\boldsymbol{q}_O$ 和力矩 $\boldsymbol{m}_O$ 与输入端的状态变量呈严格线性关系。这就是新版多体系统传递矩阵法的基础，即通过线性传递方程描述传递关系。该性质首先由芮筱亭、Bestle 和张建书[74]在 2013 年作出解释，也是与离散时间多体系统传递矩阵法的主要区别，后者通过对这些方程中的位置坐标、转角、内力矩和内力进行线性化并引入数值积分方法消除微分量来强制满足线性关系。

在新版多体系统传递矩阵法中，为了将上述关系式归纳为传递方程，将两个相邻元件联接点 P 的状态矢量定义为

$$\begin{aligned}\boldsymbol{z} &= [\ddot{\boldsymbol{r}}^{\mathrm{T}} \quad \dot{\boldsymbol{\omega}}^{\mathrm{T}} \quad \boldsymbol{m}^{\mathrm{T}} \quad \boldsymbol{q}^{\mathrm{T}} \quad 1]^{\mathrm{T}} \\ &= [\ddot{x} \quad \ddot{y} \quad \ddot{z} \quad \dot{\omega}_x \quad \dot{\omega}_y \quad \dot{\omega}_z \quad m_x \quad m_y \quad m_z \quad q_x \quad q_y \quad q_z \quad 1]^{\mathrm{T}}\end{aligned} \tag{2.25}$$

式中，加速度 $\ddot{\boldsymbol{r}} = [\ddot{x} \quad \ddot{y} \quad \ddot{z}]^{\mathrm{T}}$ 和角加速度 $\dot{\boldsymbol{\omega}} = [\dot{\omega}_x \quad \dot{\omega}_y \quad \dot{\omega}_z]^{\mathrm{T}}$ 以及内力矩 $\boldsymbol{m} = [m_x \quad m_y \quad m_z]^{\mathrm{T}}$ 和内力 $\boldsymbol{q} = [q_x \quad q_y \quad q_z]^{\mathrm{T}}$ 全部在惯性系 $Oxyz$ 中描述[89]。正如将在第 3 章进行的详细说明，式(2.20)～式(2.24)可以归纳为一个简单的线性代数方程，称为元件传递方程

$$\boldsymbol{z}_O(t) = \boldsymbol{U}(t)\boldsymbol{z}_I(t) \tag{2.26}$$

该方程通过元件特定的传递矩阵 $\boldsymbol{U}$ 将其输入端的状态矢量与输出端的状态矢量联系起来。传递矩阵 $\boldsymbol{U}$ 不包含任何状态变量，但可能是时间、位置坐标和速度的函数，在计算过程中，可认为在特定时刻已知这些量(例如，就像初始条件一样)，这也是传递矩阵 $\boldsymbol{U}$ 已知的原因。新版多体系统传递矩阵法传递矩阵是时变的精确矩阵，没有离散时间多体系统传递矩阵法中的线性化和离散化，事实上，如果对单端输入元件的任何联接点 P 的状态矢量均定义为式(2.25)，根据牛顿定律，物体加速度和受力之间总是存在线性关系。因此，各类体和铰的输入端和输出端的状态变量之间始终存在式(2.26)描述的线性传递关系。因为在计算系统加速度前，系统速度和位置总是已知的，所以在当前时刻加速度层级上，弹性-阻尼铰的弹性力和阻尼力总可作为外力处理。

多体系统传递矩阵法的第二个重要关系是相邻元件运动量的恒等关系式(2.1)～式(2.4)。通过对式(2.1)和(2.2)进行微分，即

$$\ddot{\boldsymbol{r}}_O^i \equiv \ddot{\boldsymbol{r}}_I^j \tag{2.27}$$

$$\dot{\boldsymbol{\omega}}_O^i \equiv \dot{\boldsymbol{\omega}}_I^j \tag{2.28}$$

并将它们与式(2.3)和(2.4)结合，如图 2.2 所示，两个相邻元件 i 和 j 的输出端与输入端重合，注意到符号约定，由此得到相等的状态矢量(2.25)，即

$$z_O^i = z_I^j \tag{2.29}$$

这使得在元件 j 的传递方程(2.26)中,可以将元件 j 的输入端状态矢量 z_I^j 替换为元件 i 的输出端状态矢量 z_O^i,实现元件之间状态矢量的传递,最终得到两个元件组成的子系统的传递方程:

$$\boldsymbol{z}_O^j = \boldsymbol{U}^j \boldsymbol{z}_I^j \equiv \boldsymbol{U}^j \boldsymbol{z}_O^i = \boldsymbol{U}^j \boldsymbol{U}^i \boldsymbol{z}_I^i \tag{2.30}$$

因此,元件传递矩阵可以被认为就像大楼的"砖块",根据所考虑系统的拓扑结构,通过简单的矩阵乘法运算"拼装"成系统。下一章将提供元件传递矩阵库,然后根据第 4 章中介绍的方法进行拼装,得到各种多体系统。

3 元件和子系统传递方程

本章从基本力学定律出发，建立各种元件的传递方程和传递矩阵。芮筱亭、Bestle 和张建书等[89]已经发表了部分结果，但为了完整起见，推导过程依然给出，并作为本书中将要展示的几个扩展的基础。特别是针对多端输入刚体和多端输入子系统，将以全新形式建立不用综合状态矢量表达的传递方程和传递矩阵，首次建立了不依赖外接元件的各种铰的传递方程，为 5.3 节中建立更简捷的缩减多体系统传递矩阵法奠定基础。

3.1 单端输入刚体

首先给出空间单端输入刚体的传递方程(2.26)，并将其简化为平面刚体的传递方程。

3.1.1 空间刚体

单端输入刚体的运动学关系式(2.20)和(2.21)以及动力学方程(2.24)和(2.22)可以归纳为如下的矩阵形式

$$\begin{bmatrix} \ddot{\boldsymbol{r}} \\ \dot{\boldsymbol{\omega}} \\ \boldsymbol{m} \\ \boldsymbol{q} \\ 1 \end{bmatrix}_O = \begin{bmatrix} \boldsymbol{I}_3 & -\tilde{\boldsymbol{r}}_{IO} & \boldsymbol{O}_{3\times3} & \boldsymbol{O}_{3\times3} & \tilde{\boldsymbol{\omega}}_I\tilde{\boldsymbol{\omega}}_I\boldsymbol{r}_{IO} \\ \boldsymbol{O}_{3\times3} & \boldsymbol{I}_3 & \boldsymbol{O}_{3\times3} & \boldsymbol{O}_{3\times3} & \boldsymbol{O}_{3\times1} \\ m\tilde{\boldsymbol{r}}_{CO}^{\mathrm{T}} & \boldsymbol{A}\boldsymbol{J}_I'\boldsymbol{A}^{\mathrm{T}} + m\tilde{\boldsymbol{r}}_{IO}\tilde{\boldsymbol{r}}_{IC} & \boldsymbol{I}_3 & \tilde{\boldsymbol{r}}_{IO} & \begin{matrix} \tilde{\boldsymbol{\omega}}_I\boldsymbol{A}\boldsymbol{J}_I'\boldsymbol{A}^{\mathrm{T}}\boldsymbol{\omega}_I - \boldsymbol{m}_C \\ - m\tilde{\boldsymbol{r}}_{IO}\tilde{\boldsymbol{\omega}}_I\tilde{\boldsymbol{\omega}}_I\boldsymbol{r}_{IC} + \tilde{\boldsymbol{r}}_{CO}\boldsymbol{f}_C \end{matrix} \\ -m\boldsymbol{I}_3 & m\tilde{\boldsymbol{r}}_{IC} & \boldsymbol{O}_{3\times3} & \boldsymbol{I}_3 & \boldsymbol{f}_C - m\tilde{\boldsymbol{\omega}}_I\tilde{\boldsymbol{\omega}}_I\boldsymbol{r}_{IC} \\ \boldsymbol{O}_{1\times3} & \boldsymbol{O}_{1\times3} & \boldsymbol{O}_{1\times3} & \boldsymbol{O}_{1\times3} & 1 \end{bmatrix} \begin{bmatrix} \ddot{\boldsymbol{r}} \\ \dot{\boldsymbol{\omega}} \\ \boldsymbol{m} \\ \boldsymbol{q} \\ 1 \end{bmatrix}_I \tag{3.1}$$

式(3.1)形式看起来与式(2.26)完全相同,式中输入和输出端状态矢量由式(2.25)定义。在状态矢量定义式(2.25)中人为引入元素“1”来表达与状态变量 $\ddot{\boldsymbol{r}}$、$\dot{\boldsymbol{\omega}}$、$\boldsymbol{m}$ 和 $\boldsymbol{q}$ 无关的项。最后一个等式“1 = 1”是为了方程的完整性所必需的。

根据式(2.26),单端输入刚体的传递方程最终可记为 $\boldsymbol{z}_O = \boldsymbol{U}^B \boldsymbol{z}_I$, 式中 $\boldsymbol{U}^B$ 为刚体传递矩阵

$$\boldsymbol{U}^B = \begin{bmatrix} \boldsymbol{I}_3 & -\tilde{\boldsymbol{r}}_{IO} & \boldsymbol{O}_{3\times3} & \boldsymbol{O}_{3\times3} & \tilde{\boldsymbol{\omega}}_I \tilde{\boldsymbol{\omega}}_I \boldsymbol{r}_{IO} \\ \boldsymbol{O}_{3\times3} & \boldsymbol{I}_3 & \boldsymbol{O}_{3\times3} & \boldsymbol{O}_{3\times3} & \boldsymbol{O}_{3\times1} \\ m\tilde{\boldsymbol{r}}_{CO}^{\mathrm{T}} & \boldsymbol{A}\boldsymbol{J}_I'\boldsymbol{A}^{\mathrm{T}} + m\tilde{\boldsymbol{r}}_{IO}\tilde{\boldsymbol{r}}_{IC} & \boldsymbol{I}_3 & \tilde{\boldsymbol{r}}_{IO} & \begin{matrix} \tilde{\boldsymbol{\omega}}_I \boldsymbol{A}\boldsymbol{J}_I'\boldsymbol{A}^{\mathrm{T}}\boldsymbol{\omega}_I - \boldsymbol{m}_C \\ - m\tilde{\boldsymbol{r}}_{IO}\tilde{\boldsymbol{\omega}}_I\tilde{\boldsymbol{\omega}}_I\boldsymbol{r}_{IC} + \tilde{\boldsymbol{r}}_{CO}\boldsymbol{f}_C \end{matrix} \\ -m\boldsymbol{I}_3 & m\tilde{\boldsymbol{r}}_{IC} & \boldsymbol{O}_{3\times3} & \boldsymbol{I}_3 & \boldsymbol{f}_C - m\tilde{\boldsymbol{\omega}}_I\tilde{\boldsymbol{\omega}}_I\boldsymbol{r}_{IC} \\ \boldsymbol{O}_{1\times3} & \boldsymbol{O}_{1\times3} & \boldsymbol{O}_{1\times3} & \boldsymbol{O}_{1\times3} & 1 \end{bmatrix} \tag{3.2}$$

为了更好地处理,对传递矩阵(3.2)中两个最复杂的项引入缩写,即

$$\boldsymbol{U}^B = \begin{bmatrix} \boldsymbol{I}_3 & -\tilde{\boldsymbol{r}}_{IO} & \boldsymbol{O}_{3\times3} & \boldsymbol{O}_{3\times3} & \tilde{\boldsymbol{\omega}}_I \tilde{\boldsymbol{\omega}}_I \boldsymbol{r}_{IO} \\ \boldsymbol{O}_{3\times3} & \boldsymbol{I}_3 & \boldsymbol{O}_{3\times3} & \boldsymbol{O}_{3\times3} & \boldsymbol{O}_{3\times1} \\ m\tilde{\boldsymbol{r}}_{CO}^{\mathrm{T}} & \boldsymbol{U}_{3,2} & \boldsymbol{I}_3 & \tilde{\boldsymbol{r}}_{IO} & \boldsymbol{U}_{3,5} \\ -m\boldsymbol{I}_3 & m\tilde{\boldsymbol{r}}_{IC} & \boldsymbol{O}_{3\times3} & \boldsymbol{I}_3 & \boldsymbol{f}_C - m\tilde{\boldsymbol{\omega}}_I\tilde{\boldsymbol{\omega}}_I\boldsymbol{r}_{IC} \\ \boldsymbol{O}_{1\times3} & \boldsymbol{O}_{1\times3} & \boldsymbol{O}_{1\times3} & \boldsymbol{O}_{1\times3} & 1 \end{bmatrix} \tag{3.3}$$

式中

$$\boldsymbol{U}_{3,2} = \boldsymbol{A}\boldsymbol{J}_I'\boldsymbol{A}^{\mathrm{T}} + m\tilde{\boldsymbol{r}}_{IO}\tilde{\boldsymbol{r}}_{IC},\ \boldsymbol{U}_{3,5} = \tilde{\boldsymbol{\omega}}_I\boldsymbol{A}\boldsymbol{J}_I'\boldsymbol{A}^{\mathrm{T}}\boldsymbol{\omega}_I - m\tilde{\boldsymbol{r}}_{IO}\tilde{\boldsymbol{\omega}}_I\tilde{\boldsymbol{\omega}}_I\boldsymbol{r}_{IC} - \boldsymbol{m}_C + \tilde{\boldsymbol{r}}_{CO}\boldsymbol{f}_C \tag{3.4}$$

缩写 $\boldsymbol{U}_{m,n}$ 的下标表示位于矩阵(3.2)中的第 m 行、第 n 列子矩阵,这样的表达便于其它元件(如铰)传递矩阵推导。

3.1.2 平面刚体

对于在 x, y 平面运动的刚体,删去沿 z 轴的平动及绕 x 和 y 轴的转

动，即 $\dot{r}_z \equiv 0$、$\omega_x \equiv \omega_y \equiv 0$、$\ddot{r}_z \equiv 0$、$\dot{\omega}_x \equiv \dot{\omega}_y \equiv 0$，也无需考察相关的动力学量 m_x、m_y、q_z，因此状态矢量(2.25)简化为

$$\boldsymbol{z} = [\ddot{x} \quad \ddot{y} \quad \dot{\omega}_z \quad m_z \quad q_x \quad q_y \quad 1]^{\mathrm{T}} \tag{3.5}$$

并进一步简化传递矩阵(3.2)。

从式(3.1)的第一个式子即式(2.20)开始，注意到三个任意 3 维向量双叉乘 $\boldsymbol{u} \times (\boldsymbol{v} \times \boldsymbol{w})$ 可记为[23]

$$\tilde{\boldsymbol{u}}\tilde{\boldsymbol{v}}\boldsymbol{w} \triangleq (\boldsymbol{u}^{\mathrm{T}}\boldsymbol{w})\boldsymbol{v} - (\boldsymbol{u}^{\mathrm{T}}\boldsymbol{v})\boldsymbol{w} \tag{3.6}$$

由于垂直于 x，y 平面的角速度 $\boldsymbol{\omega}_I$ 和位于该平面的矢量 $\boldsymbol{r}_{IO}$ 正交，即 $\boldsymbol{\omega}_I^{\mathrm{T}}\boldsymbol{r}_{IO} = 0$，式(2.20)中的第三项可以简化为

$$\tilde{\boldsymbol{\omega}}_I\tilde{\boldsymbol{\omega}}_I\boldsymbol{r}_{IO} = (\boldsymbol{\omega}_I^{\mathrm{T}}\boldsymbol{r}_{IO})\boldsymbol{\omega}_I - (\boldsymbol{\omega}_I^{\mathrm{T}}\boldsymbol{\omega}_I)\boldsymbol{r}_{IO} \equiv -\omega_I^2\boldsymbol{r}_{IO} \tag{3.7}$$

由 $\boldsymbol{\omega}_I = [0 \quad 0 \quad \omega_{z,I}]^{\mathrm{T}}$ 得 $\omega_I = \|\boldsymbol{\omega}_I\| \equiv \omega_{z,I}$，将式(3.7)代入式(2.20)中并展开得

$$\begin{bmatrix} \ddot{r}_x \\ \ddot{r}_y \\ 0 \end{bmatrix}_O = \begin{bmatrix} \ddot{r}_x \\ \ddot{r}_y \\ 0 \end{bmatrix}_I - \begin{bmatrix} 0 & 0 & y_{IO} \\ 0 & 0 & -x_{IO} \\ -y_{IO} & x_{IO} & 0 \end{bmatrix} \begin{bmatrix} 0 \\ 0 \\ \dot{\omega}_z \end{bmatrix}_I - \omega_{z,I}^2 \begin{bmatrix} x_{IO} \\ y_{IO} \\ 0 \end{bmatrix}$$

或简记为

$$\begin{bmatrix} \ddot{r}_x \\ \ddot{r}_y \\ 0 \end{bmatrix}_O = \begin{bmatrix} \ddot{r}_x \\ \ddot{r}_y \\ 0 \end{bmatrix}_I + \begin{bmatrix} -y_{IO} \\ x_{IO} \\ 0 \end{bmatrix} \dot{\omega}_{z,I} + \begin{bmatrix} -x_{IO}\omega_{z,I}^2 \\ -y_{IO}\omega_{z,I}^2 \\ 0 \end{bmatrix} \tag{3.8}$$

根据式(3.5)，消去式(3.8)中无用的第三行得

$$\begin{bmatrix} \ddot{r}_x \\ \ddot{r}_y \end{bmatrix}_O = \begin{bmatrix} \ddot{r}_x \\ \ddot{r}_y \end{bmatrix}_I + \begin{bmatrix} -y_{IO} \\ x_{IO} \end{bmatrix} \dot{\omega}_{z,I} + \begin{bmatrix} -x_{IO}\omega_{z,I}^2 \\ -y_{IO}\omega_{z,I}^2 \end{bmatrix} \tag{3.9}$$

同样，式(3.1)的第二个方程 $\dot{\boldsymbol{\omega}}_O = \dot{\boldsymbol{\omega}}_I$ 可简化为

$$[\dot{\omega}_z]_O = [\dot{\omega}_z]_I \tag{3.10}$$

力方程式(2.22)也涉及了与 $\boldsymbol{\omega}_I$ 的二重矢量叉乘,类比式(3.7)得 $\tilde{\boldsymbol{\omega}}_I\tilde{\boldsymbol{\omega}}_I\boldsymbol{r}_{IC}=-\omega_{z,I}^2\boldsymbol{r}_{IC}$,代入式(2.22)中得

$$\begin{bmatrix} q_x \\ q_y \\ q_z \end{bmatrix}_O = -m\begin{bmatrix} \ddot{r}_x \\ \ddot{r}_y \\ 0 \end{bmatrix}_I + m\begin{bmatrix} 0 & 0 & y_{IC} \\ 0 & 0 & -x_{IC} \\ -y_{IC} & x_{IC} & 0 \end{bmatrix}\begin{bmatrix} 0 \\ 0 \\ \dot{\omega}_z \end{bmatrix}_I + \begin{bmatrix} q_x \\ q_y \\ q_z \end{bmatrix}_I + \begin{bmatrix} f_{C,x} \\ f_{C,y} \\ 0 \end{bmatrix} + m\omega_{z,I}^2\begin{bmatrix} x_{IC} \\ y_{IC} \\ 0 \end{bmatrix} \tag{3.11}$$

消除第三个等式 $q_{z,O}=q_{z,I}$ 得

$$\begin{bmatrix} q_x \\ q_y \end{bmatrix}_O = -m\begin{bmatrix} \ddot{r}_x \\ \ddot{r}_y \end{bmatrix}_I + \begin{bmatrix} my_{IC} \\ -mx_{IC} \end{bmatrix}\dot{\omega}_{z,I} + \begin{bmatrix} q_x \\ q_y \end{bmatrix}_I + \begin{bmatrix} mx_{IC}\omega_{z,I}^2 + f_{C,x} \\ my_{IC}\omega_{z,I}^2 + f_{C,y} \end{bmatrix} \tag{3.12}$$

绕 z 轴转动的坐标变换矩阵为

$$\boldsymbol{A}=\boldsymbol{A}_z=\begin{bmatrix} c_z & -s_z & 0 \\ s_z & c_z & 0 \\ 0 & 0 & 1 \end{bmatrix} \tag{3.13}$$

因此,惯性矩 J_{zz} 不随坐标变换而改变,即

$$\boldsymbol{A}\boldsymbol{J}_I'\boldsymbol{A}^{\mathrm{T}}=\begin{bmatrix} * & * & * \\ * & * & * \\ * & * & J_{zz}' \end{bmatrix} \tag{3.14}$$

式中,用不到的元素用“ * ”表示。根据式(3.6),有

$$\tilde{\boldsymbol{r}}_{IO}\tilde{\boldsymbol{r}}_{IC}\dot{\boldsymbol{\omega}}_I=(\boldsymbol{r}_{IO}^{\mathrm{T}}\dot{\boldsymbol{\omega}}_I)\boldsymbol{r}_{IC}-(\boldsymbol{r}_{IO}^{\mathrm{T}}\boldsymbol{r}_{IC})\dot{\boldsymbol{\omega}}_I\equiv-(\boldsymbol{r}_{IO}^{\mathrm{T}}\boldsymbol{r}_{IC})\dot{\boldsymbol{\omega}}_I=-(x_{IO}x_{IC}+y_{IO}y_{IC})\dot{\boldsymbol{\omega}}_I \tag{3.15}$$

将式(3.14)和式(3.15)代入力矩方程式(2.24)得

$$\begin{bmatrix} m_x \\ m_y \\ m_z \end{bmatrix}_O = m\begin{bmatrix} 0 & 0 & -y_{CO} \\ 0 & 0 & x_{CO} \\ y_{CO} & -x_{CO} & 0 \end{bmatrix}\begin{bmatrix} \ddot{x} \\ \ddot{y} \\ 0 \end{bmatrix}_I + \begin{bmatrix} * & * & * \\ * & * & * \\ * & * & J_{zz}' \end{bmatrix}\begin{bmatrix} 0 \\ 0 \\ \dot{\omega}_z \end{bmatrix}_I$$

$$
-m(x_{IO}x_{IC}+y_{IO}y_{IC})\begin{bmatrix}0\\0\\\dot{\omega}_z\end{bmatrix}_I+\begin{bmatrix}m_x\\m_y\\m_z\end{bmatrix}_I+\begin{bmatrix}0&0&y_{IO}\\0&0&-x_{IO}\\-y_{IO}&x_{IO}&0\end{bmatrix}\begin{bmatrix}q_x\\q_y\\q_z\end{bmatrix}_I
$$

$$
+\begin{bmatrix}0&-\omega_{z,I}&0\\\omega_{z,I}&0&0\\0&0&0\end{bmatrix}\begin{bmatrix}*&*&*\\*&*&*\\*&*&J'_{zz}\end{bmatrix}\begin{bmatrix}0\\0\\\omega_z\end{bmatrix}_I
$$

$$
+m\omega_{z,I}^2\begin{bmatrix}0&0&y_{IO}\\0&0&-x_{IO}\\-y_{IO}&x_{IO}&0\end{bmatrix}\begin{bmatrix}x_{IC}\\y_{IC}\\0\end{bmatrix}-\begin{bmatrix}0\\0\\m_z\end{bmatrix}_C
$$

$$
+\begin{bmatrix}0&0&y_{CO}\\0&0&-x_{CO}\\-y_{CO}&x_{CO}&0\end{bmatrix}\begin{bmatrix}f_x\\f_y\\0\end{bmatrix}_C \tag{3.16}
$$

对平面刚体运动，只需保留第三个方程，式(3.16)简化为

$$
\begin{aligned}
m_{z,O}=&\;m[y_{CO}\quad -x_{CO}]\begin{bmatrix}\ddot{x}\\\ddot{y}\end{bmatrix}_I+[J'_{zz}-m(x_{IO}x_{IC}+y_{IO}y_{IC})]\dot{\omega}_{z,I}\\
&+m_{z,I}+[-y_{IO}\quad x_{IO}]\begin{bmatrix}q_x\\q_y\end{bmatrix}_I+m\omega_{z,I}^2(-y_{IO}x_{IC}+x_{IO}y_{IC})\\
&-m_{z,C}+(-y_{CO}f_{x,C}+x_{CO}f_{y,C})
\end{aligned} \tag{3.17}
$$

将式(3.9)、(3.10)、(3.17)和(3.12)归纳为矩阵形式，得到与状态矢量(3.5)对应的传递方程 $z_O=\boldsymbol{U}^B z_I$ 和传递矩阵

$$
\boldsymbol{U}^B=
\left[\begin{array}{cc|c|ccc|c}
1&0&-y_{IO}&0&0&0&-x_{IO}\omega_{z,I}^2\\
0&1&x_{IO}&0&0&0&-y_{IO}\omega_{z,I}^2\\
\hline
0&0&1&0&0&0&0\\
\hline
my_{CO}&-mx_{CO}&J'_{zz}-m(x_{IO}x_{IC}+y_{IO}y_{IC})&1&-y_{IO}&x_{IO}&m\omega_{z,I}^2(x_{IO}y_{IC}-y_{IO}x_{IC})-m_{z,C}+(x_{CO}f_{y,C}-y_{CO}f_{x,C})\\
\hline
-m&0&my_{IC}&0&1&0&mx_{IC}\omega_{z,I}^2+f_{C,x}\\
0&-m&-mx_{IC}&0&0&1&my_{IC}\omega_{z,I}^2+f_{C,y}\\
\hline
0&0&0&0&0&0&1
\end{array}\right] \tag{3.18}
$$

3.2 任意 N 端输入刚体

对于图 2.3(b)所示的任意 N 端输入刚体，它的传递关系不同于单端输入刚体。为了使 N 端输入刚体传递方程结构的物理意义更加明确，便于总传递方程自动推导，将 N 端输入刚体输出端与各个输入端状态矢量之间的传递规律用主传递方程并伴随运动协调方程共同描述，以便为求解未知状态变量提供所需的方程数。

3.2.1 主传递方程

如图 2.3(b)所示，选择其中一个输入点 $I = I_1$ 作为考察刚体运动的基点，那么运动学关系式(2.20)和(2.21)与单端输入刚体相同。然而，根据式(2.12)，必须通过添加作用在其它输入端上的力 $\boldsymbol{q}_{I_k}$ 对式(2.22)进行扩展：

$$\boldsymbol{q}_O = \boldsymbol{q}_I + \sum_{k=2}^{N} \boldsymbol{q}_{I_k} - m\ddot{\boldsymbol{r}}_I + m\tilde{\boldsymbol{r}}_{IC}\dot{\boldsymbol{\omega}}_I + \boldsymbol{f}_C - m\tilde{\boldsymbol{\omega}}_I\tilde{\boldsymbol{\omega}}_I\boldsymbol{r}_{IC} \tag{3.19}$$

相应地，根据式(2.19)，也必须通过添加力矩 $\boldsymbol{m}_{I_k}$ 和 $\tilde{\boldsymbol{r}}_{I,I_k}\boldsymbol{q}_{I_k}$ 扩展力矩关系式(2.24)，同时用式(3.19)代替 $\boldsymbol{q}_O$，得

$$\begin{aligned}\boldsymbol{m}_O = & m\tilde{\boldsymbol{r}}_{CO}^{\mathrm{T}}\ddot{\boldsymbol{r}}_I + (\boldsymbol{A}_I\boldsymbol{J}_I'\boldsymbol{A}_I^{\mathrm{T}} + m\tilde{\boldsymbol{r}}_{IO}\tilde{\boldsymbol{r}}_{IC})\dot{\boldsymbol{\omega}}_I + \boldsymbol{m}_I + \sum_{k=2}^{N}\boldsymbol{m}_{I_k} + \tilde{\boldsymbol{r}}_{IO}\boldsymbol{q}_I \\ & + \sum_{k=2}^{N}\tilde{\boldsymbol{r}}_{I_kO}\boldsymbol{q}_{I_k} + \tilde{\boldsymbol{\omega}}_I\boldsymbol{A}_I\boldsymbol{J}_I'\boldsymbol{A}_I^{\mathrm{T}}\boldsymbol{\omega}_I - m\tilde{\boldsymbol{r}}_{IO}\tilde{\boldsymbol{\omega}}_I\tilde{\boldsymbol{\omega}}_I\boldsymbol{r}_{IC} - \boldsymbol{m}_C + \tilde{\boldsymbol{r}}_{CO}\boldsymbol{f}_C\end{aligned} \tag{3.20}$$

联立式(3.19)、(3.20)以及式(2.20)、(2.21)，并将式中与单端输入体相同的项归纳用式(3.1)中的传递矩阵符号表示，得到主传递方程

$$\boldsymbol{z}_O = \sum_{k=1}^{N}\boldsymbol{U}_{I_k}\boldsymbol{z}_{I_k} \tag{3.21}$$

对空间运动，传递矩阵 $\boldsymbol{U}_{I_1}$ 与式(3.2)相同，$I = I_1$、$\boldsymbol{U}_{I_1} = \boldsymbol{U}^B$，并且

$$
\boldsymbol{U}_{I_k}=\begin{bmatrix}
\boldsymbol{O}_{3\times3} & \boldsymbol{O}_{3\times3} & \boldsymbol{O}_{3\times3} & \boldsymbol{O}_{3\times3} & \boldsymbol{O}_{3\times1}\\
\boldsymbol{O}_{3\times3} & \boldsymbol{O}_{3\times3} & \boldsymbol{O}_{3\times3} & \boldsymbol{O}_{3\times3} & \boldsymbol{O}_{3\times1}\\
\boldsymbol{O}_{3\times3} & \boldsymbol{O}_{3\times3} & \boldsymbol{I}_3 & \tilde{\boldsymbol{r}}_{I_kO} & \boldsymbol{O}_{3\times1}\\
\boldsymbol{O}_{3\times3} & \boldsymbol{O}_{3\times3} & \boldsymbol{O}_{3\times3} & \boldsymbol{I}_3 & \boldsymbol{O}_{3\times1}\\
\boldsymbol{O}_{1\times3} & \boldsymbol{O}_{1\times3} & \boldsymbol{O}_{1\times3} & \boldsymbol{O}_{1\times3} & 0
\end{bmatrix}\quad (k=2,\ 3,\ \cdots,\ N) \tag{3.22}
$$

式(3.21)也可写为

$$
\begin{bmatrix}\ddot{\boldsymbol{r}}\\ \dot{\boldsymbol{\omega}}\\ \boldsymbol{m}\\ \boldsymbol{q}\\ 1\end{bmatrix}_O=
\begin{bmatrix}
\boldsymbol{U}_{1,1} & \boldsymbol{U}_{1,2} & \boldsymbol{U}_{1,3} & \boldsymbol{U}_{1,4} & \boldsymbol{U}_{1,5}\\
\boldsymbol{U}_{2,1} & \boldsymbol{U}_{2,2} & \boldsymbol{U}_{2,3} & \boldsymbol{U}_{2,4} & \boldsymbol{U}_{2,5}\\
\boldsymbol{U}_{3,1} & \boldsymbol{U}_{3,2} & \boldsymbol{U}_{3,3} & \boldsymbol{U}_{3,4} & \boldsymbol{U}_{3,5}\\
\boldsymbol{U}_{4,1} & \boldsymbol{U}_{4,2} & \boldsymbol{U}_{4,3} & \boldsymbol{U}_{4,4} & \boldsymbol{U}_{4,5}\\
\boldsymbol{O}_{1\times3} & \boldsymbol{O}_{1\times3} & \boldsymbol{O}_{1\times3} & \boldsymbol{O}_{1\times3} & 1
\end{bmatrix}_I
\begin{bmatrix}\ddot{\boldsymbol{r}}\\ \dot{\boldsymbol{\omega}}\\ \boldsymbol{m}\\ \boldsymbol{q}\\ 1\end{bmatrix}_I
+\sum_{k=2}^{N}
\begin{bmatrix}
\boldsymbol{O}_{3\times3} & \boldsymbol{O}_{3\times3} & \boldsymbol{O}_{3\times3} & \boldsymbol{O}_{3\times3} & \boldsymbol{O}_{3\times1}\\
\boldsymbol{O}_{3\times3} & \boldsymbol{O}_{3\times3} & \boldsymbol{O}_{3\times3} & \boldsymbol{O}_{3\times3} & \boldsymbol{O}_{3\times1}\\
\boldsymbol{O}_{3\times3} & \boldsymbol{O}_{3\times3} & \boldsymbol{U}_{3,3} & \boldsymbol{U}_{3,4} & \boldsymbol{O}_{3\times1}\\
\boldsymbol{O}_{3\times3} & \boldsymbol{O}_{3\times3} & \boldsymbol{O}_{3\times3} & \boldsymbol{U}_{4,4} & \boldsymbol{O}_{3\times1}\\
\boldsymbol{O}_{1\times3} & \boldsymbol{O}_{1\times3} & \boldsymbol{O}_{1\times3} & \boldsymbol{O}_{1\times3} & 0
\end{bmatrix}_{I_k}
\begin{bmatrix}\ddot{\boldsymbol{r}}\\ \dot{\boldsymbol{\omega}}\\ \boldsymbol{m}\\ \boldsymbol{q}\\ 1\end{bmatrix}_{I_k} \tag{3.23}
$$

式(3.23)将用于后面推导 N 铰子系统传递方程。

3.2.2 运动协调方程

刚体运动学关系式(2.9)和(2.10)不但对输入端 I 和输出端 O 有效,也适用于 $I=I_1$ 和其它输入端 $P:=I_k$:

$$
\ddot{\boldsymbol{r}}_{I_k}=\ddot{\boldsymbol{r}}_I+\tilde{\boldsymbol{r}}_{I,I_k}^{\mathrm{T}}\dot{\boldsymbol{\omega}}_I+\tilde{\boldsymbol{\omega}}_I\tilde{\boldsymbol{\omega}}_I\boldsymbol{r}_{I,I_k} \tag{3.24}
$$

$$
\dot{\boldsymbol{\omega}}_{I_k}=\dot{\boldsymbol{\omega}}_I\quad (k=2,\ 3,\ \cdots,\ N) \tag{3.25}
$$

运动学关系式(3.24)和(3.25)可归纳为运动协调方程

$$
\boldsymbol{H}_I\boldsymbol{z}_I+\boldsymbol{H}_{I_k}\boldsymbol{z}_{I_k}=\boldsymbol{0}\quad (k=2,\ 3,\ \cdots,\ N) \tag{3.26}
$$

式中

$$\boldsymbol{H}_I=\begin{bmatrix}\boldsymbol{I}_3 & \boldsymbol{O}_{3\times3} & \boldsymbol{O}_{3\times3} & \boldsymbol{O}_{3\times3} & \boldsymbol{O}_{3\times1}\\ \boldsymbol{O}_{3\times3} & \boldsymbol{I}_3 & \boldsymbol{O}_{3\times3} & \boldsymbol{O}_{3\times3} & \boldsymbol{O}_{3\times1}\end{bmatrix} \tag{3.27}$$

$$\boldsymbol{H}_{I_k}=\begin{bmatrix}-\boldsymbol{I}_3 & \tilde{\boldsymbol{r}}_{I,I_k}^{\mathrm{T}} & \boldsymbol{O}_{3\times3} & \boldsymbol{O}_{3\times3} & \tilde{\boldsymbol{\omega}}_I\tilde{\boldsymbol{\omega}}_I\boldsymbol{r}_{I,I_k}\\ \boldsymbol{O}_{3\times3} & -\boldsymbol{I}_3 & \boldsymbol{O}_{3\times3} & \boldsymbol{O}_{3\times3} & \boldsymbol{O}_{3\times1}\end{bmatrix}\quad (k=2,3,\cdots,N) \tag{3.28}$$

$\boldsymbol{H}_I$ 从状态矢量中提取加速度和角加速度，$\boldsymbol{H}_{I_k}$ 额外产生式(3.24)中的第二项和第三项。

3.2.3 任意 N 端输入平面刚体

对于平面运动任意 N 端输入刚体，式(3.21)和(3.26)对状态矢量定义式(3.5)依然有效。然而，主传递矩阵 $\boldsymbol{U}_I$ 由式(3.18)给出，矩阵(3.22)则简化为

$$\boldsymbol{U}_{I_k}=\begin{bmatrix}0&0&0&0&0&0&0\\0&0&0&0&0&0&0\\0&0&0&0&0&0&0\\0&0&0&1&-y_{I_kO}&x_{I_kO}&0\\0&0&0&0&1&0&0\\0&0&0&0&0&1&0\\0&0&0&0&0&0&0\end{bmatrix}\quad (k=2,3,\cdots,N) \tag{3.29}$$

协调方程的系数矩阵(3.27)和(3.28)简化为

$$\boldsymbol{H}_I=\left[\begin{array}{cc|c|c|c|c|c}1&0&0&0&0&0&0\\0&1&0&0&0&0&0\\\hline 0&0&1&0&0&0&0\end{array}\right],$$

$$\boldsymbol{H}_{I_k}=\left[\begin{array}{cc|c|c|c|c|c}-1&0&-y_{I,I_k}&0&0&0&-x_{I,I_k}\omega_{z,I}^2\\0&-1&x_{I,I_k}&0&0&0&-y_{I,I_k}\omega_{z,I}^2\\\hline 0&0&-1&0&0&0&0\end{array}\right]$$

$$(k=2,3,\cdots,N) \tag{3.30}$$

3.3 各种类型铰

接下来,建立多体系统动力学中最常用的铰(主要介绍球铰和柱铰)的传递方程。类似于式(2.20)~式(2.24),也需要四个方程来描述铰输入端和输出端之间的传递关系。正如将看到的,除了使用第5章的缩减多体系统传递矩阵法以外,铰状态矢量的传递关系不能仅由铰的基本方程独立确定,还必须考虑其外接元件的特性。

3.3.1 光滑球铰

如图3.1所示,球铰允许其外接体相对内接体作三个自由度转动,可由输出端连体系 $O\xi_O\eta_O\zeta_O$ 绕输入端连体系 $I\xi_I\eta_I\zeta_I$ 三个坐标轴的转动角 θ_ξ、θ_η 和 θ_ζ 表示,其中 O 点和 I 点重合。

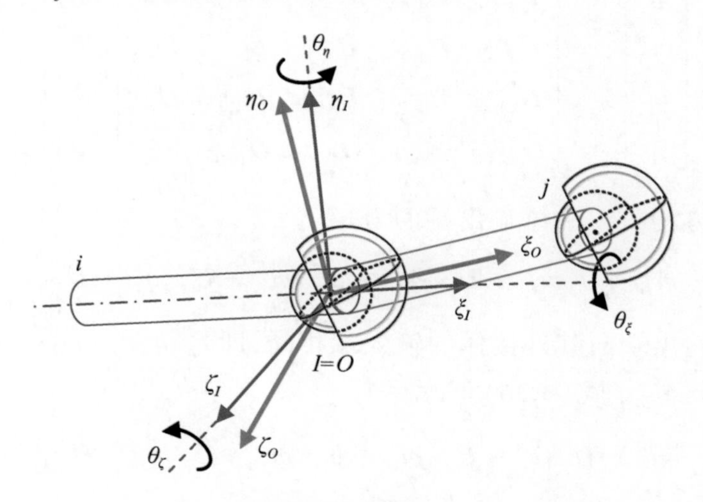

图 3.1 球铰

像通常多体系统动力学方法一样,不计铰的质量,铰质量属性归入其内接体和外接体中。将 $m=0$ 和 $\boldsymbol{f}_C=\boldsymbol{0}$ 代入式(2.12)得

$$\boldsymbol{q}_O=\boldsymbol{q}_I \tag{3.31}$$

即输入端和输出端内力相等。此外,由于无惯性($\boldsymbol{J}_I'=\boldsymbol{O}$, $m=0$),无外力和外力矩($\boldsymbol{f}_C=\boldsymbol{m}_C=\boldsymbol{0}$)以及输入点和输出点重合,从式(2.19)可见

输入端和输出端力矩相等：

$$\boldsymbol{m}_O = \boldsymbol{m}_I \tag{3.32}$$

对 $\boldsymbol{r}_O \equiv \boldsymbol{r}_I$ 微分得

$$\ddot{\boldsymbol{r}}_O = \ddot{\boldsymbol{r}}_I \tag{3.33}$$

最后，光滑意味着没有摩擦，也就是力矩(3.32)为零的原因，即

$$\boldsymbol{m}_O = \boldsymbol{0} \tag{3.34}$$

考虑到建立形如式(2.26)的铰传递方程所缺少的 $\dot{\boldsymbol{\omega}}$ 的关系式需要借助于外接体 j 的信息。铰外接体的传递方程(3.1)的分块矩阵的形式为

$$\begin{bmatrix} \ddot{\boldsymbol{r}}^B \\ \dot{\boldsymbol{\omega}}^B \\ \boldsymbol{m}^B \\ \boldsymbol{q}^B \\ 1 \end{bmatrix}_O = \begin{bmatrix} \boldsymbol{U}_{1,1} & \boldsymbol{U}_{1,2} & \boldsymbol{U}_{1,3} & \boldsymbol{U}_{1,4} & \boldsymbol{U}_{1,5} \\ \boldsymbol{U}_{2,1} & \boldsymbol{U}_{2,2} & \boldsymbol{U}_{2,3} & \boldsymbol{U}_{2,4} & \boldsymbol{U}_{2,5} \\ \boldsymbol{U}_{3,1} & \boldsymbol{U}_{3,2} & \boldsymbol{U}_{3,3} & \boldsymbol{U}_{3,4} & \boldsymbol{U}_{3,5} \\ \boldsymbol{U}_{4,1} & \boldsymbol{U}_{4,2} & \boldsymbol{U}_{4,3} & \boldsymbol{U}_{4,4} & \boldsymbol{U}_{4,5} \\ \boldsymbol{O}_{1\times3} & \boldsymbol{O}_{1\times3} & \boldsymbol{O}_{1\times3} & \boldsymbol{O}_{1\times3} & 1 \end{bmatrix} \begin{bmatrix} \ddot{\boldsymbol{r}}^B \\ \dot{\boldsymbol{\omega}}^B \\ \boldsymbol{m}^B \\ \boldsymbol{q}^B \\ 1 \end{bmatrix}_I \tag{3.35}$$

由第三个方程可得到体输出端的力矩

$$\boldsymbol{m}_O^B = \boldsymbol{U}_{3,1}\ddot{\boldsymbol{r}}_I^B + \boldsymbol{U}_{3,2}\dot{\boldsymbol{\omega}}_I^B + \boldsymbol{U}_{3,3}\boldsymbol{m}_I^B + \boldsymbol{U}_{3,4}\boldsymbol{q}_I^B + \boldsymbol{U}_{3,5} \tag{3.36}$$

由于铰的输出端与其外接体的输入端相同，即 $\ddot{\boldsymbol{r}}_I^B \equiv \ddot{\boldsymbol{r}}_O$、$\dot{\boldsymbol{\omega}}_I^B \equiv \dot{\boldsymbol{\omega}}_O$、$\boldsymbol{q}_I^B \equiv \boldsymbol{q}_O$ 和 $\boldsymbol{m}_I^B \equiv \boldsymbol{m}_O$，式(3.36)可改写为

$$\boldsymbol{m}_O^B = \boldsymbol{U}_{3,1}\ddot{\boldsymbol{r}}_O + \boldsymbol{U}_{3,2}\dot{\boldsymbol{\omega}}_O + \boldsymbol{U}_{3,3}\boldsymbol{m}_O + \boldsymbol{U}_{3,4}\boldsymbol{q}_O + \boldsymbol{U}_{3,5} \tag{3.37}$$

将式(3.31)~式(3.33)代入式(3.37)，最终得到作为铰输入端函数的 $\dot{\boldsymbol{\omega}}$ 的关系式

$$-\boldsymbol{U}_{3,2}\dot{\boldsymbol{\omega}}_O = \boldsymbol{U}_{3,1}\ddot{\boldsymbol{r}}_I + \boldsymbol{U}_{3,3}\boldsymbol{m}_I + \boldsymbol{U}_{3,4}\boldsymbol{q}_I + \boldsymbol{U}_{3,5} - \boldsymbol{m}_O^B \tag{3.38}$$

或者记为

$$\dot{\boldsymbol{\omega}}_O = -\boldsymbol{U}_{3,2}^{-1}(\boldsymbol{U}_{3,1}\ddot{\boldsymbol{r}}_I + \boldsymbol{U}_{3,3}\boldsymbol{m}_I + \boldsymbol{U}_{3,4}\boldsymbol{q}_I + \boldsymbol{U}_{3,5} - \boldsymbol{m}_O^B) \tag{3.39}$$

结合式(3.39)与式(3.31)~式(3.33)，得光滑球铰传递矩阵 $\boldsymbol{U}^H$ 为

$$
\boldsymbol{U}^{H}=\begin{bmatrix}
\boldsymbol{I}_3 & \boldsymbol{O}_{3\times3} & \boldsymbol{O}_{3\times3} & \boldsymbol{O}_{3\times3} & \boldsymbol{O}_{3\times1}\\
-\boldsymbol{U}_{3,2}^{-1}\boldsymbol{U}_{3,1} & \boldsymbol{O}_{3\times3} & -\boldsymbol{U}_{3,2}^{-1}\boldsymbol{U}_{3,3} & -\boldsymbol{U}_{3,2}^{-1}\boldsymbol{U}_{3,4} & -\boldsymbol{U}_{3,2}^{-1}(\boldsymbol{U}_{3,5}-\boldsymbol{m}_{O}^{B})\\
\boldsymbol{O}_{3\times3} & \boldsymbol{O}_{3\times3} & \boldsymbol{I}_3 & \boldsymbol{O}_{3\times3} & \boldsymbol{O}_{3\times1}\\
\boldsymbol{O}_{3\times3} & \boldsymbol{O}_{3\times3} & \boldsymbol{O}_{3\times3} & \boldsymbol{I}_3 & \boldsymbol{O}_{3\times1}\\
\boldsymbol{O}_{1\times3} & \boldsymbol{O}_{1\times3} & \boldsymbol{O}_{1\times3} & \boldsymbol{O}_{1\times3} & 1
\end{bmatrix}
\tag{3.40}
$$

式中,子矩阵 $\boldsymbol{U}_{i,j}$ 由其外接元件传递矩阵(3.35)或(3.18)得到。

为了完全确定球铰传递矩阵 $\boldsymbol{U}^{H}$,显然需要外接体输出端的 $\boldsymbol{m}_{O}^{B}$ 的更多信息。外接体输出端如果联接光滑球铰或为自由边界条件,则其内力矩为零,即 $\boldsymbol{m}_{O}^{B}=\boldsymbol{0}$。因此,由式(3.40)可得球铰传递矩阵,其外接体输出端内力矩也消失了:

$$
\boldsymbol{U}^{H}=\begin{bmatrix}
\boldsymbol{I}_3 & \boldsymbol{O}_{3\times3} & \boldsymbol{O}_{3\times3} & \boldsymbol{O}_{3\times3} & \boldsymbol{O}_{3\times1}\\
-\boldsymbol{U}_{3,2}^{-1}\boldsymbol{U}_{3,1} & \boldsymbol{O}_{3\times3} & -\boldsymbol{U}_{3,2}^{-1}\boldsymbol{U}_{3,3} & -\boldsymbol{U}_{3,2}^{-1}\boldsymbol{U}_{3,4} & -\boldsymbol{U}_{3,2}^{-1}\boldsymbol{U}_{3,5}\\
\boldsymbol{O}_{3\times3} & \boldsymbol{O}_{3\times3} & \boldsymbol{I}_3 & \boldsymbol{O}_{3\times3} & \boldsymbol{O}_{3\times1}\\
\boldsymbol{O}_{3\times3} & \boldsymbol{O}_{3\times3} & \boldsymbol{O}_{3\times3} & \boldsymbol{I}_3 & \boldsymbol{O}_{3\times1}\\
\boldsymbol{O}_{1\times3} & \boldsymbol{O}_{1\times3} & \boldsymbol{O}_{1\times3} & \boldsymbol{O}_{1\times3} & 1
\end{bmatrix}
\tag{3.41}
$$

为了统一各种铰传递矩阵的形式,式(3.41)可改写为

$$
\boldsymbol{U}^{H}=\begin{bmatrix}
\boldsymbol{I}_3 & \boldsymbol{O}_{3\times3} & \boldsymbol{O}_{3\times3} & \boldsymbol{O}_{3\times3} & \boldsymbol{O}_{3\times1}\\
\boldsymbol{E}_1 & \boldsymbol{E}_2 & \boldsymbol{E}_3 & \boldsymbol{E}_4 & \boldsymbol{E}_5\\
\boldsymbol{O}_{3\times3} & \boldsymbol{O}_{3\times3} & \boldsymbol{I}_3 & \boldsymbol{O}_{3\times3} & \boldsymbol{O}_{3\times1}\\
\boldsymbol{O}_{3\times3} & \boldsymbol{O}_{3\times3} & \boldsymbol{O}_{3\times3} & \boldsymbol{I}_3 & \boldsymbol{O}_{3\times1}\\
\boldsymbol{O}_{1\times3} & \boldsymbol{O}_{1\times3} & \boldsymbol{O}_{1\times3} & \boldsymbol{O}_{1\times3} & 1
\end{bmatrix}
\tag{3.42}
$$

式中

$$
\begin{aligned}
&\boldsymbol{E}_1=-\boldsymbol{U}_{3,2}^{-1}\boldsymbol{U}_{3,1},\ \boldsymbol{E}_2=\boldsymbol{O}_{3\times3},\ \boldsymbol{E}_3=-\boldsymbol{U}_{3,2}^{-1}\boldsymbol{U}_{3,3},\\
&\boldsymbol{E}_4=-\boldsymbol{U}_{3,2}^{-1}\boldsymbol{U}_{3,4},\ \boldsymbol{E}_5=-\boldsymbol{U}_{3,2}^{-1}\boldsymbol{U}_{3,5}
\end{aligned}
\tag{3.43}
$$

必须强调,铰传递矩阵与其外接元件的类型有关。如果铰的外接体输出端联接另一种类型铰,例如柱铰或滑移铰,则铰传递矩阵需要作如下调整。

3.3.2 空间柱铰

接下来考虑一个光滑空间柱铰,其外接体相对于其内接体有一个自由度,可以绕柱铰轴转动,如图 3.2 所示。

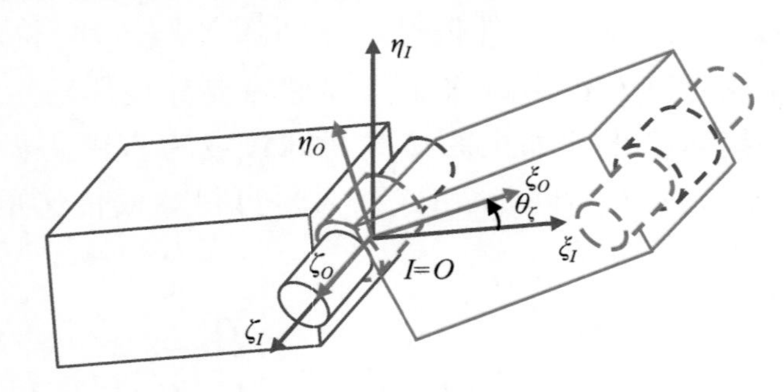

图 3.2 空间柱铰

与处理球铰相同的原因,可以得到柱铰输入端和输出端的绝对加速度、内力和内力矩的恒等式(3.31)~(3.33)。但是,光滑条件(3.34)需要投影到柱铰轴,即连体系的 ζ_I 轴,得

$$m'_{\zeta_I} = \boldsymbol{H}_3\boldsymbol{A}_I^{\mathrm{T}}\boldsymbol{m}_I = 0 \tag{3.44}$$

式中,$\boldsymbol{A}_I^{\mathrm{T}}$ 将输入端内力矩从惯性系转换到连体系中。并通过

$$\boldsymbol{H}_3 = [0 \quad 0 \quad 1] \tag{3.45}$$

将其投影到与 ζ_I 轴对齐的柱铰轴上。同时,还必须为受到约束的 ξ_I 和 η_I 方向找到替代关系。

输出端连体系相对输入端连体系 $I\xi_I\eta_I\zeta_I$ 的相对角速度为

$$\boldsymbol{\omega}'_r = [0 \quad 0 \quad \dot{\theta}_\zeta]^{\mathrm{T}} = \boldsymbol{H}_3^{\mathrm{T}}\dot{\theta}_\zeta \tag{3.46}$$

由此得到惯性系中输入端和输出端角速度的关系

$$\boldsymbol{\omega}_O = \boldsymbol{\omega}_I + \boldsymbol{A}_I\boldsymbol{\omega}'_r \tag{3.47}$$

对式(3.47)求导并注意到式(A.13),得

$$\dot{\boldsymbol{\omega}}_O=\dot{\boldsymbol{\omega}}_I+\dot{\boldsymbol{A}}_I\boldsymbol{\omega}'_r+\boldsymbol{A}_I\dot{\boldsymbol{\omega}}'_r=\dot{\boldsymbol{\omega}}_I+\tilde{\boldsymbol{\omega}}_I\boldsymbol{A}_I\boldsymbol{\omega}'_r+\boldsymbol{A}_I\dot{\boldsymbol{\omega}}'_r \tag{3.48}$$

或在输入端连体系中表示

$$\boldsymbol{A}_I^{\mathrm{T}}\dot{\boldsymbol{\omega}}_O=\boldsymbol{A}_I^{\mathrm{T}}\dot{\boldsymbol{\omega}}_I+\boldsymbol{A}_I^{\mathrm{T}}\tilde{\boldsymbol{\omega}}_I\boldsymbol{A}_I\boldsymbol{\omega}'_r+\dot{\boldsymbol{\omega}}'_r \tag{3.49}$$

由于 $\dot{\boldsymbol{\omega}}'_r$ 不完全已知,但是 $\dot{\omega}'_{r,\xi_I}=\dot{\omega}'_{r,\eta_I}\equiv 0$, 引入投影矩阵

$$\boldsymbol{H}_{1-2}=\begin{bmatrix}1 & 0 & 0\\ 0 & 1 & 0\end{bmatrix} \tag{3.50}$$

选择式(3.49)的第一行和第二行,并考虑到 $\boldsymbol{H}_{1-2}\dot{\boldsymbol{\omega}}'_r=\boldsymbol{H}_{1-2}\boldsymbol{H}_3^{\mathrm{T}}\ddot{\theta}_\zeta=\boldsymbol{0}$, 得在 ξ_I 和 η_I 方向上的传递方程

$$\boldsymbol{H}_{1-2}\boldsymbol{A}_I^{\mathrm{T}}\dot{\boldsymbol{\omega}}_O=\boldsymbol{H}_{1-2}\boldsymbol{A}_I^{\mathrm{T}}\dot{\boldsymbol{\omega}}_I+\boldsymbol{H}_{1-2}\boldsymbol{A}_I^{\mathrm{T}}\tilde{\boldsymbol{\omega}}_I\boldsymbol{A}_I\boldsymbol{\omega}'_r \tag{3.51}$$

为了获得 ζ_I 方向上缺失的传递关系,需要使用外接体传递方程(3.35)或者尤其是方程(3.38),并对其输出端内力矩 $\boldsymbol{m}_O^B$ 进行具体分析。假设另一个光滑柱铰的转轴与所考虑柱铰的转轴方向相同[见图3.2],则式(3.44)也适用于 $\boldsymbol{m}_O^B$, 即

$$\boldsymbol{H}_3\boldsymbol{A}_I^{\mathrm{T}}\boldsymbol{m}_O^B=0 \tag{3.52}$$

在体传递方程(3.38)两端左乘 $\boldsymbol{H}_3\boldsymbol{A}_I^{\mathrm{T}}$ 得到

$$\begin{aligned}-\boldsymbol{H}_3\boldsymbol{A}_I^{\mathrm{T}}\boldsymbol{U}_{3,2}\dot{\boldsymbol{\omega}}_O&=\boldsymbol{H}_3\boldsymbol{A}_I^{\mathrm{T}}(\boldsymbol{U}_{3,1}\ddot{\boldsymbol{r}}_I+\boldsymbol{U}_{3,3}\boldsymbol{m}_I+\boldsymbol{U}_{3,4}\boldsymbol{q}_I+\boldsymbol{U}_{3,5}-\boldsymbol{m}_O^B)\\&=\boldsymbol{H}_3\boldsymbol{A}_I^{\mathrm{T}}(\boldsymbol{U}_{3,1}\ddot{\boldsymbol{r}}_I+\boldsymbol{U}_{3,3}\boldsymbol{m}_I+\boldsymbol{U}_{3,4}\boldsymbol{q}_I+\boldsymbol{U}_{3,5})-\underbrace{\boldsymbol{H}_3\boldsymbol{A}_I^{\mathrm{T}}\boldsymbol{m}_O^B}_{0}\end{aligned} \tag{3.53}$$

最终得到

$$-\boldsymbol{H}_3\boldsymbol{A}_I^{\mathrm{T}}\boldsymbol{U}_{3,2}\dot{\boldsymbol{\omega}}_O=\boldsymbol{H}_3\boldsymbol{A}_I^{\mathrm{T}}(\boldsymbol{U}_{3,1}\ddot{\boldsymbol{r}}_I+\boldsymbol{U}_{3,3}\boldsymbol{m}_I+\boldsymbol{U}_{3,4}\boldsymbol{q}_I+\boldsymbol{U}_{3,5}) \tag{3.54}$$

式(3.51)和(3.54)可归纳为

$$\boldsymbol{U}_O\dot{\boldsymbol{\omega}}_O=\boldsymbol{U}_{I,\ddot{r}}\ddot{\boldsymbol{r}}_I+\boldsymbol{U}_{I,\dot{\omega}}\dot{\boldsymbol{\omega}}_I+\boldsymbol{U}_{I,m}\boldsymbol{m}_I+\boldsymbol{U}_{I,q}\boldsymbol{q}_I+\boldsymbol{U}_{I,f} \tag{3.55}$$

式(3.55)即为缺失的铰 $\dot{\boldsymbol{\omega}}_O$ 传递关系,式中

$$\boldsymbol{U}_O=\begin{bmatrix}\boldsymbol{H}_{1-2}\boldsymbol{A}_I^{\mathrm{T}}\\-\boldsymbol{H}_3\boldsymbol{A}_I^{\mathrm{T}}\boldsymbol{U}_{3,2}\end{bmatrix},\ \boldsymbol{U}_{I,\ddot{r}}=\begin{bmatrix}\boldsymbol{O}_{2\times3}\\\boldsymbol{H}_3\boldsymbol{A}_I^{\mathrm{T}}\boldsymbol{U}_{3,1}\end{bmatrix},\ \boldsymbol{U}_{I,\dot{\omega}}=\begin{bmatrix}\boldsymbol{H}_{1-2}\boldsymbol{A}_I^{\mathrm{T}}\\\boldsymbol{O}_{1\times3}\end{bmatrix},$$

$$\boldsymbol{U}_{I,m}=\begin{bmatrix}\boldsymbol{O}_{2\times3}\\\boldsymbol{H}_3\boldsymbol{A}_I^{\mathrm{T}}\boldsymbol{U}_{3,3}\end{bmatrix},\ \boldsymbol{U}_{I,q}=\begin{bmatrix}\boldsymbol{O}_{2\times3}\\\boldsymbol{H}_3\boldsymbol{A}_I^{\mathrm{T}}\boldsymbol{U}_{3,4}\end{bmatrix},\ \boldsymbol{U}_{I,f}=\begin{bmatrix}\boldsymbol{H}_{1-2}\boldsymbol{A}_I^{\mathrm{T}}\tilde{\boldsymbol{\omega}}_I\boldsymbol{A}_I\boldsymbol{\omega}_r'\\\boldsymbol{H}_3\boldsymbol{A}_I^{\mathrm{T}}\boldsymbol{U}_{3,5}\end{bmatrix}$$

(3.56)

将式(3.55)与式(3.31)~式(3.33)组合,得空间光滑柱铰完整的传递矩阵为

$$\boldsymbol{U}^H=\begin{bmatrix}\boldsymbol{I}_3&\boldsymbol{O}_{3\times3}&\boldsymbol{O}_{3\times3}&\boldsymbol{O}_{3\times3}&\boldsymbol{O}_{3\times1}\\\boldsymbol{U}_O^{-1}\boldsymbol{U}_{I,\ddot{r}}&\boldsymbol{U}_O^{-1}\boldsymbol{U}_{I,\dot{\omega}}&\boldsymbol{U}_O^{-1}\boldsymbol{U}_{I,m}&\boldsymbol{U}_O^{-1}\boldsymbol{U}_{I,q}&\boldsymbol{U}_O^{-1}\boldsymbol{U}_{I,f}\\\boldsymbol{O}_{3\times3}&\boldsymbol{O}_{3\times3}&\boldsymbol{I}_3&\boldsymbol{O}_{3\times3}&\boldsymbol{O}_{3\times1}\\\boldsymbol{O}_{3\times3}&\boldsymbol{O}_{3\times3}&\boldsymbol{O}_{3\times3}&\boldsymbol{I}_3&\boldsymbol{O}_{3\times1}\\\boldsymbol{O}_{1\times3}&\boldsymbol{O}_{1\times3}&\boldsymbol{O}_{1\times3}&\boldsymbol{O}_{1\times3}&1\end{bmatrix}\quad(3.57)$$

或记为统一的铰方程(3.42),式中

$$\boldsymbol{E}_1=\boldsymbol{U}_O^{-1}\boldsymbol{U}_{I,\ddot{r}},\ \boldsymbol{E}_2=\boldsymbol{U}_O^{-1}\boldsymbol{U}_{I,\dot{\omega}},\ \boldsymbol{E}_3=\boldsymbol{U}_O^{-1}\boldsymbol{U}_{I,m},\ \boldsymbol{E}_4=\boldsymbol{U}_O^{-1}\boldsymbol{U}_{I,q},\ \boldsymbol{E}_5=\boldsymbol{U}_O^{-1}\boldsymbol{U}_{I,f}$$

(3.58)

需要强调,式(3.56)和式(3.57)仅在外接体的输出端联接与所考虑的铰有相同转动方向的柱铰时才有效,否则式(3.56)必须适当更改。

3.3.3 不同铰组合

如上所述,外接体的外接铰的类型是铰传递矩阵信息的一部分。为了更清楚地看到这一点,下面将研究一些常见的铰组合。首先,考虑与第3.3.2节相同的柱铰,但外接体输出端的柱铰的转轴方向如图3.3所示。

在这种情况下,式(3.52)需重新记为

$$\boldsymbol{H}_3(\boldsymbol{A}_O^B)^{\mathrm{T}}\boldsymbol{m}_O^B=0\quad(3.59)$$

$\boldsymbol{A}_O^B$ 不同于式(3.52)中的方向余弦矩阵,它将外接体的输出端坐标系转换到惯性坐标系。如3.3.2节所示,进行类似式(3.54)的推导,可得形

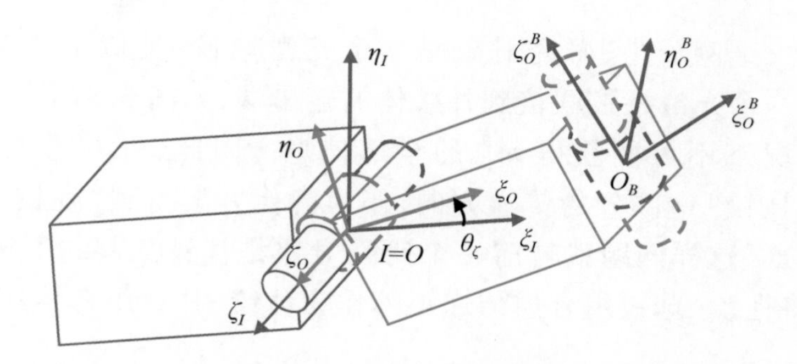

图 3.3 两个转轴方向不同的柱铰

式上与式(3.57)相同的传递矩阵,但要使用以下修改后的子矩阵

$$\boldsymbol{U}_O = \begin{bmatrix} \boldsymbol{H}_{1-2}\boldsymbol{A}_I^{\mathrm{T}} \\ -\boldsymbol{H}_3(\boldsymbol{A}_O^B)^{\mathrm{T}}\boldsymbol{U}_{3,2} \end{bmatrix},\ \boldsymbol{U}_{I,\ddot{r}} = \begin{bmatrix} \boldsymbol{O}_{2\times 3} \\ \boldsymbol{H}_3(\boldsymbol{A}_O^B)^{\mathrm{T}}\boldsymbol{U}_{3,1} \end{bmatrix},\ \boldsymbol{U}_{I,\dot{\omega}} = \begin{bmatrix} \boldsymbol{H}_{1-2}\boldsymbol{A}_I^{\mathrm{T}} \\ \boldsymbol{O}_{1\times 3} \end{bmatrix},$$

$$\boldsymbol{U}_{I,m} = \begin{bmatrix} \boldsymbol{O}_{2\times 3} \\ \boldsymbol{H}_3(\boldsymbol{A}_O^B)^{\mathrm{T}}\boldsymbol{U}_{3,3} \end{bmatrix},\ \boldsymbol{U}_{I,q} = \begin{bmatrix} \boldsymbol{O}_{2\times 3} \\ \boldsymbol{H}_3(\boldsymbol{A}_O^B)^{\mathrm{T}}\boldsymbol{U}_{3,4} \end{bmatrix},\ \boldsymbol{U}_{I,f} = \begin{bmatrix} \boldsymbol{H}_{1-2}\boldsymbol{A}_I^{\mathrm{T}}\tilde{\boldsymbol{\omega}}_I\boldsymbol{A}_I\boldsymbol{\omega}_r' \\ \boldsymbol{H}_3(\boldsymbol{A}_O^B)^{\mathrm{T}}\boldsymbol{U}_{3,5} \end{bmatrix} \tag{3.60}$$

由于式(3.59),式(3.52)中的 $\boldsymbol{A}_I^{\mathrm{T}}$ 变为 $(\boldsymbol{A}_O^B)^{\mathrm{T}}$。

第二个例子研究 3.3.2 节中的柱铰与联接到如图 3.4 所示外接体输出端的光滑球铰的组合。对于柱铰,式(3.31)~式(3.33)和式(3.51)普遍有效。这种情况下的区别在于外接体的输出端内力矩完全消失,即 $\boldsymbol{m}_O^B = \boldsymbol{0}$。因此,式(3.52)仍然有效,导致相同的传递矩阵(3.57)以及缩写(3.56)。

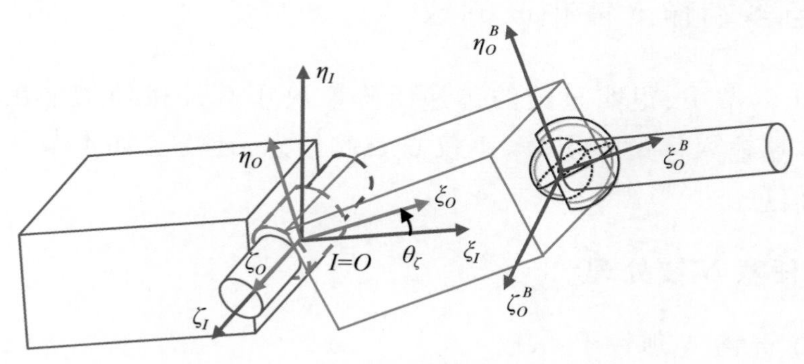

图 3.4 柱铰与外接体外接球铰的组合

在第三个例子中,研究对象是一个光滑球铰,类似于 3.3.1 节,然而,此时,一个光滑柱铰联接到外接体的输出端,如图 3.5 所示。可以想象这种情况下不可能获得 $\boldsymbol{m}_O^B$ 的全部信息。因此,可人为地反转"球铰→体→柱铰"这部分的传递方向,作为替代方案得到"柱铰→体→球铰"的组合。这样问题就与前一个研究对象是柱铰的问题"相同"。因此,可以将柱铰-球铰组合逆传递矩阵作为球铰-柱铰组合传递矩阵。

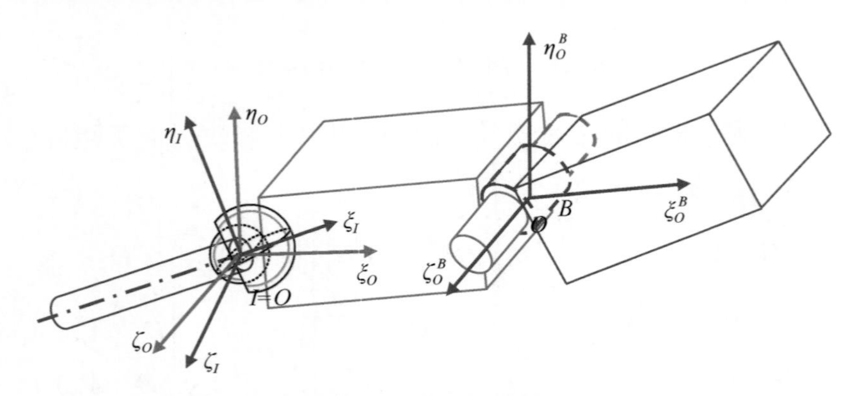

图 3.5 球铰与外接体外接柱铰的组合

概括上述研究,铰传递矩阵很大程度上取决于其外接体的外接铰,如果涉及文中未展示的滑移铰,则过程将更加复杂,可参见文献[165]、[116]。这是迄今为止看到的多体系统传递矩阵法需要解决的一个主要挑战性问题。为了尽可能统一各种铰的传递矩阵,将铰方程与其外接体的外接铰解耦很重要,这将在本章后面部分实现。

3.4 与多端输入体相联的铰

在上一节中,很明显铰的传递矩阵取决于其外接体的输出端。然而,在多端输入体的情况下,不仅需要此信息,还需要如本节所示的相邻铰的信息。

3.4.1 任意 *N* 铰处理

(1) 光滑 *N* 球铰子系统

如图 3.6 所示,铰 H_1, H_2, …, H_N 分别对应于多端输入体 i 的输入

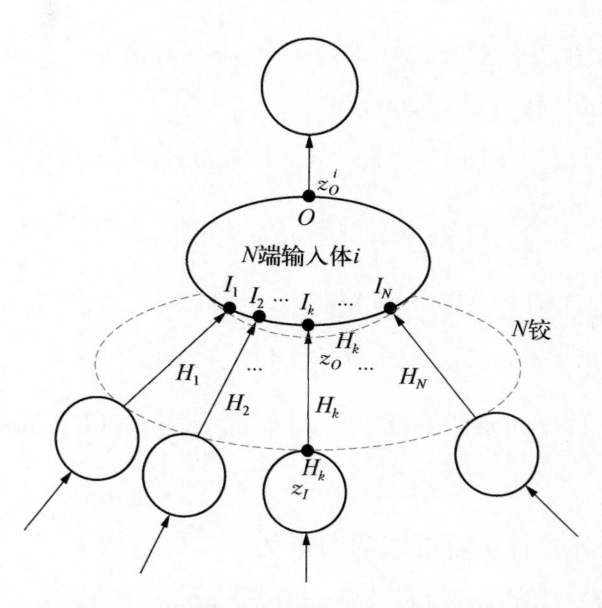

图 3.6 N 端输入体和 N 铰子系统的拓扑图

端 $I_1, I_2, \cdots, I_N$。为简化叙述起见，假设所有这些铰都是相同类型的光滑球铰。由于没有尺寸和惯性，式(3.31)~式(3.34)对每个铰都适用，并且铰输出状态与体输入状态相同，即

$$\ddot{\boldsymbol{r}}_{I_k}^{i} \equiv \ddot{\boldsymbol{r}}_{O}^{H_k} = \ddot{\boldsymbol{r}}_{I}^{H_k} \tag{3.61}$$

$$\dot{\boldsymbol{\omega}}_{I_k}^{i} \equiv \dot{\boldsymbol{\omega}}_{O}^{H_k} \tag{3.62}$$

$$\boldsymbol{m}_{I_k}^{i} \equiv \boldsymbol{m}_{O}^{H_k} = \boldsymbol{m}_{I}^{H_k} \tag{3.63}$$

$$\boldsymbol{q}_{I_k}^{i} \equiv \boldsymbol{q}_{O}^{H_k} = \boldsymbol{q}_{I}^{H_k} \quad (k = 1, 2, \cdots, N) \tag{3.64}$$

为获得铰 H_k 输出端角加速度 $\dot{\boldsymbol{\omega}}_{O}^{H_k}$，用体传递方程(3.23)的第三行

$$\begin{aligned} \boldsymbol{m}_{O}^{i} = {} & (\boldsymbol{U}_{3,1}^{i})_I \ddot{\boldsymbol{r}}_I^{i} + (\boldsymbol{U}_{3,2}^{i})_I \dot{\boldsymbol{\omega}}_I^{i} + (\boldsymbol{U}_{3,3}^{i})_I \boldsymbol{m}_I^{i} + (\boldsymbol{U}_{3,4}^{i})_I \boldsymbol{q}_I^{i} + (\boldsymbol{U}_{3,5}^{i})_I \\ & + \sum_{k=2}^{N} \left[(\boldsymbol{U}_{3,3}^{i})_{I_k} \boldsymbol{m}_{I_k}^{i} + (\boldsymbol{U}_{3,4}^{i})_{I_k} \boldsymbol{q}_{I_k}^{i} \right] \end{aligned} \tag{3.65}$$

或记为

$$\boldsymbol{m}_{O}^{i} = (\boldsymbol{U}_{3,1}^{i})_I \ddot{\boldsymbol{r}}_I^{i} + (\boldsymbol{U}_{3,2}^{i})_I \dot{\boldsymbol{\omega}}_I^{i} + \sum_{k=1}^{N} (\boldsymbol{U}_{3,3}^{i} \boldsymbol{m}^{i} + \boldsymbol{U}_{3,4}^{i} \boldsymbol{q}^{i})_{I_k} + (\boldsymbol{U}_{3,5}^{i})_I \tag{3.66}$$

将刚体运动学方程[式(3.24)] $\ddot{\boldsymbol{r}}_I^i = \ddot{\boldsymbol{r}}_{I_k}^i - (\tilde{\boldsymbol{r}}_{I,I_k}^i)^{\mathrm{T}}\dot{\boldsymbol{\omega}}_I^i - \tilde{\boldsymbol{\omega}}_I^i\tilde{\boldsymbol{\omega}}_I^i\boldsymbol{r}_{I,I_k}^i$ 和[式(3.25)] $\dot{\boldsymbol{\omega}}_I^i = \dot{\boldsymbol{\omega}}_{I_k}^i$ 代入式(3.66)得

$$\boldsymbol{m}_O^i = (\boldsymbol{U}_{3,1}^i)_I[\ddot{\boldsymbol{r}}_{I_k}^i - (\tilde{\boldsymbol{r}}_{I,I_k}^i)^{\mathrm{T}}\dot{\boldsymbol{\omega}}_{I_k}^i - \tilde{\boldsymbol{\omega}}_I^i\tilde{\boldsymbol{\omega}}_I^i\boldsymbol{r}_{I,I_k}^i] + (\boldsymbol{U}_{3,2}^i)_I\dot{\boldsymbol{\omega}}_{I_k}^i + \sum_{k=1}^{N}(\boldsymbol{U}_{3,3}^i\boldsymbol{m}^i + \boldsymbol{U}_{3,4}^i\boldsymbol{q}^i)_{I_k} + (\boldsymbol{U}_{3,5}^i)_I \tag{3.67}$$

再利用恒等式(3.61)~式(3.64)得

$$\boldsymbol{m}_O^i = (\boldsymbol{U}_{3,1}^i)_I\ddot{\boldsymbol{r}}_I^{H_k} + [(\boldsymbol{U}_{3,2}^i)_I - (\boldsymbol{U}_{3,1}^i)_I(\tilde{\boldsymbol{r}}_{I,I_k}^i)^{\mathrm{T}}]\dot{\boldsymbol{\omega}}_O^{H_k} + \sum_{j=1}^{N}[(\boldsymbol{U}_{3,3}^i)_{I_j}\boldsymbol{m}_I^{H_j} + (\boldsymbol{U}_{3,4}^i)_{I_j}\boldsymbol{q}_I^{H_j}] + (\boldsymbol{U}_{3,5}^i)_I - (\boldsymbol{U}_{3,1}^i)_I\tilde{\boldsymbol{\omega}}_I^i\tilde{\boldsymbol{\omega}}_I^i\boldsymbol{r}_{I,I_k}^i \tag{3.68}$$

拆分求和得到外接体 i 输出端的力矩为

$$\boldsymbol{m}_O^i = (\boldsymbol{U}_{3,1}^i)_I\ddot{\boldsymbol{r}}_I^{H_k} + [(\boldsymbol{U}_{3,2}^i)_I - (\boldsymbol{U}_{3,1}^i)_I(\tilde{\boldsymbol{r}}_{I,I_k}^i)^{\mathrm{T}}]\dot{\boldsymbol{\omega}}_O^{H_k} + (\boldsymbol{U}_{3,3}^i)_{I_k}\boldsymbol{m}_I^{H_k} + (\boldsymbol{U}_{3,4}^i)_{I_k}\boldsymbol{q}_I^{H_k} + \sum_{\substack{j=1\\ j\neq k}}^{N}[(\boldsymbol{U}_{3,3}^i)_{I_j}\boldsymbol{m}_I^{H_j} + (\boldsymbol{U}_{3,4}^i)_{I_j}\boldsymbol{q}_I^{H_j}] + (\boldsymbol{U}_{3,5}^i)_I - (\boldsymbol{U}_{3,1}^i)_I\tilde{\boldsymbol{\omega}}_I^i\tilde{\boldsymbol{\omega}}_I^i\boldsymbol{r}_{I,I_k}^i \tag{3.69}$$

当外接多端输入体的外接铰为球铰,根据式(3.34)得 $\boldsymbol{m}_O^i = \boldsymbol{0}$。然后由式(3.69)得

$$\dot{\boldsymbol{\omega}}_O^{H_k} = \boldsymbol{E}_O^{H_k}(\boldsymbol{U}_{3,1}^i)_I\ddot{\boldsymbol{r}}_I^{H_k} + \boldsymbol{E}_O^{H_k}(\boldsymbol{U}_{3,3}^i)_{I_k}\boldsymbol{m}_I^{H_k} + \boldsymbol{E}_O^{H_k}(\boldsymbol{U}_{3,4}^i)_{I_k}\boldsymbol{q}_I^{H_k} + \sum_{\substack{j=1\\ j\neq k}}^{N}[\boldsymbol{E}_O^{H_k}(\boldsymbol{U}_{3,3}^i)_{I_j}\boldsymbol{m}_I^{H_j} + \boldsymbol{E}_O^{H_k}(\boldsymbol{U}_{3,4}^i)_{I_j}\boldsymbol{q}_I^{H_j}] + \boldsymbol{E}_O^{H_k}\boldsymbol{E}_f^{H_k} \tag{3.70}$$

式中

$$\boldsymbol{E}_O^{H_k} = [(\boldsymbol{U}_{3,1}^i)_I(\tilde{\boldsymbol{r}}_{I,I_k}^i)^{\mathrm{T}} - (\boldsymbol{U}_{3,2}^i)_I]^{-1} \tag{3.71}$$

$$\boldsymbol{E}_f^{H_k} = (\boldsymbol{U}_{3,5}^i)_I - (\boldsymbol{U}_{3,1}^i)_I\tilde{\boldsymbol{\omega}}_I^i\tilde{\boldsymbol{\omega}}_I^i\boldsymbol{r}_{I,I_k}^i \tag{3.72}$$

根据状态矢量定义[式(2.25)],式(3.61)、(3.70)、(3.63)和(3.64)可概括为光滑 N 球铰输出端状态矢量与所有铰输入端状态矢量之间的传递方程

$$\boldsymbol{z}_O^{H_k} = \sum_{j=1}^{N}\boldsymbol{U}_{H_k,H_j}\boldsymbol{z}_I^{H_j} \quad (k = 1, 2, \cdots, N) \tag{3.73}$$

式中

$$
\boldsymbol{U}_{H_k,H_j}=
\begin{cases}
\begin{bmatrix}
\boldsymbol{I}_3 & \boldsymbol{O}_{3\times 3} & \boldsymbol{O}_{3\times 3} & \boldsymbol{O}_{3\times 3} & \boldsymbol{O}_{3\times 1}\\
\boldsymbol{E}_O^{H_k}(\boldsymbol{U}_{3,1}^i)_I & \boldsymbol{O}_{3\times 3} & \boldsymbol{E}_O^{H_k}(\boldsymbol{U}_{3,3}^i)_{I_k} & \boldsymbol{E}_O^{H_k}(\boldsymbol{U}_{3,4}^i)_{I_k} & \boldsymbol{E}_O^{H_k}\boldsymbol{E}_f^{H_k}\\
\boldsymbol{O}_{3\times 3} & \boldsymbol{O}_{3\times 3} & \boldsymbol{I}_3 & \boldsymbol{O}_{3\times 3} & \boldsymbol{O}_{3\times 1}\\
\boldsymbol{O}_{3\times 3} & \boldsymbol{O}_{3\times 3} & \boldsymbol{O}_{3\times 3} & \boldsymbol{I}_3 & \boldsymbol{O}_{3\times 1}\\
\boldsymbol{O}_{1\times 3} & \boldsymbol{O}_{1\times 3} & \boldsymbol{O}_{1\times 3} & \boldsymbol{O}_{1\times 3} & 1
\end{bmatrix}, & j=k\\
\begin{bmatrix}
\boldsymbol{O}_{3\times 3} & \boldsymbol{O}_{3\times 3} & \boldsymbol{O}_{3\times 3} & \boldsymbol{O}_{3\times 3} & \boldsymbol{O}_{3\times 1}\\
\boldsymbol{O}_{3\times 3} & \boldsymbol{O}_{3\times 3} & \boldsymbol{E}_O^{H_k}(\boldsymbol{U}_{3,3}^i)_{I_j} & \boldsymbol{E}_O^{H_k}(\boldsymbol{U}_{3,4}^i)_{I_j} & \boldsymbol{O}_{3\times 1}\\
\boldsymbol{O}_{3\times 3} & \boldsymbol{O}_{3\times 3} & \boldsymbol{O}_{3\times 3} & \boldsymbol{O}_{3\times 3} & \boldsymbol{O}_{3\times 1}\\
\boldsymbol{O}_{3\times 3} & \boldsymbol{O}_{3\times 3} & \boldsymbol{O}_{3\times 3} & \boldsymbol{O}_{3\times 3} & \boldsymbol{O}_{3\times 1}\\
\boldsymbol{O}_{1\times 3} & \boldsymbol{O}_{1\times 3} & \boldsymbol{O}_{1\times 3} & \boldsymbol{O}_{1\times 3} & 0
\end{bmatrix}, & \text{其它}
\end{cases}
\tag{3.74}
$$

显然,N 端输入体的 N 个内接铰既需要与相邻铰相关的信息,也需要外接体输出端的信息。对于 $N=1$, $\boldsymbol{r}_{I,I_k}^i$ 在式(3.71)和式(3.72)中消失,因为 $\boldsymbol{m}_O^i=\boldsymbol{0}$, 传递矩阵(3.74)变成与式(3.41)相同。

(2) 平行光滑 N 柱铰子系统

如果假设图 3.6 中的所有铰 H_1, H_2, …, H_N 都是相同类型且有相互平行轴的光滑柱铰,这些铰的同一个外接 N 端输入体的外接铰也为光滑柱铰,即 $\boldsymbol{H}_3(\boldsymbol{A}_O^i)^{\mathrm{T}}\boldsymbol{m}_O^i=0$, 则联合应用 3.3.2 节和上述类似的方法,可得 N 柱铰的传递矩阵。

对每个光滑柱铰 H_k, 式(3.61)、(3.63)和(3.64)仍然有效,并且,由式(3.44)和(3.51)有效得

$$\boldsymbol{H}_3(\boldsymbol{A}_I^{H_k})^{\mathrm{T}}\boldsymbol{m}_I^{H_k}=0 \tag{3.75}$$

$$\boldsymbol{H}_{1-2}(\boldsymbol{A}_I^{H_k})^{\mathrm{T}}\dot{\boldsymbol{\omega}}_O^{H_k}=\boldsymbol{H}_{1-2}(\boldsymbol{A}_I^{H_k})^{\mathrm{T}}\dot{\boldsymbol{\omega}}_I^{H_k}+\boldsymbol{H}_{1-2}(\boldsymbol{A}_I^{H_k})^{\mathrm{T}}\tilde{\boldsymbol{\omega}}_I^{H_k}\boldsymbol{A}_I^{H_k}\boldsymbol{\omega}_r'^{H_k} \tag{3.76}$$

改写式(3.75)为

$$\boldsymbol{m}_I^{H_k} = \boldsymbol{A}_I^{H_k}\bar{\boldsymbol{H}}_{1-2}(\boldsymbol{A}_I^{H_k})^{\mathrm{T}}\boldsymbol{m}_I^{H_k} \tag{3.77}$$

式中

$$\bar{\boldsymbol{H}}_{1-2} = \begin{bmatrix} 1 & 0 & 0 \\ 0 & 1 & 0 \\ 0 & 0 & 0 \end{bmatrix} \tag{3.78}$$

将式(3.77)代入式(3.65)并考虑到 $\boldsymbol{H}_3(\boldsymbol{A}_O^i)^{\mathrm{T}}\boldsymbol{m}_O^i = 0$、运动学方程(3.24)和(3.25)以及(3.63)和(3.64),得

$$\begin{aligned} 0 = & \boldsymbol{H}_3(\boldsymbol{A}_O^i)^{\mathrm{T}}(\boldsymbol{U}_{3,1}^i)_I\ddot{\boldsymbol{r}}_I^{H_k} + \boldsymbol{H}_3(\boldsymbol{A}_O^i)^{\mathrm{T}}[(\boldsymbol{U}_{3,2}^i)_I - (\boldsymbol{U}_{3,1}^i)_I(\tilde{\boldsymbol{r}}_{I,I_k}^i)^{\mathrm{T}}]\dot{\boldsymbol{\omega}}_O^{H_k} \\ & + \boldsymbol{H}_3(\boldsymbol{A}_O^i)^{\mathrm{T}}(\boldsymbol{U}_{3,3}^i)_{I_k}\boldsymbol{A}_I^{H_k}\bar{\boldsymbol{H}}_{1-2}(\boldsymbol{A}_I^{H_k})^{\mathrm{T}}\boldsymbol{m}_I^{H_k} + \boldsymbol{H}_3(\boldsymbol{A}_O^i)^{\mathrm{T}}(\boldsymbol{U}_{3,4}^i)_{I_k}\boldsymbol{q}_I^{H_k} \\ & + \sum_{\substack{j=1 \\ j\neq k}}^{N}[\boldsymbol{H}_3(\boldsymbol{A}_O^i)^{\mathrm{T}}(\boldsymbol{U}_{3,3}^i)_{I_j}\boldsymbol{m}_I^{H_j} + \boldsymbol{H}_3(\boldsymbol{A}_O^i)^{\mathrm{T}}(\boldsymbol{U}_{3,4}^i)_{I_j}\boldsymbol{q}_I^{H_j}] \\ & + \boldsymbol{H}_3(\boldsymbol{A}_O^i)^{\mathrm{T}}[(\boldsymbol{U}_{3,5}^i)_I - (\boldsymbol{U}_{3,1}^i)_I\tilde{\boldsymbol{\omega}}_I^i\tilde{\boldsymbol{\omega}}_I^i\boldsymbol{r}_{I,I_k}^i] \end{aligned} \tag{3.79}$$

由式(3.76)和(3.79)得

$$\begin{aligned} \dot{\boldsymbol{\omega}}_O^{H_k} = & \boldsymbol{E}_O^{H_k}\boldsymbol{E}_{\ddot{r}}^{H_k}\ddot{\boldsymbol{r}}_I^{H_k} + \boldsymbol{E}_O^{H_k}\boldsymbol{E}_{\dot{\omega}}^{H_k}\dot{\boldsymbol{\omega}}_I^{H_k} + \boldsymbol{E}_O^{H_k}\boldsymbol{E}_{\boldsymbol{m}}^{H_k}\boldsymbol{m}_I^{H_k} + \boldsymbol{E}_O^{H_k}\boldsymbol{E}_{\boldsymbol{q}}^{H_k}\boldsymbol{q}_I^{H_k} \\ & + \boldsymbol{E}_O^{H_k}\boldsymbol{E}_{\boldsymbol{f}}^{H_k} + \sum_{\substack{j=1 \\ j\neq k}}^{N}(\boldsymbol{E}_O^{H_k}\boldsymbol{E}_{\boldsymbol{m}}^{H_j}\boldsymbol{m}_I^{H_j} + \boldsymbol{E}_O^{H_k}\boldsymbol{E}_{\boldsymbol{q}}^{H_j}\boldsymbol{q}_I^{H_j}) \end{aligned} \tag{3.80}$$

式中

$$\boldsymbol{E}_O^{H_k} = \begin{bmatrix} \boldsymbol{H}_{1-2}(\boldsymbol{A}_I^{H_k})^{\mathrm{T}} \\ \boldsymbol{H}_3(\boldsymbol{A}_O^i)^{\mathrm{T}}[(\boldsymbol{U}_{3,1}^i)_I(\tilde{\boldsymbol{r}}_{I,I_k}^i)^{\mathrm{T}} - (\boldsymbol{U}_{3,2}^i)_I] \end{bmatrix}^{-1},$$

$$\boldsymbol{E}_{\ddot{r}}^{H_k} = \begin{bmatrix} \boldsymbol{O}_{2\times 3} \\ \boldsymbol{H}_3(\boldsymbol{A}_O^i)^{\mathrm{T}}(\boldsymbol{U}_{3,1}^i)_I \end{bmatrix},$$

$$\boldsymbol{E}_{\dot{\omega}}^{H_k} = \begin{bmatrix} \boldsymbol{H}_{1-2}(\boldsymbol{A}_I^{H_k})^{\mathrm{T}} \\ \boldsymbol{O}_{1\times 3} \end{bmatrix},$$

$$\boldsymbol{E}_{\boldsymbol{m}}^{H_k} = \begin{bmatrix} \boldsymbol{O}_{2\times 3} \\ \boldsymbol{H}_3(\boldsymbol{A}_O^i)^{\mathrm{T}}(\boldsymbol{U}_{3,3}^i)_{I_k}\boldsymbol{A}_I^{H_k}\bar{\boldsymbol{H}}_{1-2}(\boldsymbol{A}_I^{H_k})^{\mathrm{T}} \end{bmatrix},$$

$$\boldsymbol{E}_{\boldsymbol{q}}^{H_k}=\begin{bmatrix}\boldsymbol{O}_{2\times 3}\\ \boldsymbol{H}_3(\boldsymbol{A}_O^i)^{\mathrm{T}}(\boldsymbol{U}_{3,4}^i)_{I_k}\end{bmatrix},$$

$$\boldsymbol{E}_{\boldsymbol{f}}^{H_k}=\begin{bmatrix}\boldsymbol{H}_{1-2}(\boldsymbol{A}_I^{H_k})^{\mathrm{T}}\tilde{\boldsymbol{\omega}}_I^{H_k}\boldsymbol{A}_I^{H_k}\boldsymbol{\omega}_r'^{H_k}\\ \boldsymbol{H}_3(\boldsymbol{A}_O^i)^{\mathrm{T}}[(\boldsymbol{U}_{3,5}^i)_I-(\boldsymbol{U}_{3,1}^i)_I\tilde{\boldsymbol{\omega}}_I^i\tilde{\boldsymbol{\omega}}_I^i\boldsymbol{r}_{I,I_k}^i]\end{bmatrix} \tag{3.81}$$

$$\boldsymbol{E}_{\boldsymbol{m}}^{H_j}=\begin{bmatrix}\boldsymbol{O}_{2\times 3}\\ \boldsymbol{H}_3(\boldsymbol{A}_O^i)^{\mathrm{T}}(\boldsymbol{U}_{3,3}^i)_{I_j}\end{bmatrix},$$

$$\boldsymbol{E}_{\boldsymbol{q}}^{H_j}=\begin{bmatrix}\boldsymbol{O}_{2\times 3}\\ \boldsymbol{H}_3(\boldsymbol{A}_O^i)^{\mathrm{T}}(\boldsymbol{U}_{3,4}^i)_{I_j}\end{bmatrix}\quad(j=2,\ \cdots,\ N;\ j\neq k) \tag{3.82}$$

由式(3.61)、(3.63)、(3.64)和(3.80)得平行光滑 N 柱铰传递方程(3.73),式中传递矩阵

$$\boldsymbol{U}_{H_k,H_j}=\begin{cases}\begin{bmatrix}\boldsymbol{I}_3 & \boldsymbol{O}_{3\times 3} & \boldsymbol{O}_{3\times 3} & \boldsymbol{O}_{3\times 3} & \boldsymbol{O}_{3\times 1}\\ \boldsymbol{E}_O^{H_k}\boldsymbol{E}_{\ddot{\boldsymbol{r}}}^{H_k} & \boldsymbol{E}_O^{H_k}\boldsymbol{E}_{\dot{\boldsymbol{\omega}}}^{H_k} & \boldsymbol{E}_O^{H_k}\boldsymbol{E}_{\boldsymbol{m}}^{H_k} & \boldsymbol{E}_O^{H_k}\boldsymbol{E}_{\boldsymbol{q}}^{H_k} & \boldsymbol{E}_O^{H_k}\boldsymbol{E}_{\boldsymbol{f}}^{H_k}\\ \boldsymbol{O}_{3\times 3} & \boldsymbol{O}_{3\times 3} & \boldsymbol{I}_3 & \boldsymbol{O}_{3\times 3} & \boldsymbol{O}_{3\times 1}\\ \boldsymbol{O}_{3\times 3} & \boldsymbol{O}_{3\times 3} & \boldsymbol{O}_{3\times 3} & \boldsymbol{I}_3 & \boldsymbol{O}_{3\times 1}\\ \boldsymbol{O}_{1\times 3} & \boldsymbol{O}_{1\times 3} & \boldsymbol{O}_{1\times 3} & \boldsymbol{O}_{1\times 3} & 1\end{bmatrix}, & j=k\\ \begin{bmatrix}\boldsymbol{O}_{3\times 3} & \boldsymbol{O}_{3\times 3} & \boldsymbol{O}_{3\times 3} & \boldsymbol{O}_{3\times 3} & \boldsymbol{O}_{3\times 1}\\ \boldsymbol{O}_{3\times 3} & \boldsymbol{O}_{3\times 3} & \boldsymbol{E}_O^{H_k}\boldsymbol{E}_{\boldsymbol{m}}^{H_j} & \boldsymbol{E}_O^{H_k}\boldsymbol{E}_{\boldsymbol{q}}^{H_j} & \boldsymbol{O}_{3\times 1}\\ \boldsymbol{O}_{3\times 3} & \boldsymbol{O}_{3\times 3} & \boldsymbol{O}_{3\times 3} & \boldsymbol{O}_{3\times 3} & \boldsymbol{O}_{3\times 1}\\ \boldsymbol{O}_{3\times 3} & \boldsymbol{O}_{3\times 3} & \boldsymbol{O}_{3\times 3} & \boldsymbol{O}_{3\times 3} & \boldsymbol{O}_{3\times 1}\\ \boldsymbol{O}_{1\times 3} & \boldsymbol{O}_{1\times 3} & \boldsymbol{O}_{1\times 3} & \boldsymbol{O}_{1\times 3} & 0\end{bmatrix}, & \text{其它}\end{cases} \tag{3.83}$$

3.4.2 N 铰与 N 端输入刚体组成的子系统

为了降低计算成本,考虑如图 3.6 所示由 N 端输入空间刚体与如上所述的 N 铰联接组成的子系统,研究子系统的传递方程。它的主传递方程可通过将刚体主传递方程(3.21)和铰传递方程(3.73)及外接元件输入与内接元件输出恒等式 $z_{I_k}^i\equiv z_O^{H_k}$ 相结合来推导出

$$\begin{aligned} \boldsymbol{z}_O^i &= \sum_{k=1}^N \boldsymbol{U}_{I_k}^i \boldsymbol{z}_{I_k}^i \equiv \sum_{k=1}^N \boldsymbol{U}_{I_k}^i \boldsymbol{z}_O^{H_k} = \sum_{k=1}^N \boldsymbol{U}_{I_k}^i \sum_{j=1}^N \boldsymbol{U}_{H_k,H_j} \boldsymbol{z}_I^{H_j} \\ &= \sum_{j=1}^N \sum_{k=1}^N \boldsymbol{U}_{I_k}^i \boldsymbol{U}_{H_k,H_j} \boldsymbol{z}_I^{H_j} \\ &=: \sum_{j=1}^N \boldsymbol{U}_{H_j}^i \boldsymbol{z}_I^{H_j} \end{aligned} \tag{3.84}$$

式中

$$\boldsymbol{U}_{H_j}^i = \sum_{k=1}^N \boldsymbol{U}_{I_k}^i \boldsymbol{U}_{H_k,H_j} \tag{3.85}$$

$\boldsymbol{U}_{I_k}^i$ 的表达式由多端输入刚体传递矩阵(3.2)和(3.22)给出,对于球铰和柱铰,$\boldsymbol{U}_{H_k,H_j}$ 分别由式(3.74)和式(3.83)给出。显然,这些矩阵中包含许多零元素,这也是可以通过显式计算式(3.85)中的矩阵乘法减少计算量的原因。用附录 B 中方法简化球铰的计算,可将式(3.84)改写为

$$\boldsymbol{z}_O^i = \boldsymbol{U}^B \boldsymbol{U}^H \boldsymbol{z}_I^{H_1} + \sum_{j=2}^N (\boldsymbol{U}^B \boldsymbol{U}_{H_1,H_j} + \boldsymbol{U}_{I_j}^i) \boldsymbol{z}_I^{H_j} \tag{3.86}$$

式中,当 $j=1$ 时,根据式(B.8),$\boldsymbol{U}_{H_1}^i$ 简化为 $\boldsymbol{U}^B\boldsymbol{U}^H$,$\boldsymbol{U}^B$ 和 $\boldsymbol{U}^H$ 分别与单端输入刚体传递矩阵(3.2)和球铰传递矩阵(3.41)相同。当 $j\neq 1$ 时,根据式(B.9),$\boldsymbol{U}_{H_j}^i$ 简化为 $(\boldsymbol{U}^B\boldsymbol{U}_{H_1,H_j} + \boldsymbol{U}_{I_j}^i)$。可证,式(3.86)也适用于柱铰,证明省略。

协调方程(3.26)也可以结合铰传递方程(3.73)得到

$$\begin{aligned} \boldsymbol{0} &= \boldsymbol{H}_I^i \boldsymbol{z}_I^i + \boldsymbol{H}_{I_k}^i \boldsymbol{z}_{I_k}^i \equiv \boldsymbol{H}_I^i \boldsymbol{z}_O^{H_1} + \boldsymbol{H}_{I_k}^i \boldsymbol{z}_O^{H_k} \\ &= \boldsymbol{H}_I^i \sum_{j=1}^N \boldsymbol{U}_{H_1,H_j} \boldsymbol{z}_I^{H_j} + \boldsymbol{H}_{I_k}^i \sum_{j=1}^N \boldsymbol{U}_{H_k,H_j} \boldsymbol{z}_I^{H_j} \\ &= \sum_{j=1}^N (\boldsymbol{H}_I^i \boldsymbol{U}_{H_1,H_j} + \boldsymbol{H}_{I_k}^i \boldsymbol{U}_{H_k,H_j}) \boldsymbol{z}_I^{H_j} \\ &=: \sum_{j=1}^N \boldsymbol{H}_{H_k,H_j}^i \boldsymbol{z}_I^{H_j} \quad (k = 2,\ 3,\ \cdots,\ N) \end{aligned} \tag{3.87}$$

式中

$$\boldsymbol{H}_{H_k,H_j}^i = \boldsymbol{H}_I^i \boldsymbol{U}_{H_1,H_j} + \boldsymbol{H}_{I_k}^i \boldsymbol{U}_{H_k,H_j} \quad (k = 2,\ 3,\ \cdots,\ N;\ j = 1,\ 2,\ \cdots,\ N) \tag{3.88}$$

可由矩阵(3.27)、(3.28)和(3.74)计算得到。

当输入端总数 N 比较大时，例如在第 6.3 节，履带车辆模型中 $N=25$，利用式(3.86)可大幅降低原传递方程(3.84)的计算量。更重要的突破是将新的缩减多体系统传递矩阵法应用于包括多端输入体在内的各种元件，进一步提高了计算效率，如第 5 章所示。

可见，式(3.84)~式(3.88)中的系数矩阵 $\boldsymbol{U}_{H_j}^i$ 和 $\boldsymbol{H}_{H_k,H_j}^i$ 的物理意义非常明确：

1）由于式(3.85)中的系数矩阵 $\boldsymbol{U}_{H_j}^i$ 涉及铰及其外接体 i 的传递矩阵，故将其命名为铰 H_j 与外接体 i 的关联矩阵。式(3.88)中的系数矩阵 $\boldsymbol{H}_{H_k,H_j}^i$ 为子系统第 j 个铰 H_j 输入端状态矢量的加速度提取矩阵。这是因为 $\boldsymbol{H}_{H_k,H_j}^i$ 与 $\boldsymbol{z}_I^{H_j}$ 相乘等价于从状态矢量 $\boldsymbol{z}_I^{H_j}$ 中提取出铰输入端与加速度和角加速度相关的状态变量。

2）与第一输入端状态矢量对应的关联矩阵 $\boldsymbol{U}_{H_1}^i$ 等于将第一个铰 H_1 及其外接体 i 分别视为链式系统中的单端输入铰和单端输入体时元件传递矩阵的乘积。

3）根据式(3.22)、(B.3)和(B.7)的第三个方程，与输入端 $j=2, 3, \cdots, N$ 对应的关联矩阵 $\boldsymbol{U}_{H_j}^i$ 只包含其力矩和力，因此称之为子系统非第一输入端的力关联矩阵。

4）式(3.84)和(3.87)可归纳为

$$\begin{bmatrix} -\boldsymbol{I}_{13} & \boldsymbol{U}_{H_1}^i & \boldsymbol{U}_{H_2}^i & \boldsymbol{U}_{H_3}^i & \cdots & \boldsymbol{U}_{H_N}^i \\ \boldsymbol{O}_{6\times13} & \boldsymbol{H}_{H_2,H_1}^i & \boldsymbol{H}_{H_2,H_2}^i & \boldsymbol{H}_{H_2,H_3}^i & \cdots & \boldsymbol{H}_{H_2,H_N}^i \\ \boldsymbol{O}_{6\times13} & \boldsymbol{H}_{H_3,H_1}^i & \boldsymbol{H}_{H_3,H_2}^i & \boldsymbol{H}_{H_3,H_3}^i & \cdots & \boldsymbol{H}_{H_3,H_N}^i \\ \vdots & \vdots & \vdots & \vdots & \ddots & \vdots \\ \boldsymbol{O}_{6\times13} & \boldsymbol{H}_{H_N,H_1}^i & \boldsymbol{H}_{H_N,H_2}^i & \boldsymbol{H}_{H_N,H_3}^i & \cdots & \boldsymbol{H}_{H_N,H_N}^i \end{bmatrix} \begin{bmatrix} \boldsymbol{z}_O^i \\ \boldsymbol{z}_I^{H_1} \\ \boldsymbol{z}_I^{H_2} \\ \boldsymbol{z}_I^{H_3} \\ \vdots \\ \boldsymbol{z}_I^{H_N} \end{bmatrix} = \boldsymbol{0} \tag{3.89}$$

或重新记为

$$\begin{bmatrix} -\boldsymbol{I}_{13} & \boldsymbol{T}_{1,2} & \boldsymbol{T}_{1,3} & \cdots & \boldsymbol{T}_{1,N+1} \\ \boldsymbol{O}_{6\times13} & \boldsymbol{G}_{2,2} & \boldsymbol{G}_{2,3} & \cdots & \boldsymbol{G}_{2,N+1} \\ \vdots & \vdots & \vdots & \ddots & \vdots \\ \boldsymbol{O}_{6\times13} & \boldsymbol{G}_{N,2} & \boldsymbol{G}_{N,3} & \cdots & \boldsymbol{G}_{N,N+1} \end{bmatrix} \begin{bmatrix} \boldsymbol{z}_O^i \\ \boldsymbol{z}_I^{H_1} \\ \boldsymbol{z}_I^{H_2} \\ \vdots \\ \boldsymbol{z}_I^{H_N} \end{bmatrix} = \boldsymbol{0} \tag{3.90}$$

式中

$$\boldsymbol{T}_{1,k+1} = \boldsymbol{U}_{H_k}^{i}, \ \boldsymbol{G}_{j,k+1} = \boldsymbol{H}_{H_k,H_j}^{i} \quad (j = 2, \cdots, N; \ k = 1, \cdots, N) \tag{3.91}$$

3.5 铰传递方程与外接体的解耦

3.3 节和 3.4 节对铰的处理表明,铰传递方程依赖于其外接体,甚至依赖邻近的铰,推导过程有些繁琐。因此,本节提出一种相对简单的方法,该方法的铰传递方程独立于其外接体。

对于所有类型的铰,状态矢量(2.25)可分为两个主要部分,一部分只包含内力和内力矩,另一部分包含加速度和角加速度,分别表示为

$$\boldsymbol{z}_a = [\boldsymbol{m}^{\mathrm{T}} \quad \boldsymbol{q}^{\mathrm{T}}]^{\mathrm{T}} \tag{3.92}$$

$$\boldsymbol{z}_b = [\ddot{\boldsymbol{r}}^{\mathrm{T}} \quad \dot{\boldsymbol{\omega}}^{\mathrm{T}}]^{\mathrm{T}} \tag{3.93}$$

根据文献[166],铰的十二个传递方程可以归纳为以下三组方程:首先是无质量铰的力/力矩平衡方程

$$\boldsymbol{z}_{a,O} = \boldsymbol{E}_e \boldsymbol{z}_{a,I} \tag{3.94}$$

根据光滑铰条件,第二个方程描述相对运动方向上力/力矩为零

$$\boldsymbol{0} = \boldsymbol{E}_s \boldsymbol{z}_{a,I} \tag{3.95}$$

以及第三个方程是约束方向上的协调方程

$$\boldsymbol{0} = \boldsymbol{E}_I \boldsymbol{z}_{b,I} + \boldsymbol{E}_O \boldsymbol{z}_{b,O} + \boldsymbol{E}_f \tag{3.96}$$

更详细地说,对于图 3.1 所示的球铰,力方程(3.31)和力矩方程(3.32)可以归纳为方程(3.94),式中

$$\boldsymbol{E}_e = \boldsymbol{I}_6 \tag{3.97}$$

力矩光滑方程(3.34)记为式(3.95),式中

$$\boldsymbol{E}_s = [\boldsymbol{I}_3 \quad \boldsymbol{O}_{3\times 3}] \tag{3.98}$$

最后,线加速度方程(3.33)可记为式(3.96),式中

$$\boldsymbol{E}_I = [\boldsymbol{I}_3 \quad \boldsymbol{O}_{3\times3}],\ \boldsymbol{E}_O = [-\boldsymbol{I}_3 \quad \boldsymbol{O}_{3\times3}],\ \boldsymbol{E}_f = \boldsymbol{O}_{3\times1} \tag{3.99}$$

对图 3.2 所示柱铰,式(3.97)仍然适用于平衡方程。绕柱铰轴方向力矩为零,由式(3.44)表示即 $\boldsymbol{H}_3\boldsymbol{A}_I^{\mathrm{T}}\boldsymbol{m}_I = 0$, 进而得式(3.95),式中

$$\boldsymbol{E}_s = [\boldsymbol{H}_3\boldsymbol{A}_I^{\mathrm{T}} \quad \boldsymbol{O}_{1\times3}] \tag{3.100}$$

柱铰约束的相对运动方向是由式(3.33)描述的三个方向的相对平移和由式(3.51)描述的绕垂直于柱铰轴坐标轴的相对转动都为零。两者可归结为协调方程(3.96),式中

$$\boldsymbol{E}_I = \begin{bmatrix} \boldsymbol{I}_3 & \boldsymbol{O}_{3\times3} \\ \boldsymbol{O}_{2\times3} & \boldsymbol{H}_{1-2}\boldsymbol{A}_I^{\mathrm{T}} \end{bmatrix},\ \boldsymbol{E}_O = -\begin{bmatrix} \boldsymbol{I}_3 & \boldsymbol{O}_{3\times3} \\ \boldsymbol{O}_{2\times3} & \boldsymbol{H}_{1-2}\boldsymbol{A}_I^{\mathrm{T}} \end{bmatrix},\ \boldsymbol{E}_f = \begin{bmatrix} \boldsymbol{O}_{3\times1} \\ \boldsymbol{H}_{1-2}\boldsymbol{A}_I^{\mathrm{T}}\tilde{\boldsymbol{\omega}}_I\boldsymbol{A}_I\boldsymbol{\omega}'_r \end{bmatrix} \tag{3.101}$$

接下来,处理图 3.7(a)中具有一个自由度的滑移铰,它允许沿连体系 $I\xi_I\eta_I\zeta_I$ 的 ζ 轴的相对滑移运动,并由方向余弦矩阵 $\boldsymbol{A}_I$ 描述。

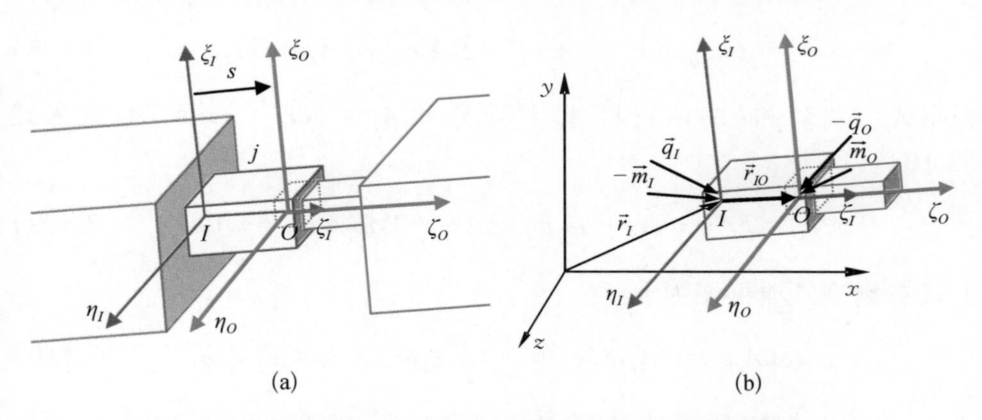

图 3.7 空间滑移铰:(a)自由运动示意图;(b)隔离体

由于铰无质量,图 3.7(b)所示力平衡条件记为

$$\boldsymbol{q}_O = \boldsymbol{q}_I \tag{3.102}$$

以及相对输入端 I 的力矩平衡条件为

$$-\boldsymbol{m}_I + \boldsymbol{m}_O + \boldsymbol{r}_{IO} \times (-\boldsymbol{q}_O) = \boldsymbol{0} \tag{3.103}$$

代入式(3.102),得到矩阵形式的表达式

$$\boldsymbol{m}_O = \boldsymbol{m}_I + \tilde{\boldsymbol{r}}_{IO}\boldsymbol{q}_I \tag{3.104}$$

由于输入端和输出端之间没有相对转动,因此由它们的角速度相等 $\boldsymbol{\omega}_O \equiv \boldsymbol{\omega}_I$ 得

$$\dot{\boldsymbol{\omega}}_O \equiv \dot{\boldsymbol{\omega}}_I \tag{3.105}$$

为了得到线加速度之间的关系,利用如下运动学关系

$$\boldsymbol{r}_O = \boldsymbol{r}_I + \boldsymbol{A}_I\boldsymbol{r}'_{IO} = \boldsymbol{r}_I + s\boldsymbol{A}_I\boldsymbol{e}_3 \tag{3.106}$$

式中,$\boldsymbol{r}'_{IO} = s\boldsymbol{e}_3$ 表示在连体系中描述输入端和输出端之间的相对运动,$s(t)$ 结合单位向量 $\boldsymbol{e}_3 = [0 \quad 0 \quad 1]^{\mathrm{T}}$ 描述了沿 ζ 方向上的相对平移,并通过 $\boldsymbol{A}_I$ 变换到惯性坐标系。对式(3.106)求导得

$$\dot{\boldsymbol{r}}_O = \dot{\boldsymbol{r}}_I + \dot{s}\boldsymbol{A}_I\boldsymbol{e}_3 + s\dot{\boldsymbol{A}}_I\boldsymbol{e}_3 \tag{3.107}$$

及

$$\ddot{\boldsymbol{r}}_O = \ddot{\boldsymbol{r}}_I + s\ddot{\boldsymbol{A}}_I\boldsymbol{e}_3 + 2\dot{s}\dot{\boldsymbol{A}}_I\boldsymbol{e}_3 + \ddot{s}\boldsymbol{A}_I\boldsymbol{e}_3 \tag{3.108}$$

根据式(A.13)和(A.14),将 $\dot{\boldsymbol{A}}_I = \tilde{\boldsymbol{\omega}}_I\boldsymbol{A}_I$ 和 $\ddot{\boldsymbol{A}}_I = (\tilde{\dot{\boldsymbol{\omega}}}_I + \tilde{\boldsymbol{\omega}}_I\tilde{\boldsymbol{\omega}}_I)\boldsymbol{A}_I$ 代入式(3.108),得

$$\ddot{\boldsymbol{r}}_O = \ddot{\boldsymbol{r}}_I + s(\tilde{\dot{\boldsymbol{\omega}}}_I + \tilde{\boldsymbol{\omega}}_I\tilde{\boldsymbol{\omega}}_I)\boldsymbol{A}_I\boldsymbol{e}_3 + 2\dot{s}\tilde{\boldsymbol{\omega}}_I\boldsymbol{A}_I\boldsymbol{e}_3 + \ddot{s}\boldsymbol{A}_I\boldsymbol{e}_3 \tag{3.109}$$

上式右侧第二项可记为

$$s\tilde{\dot{\boldsymbol{\omega}}}_I\boldsymbol{A}_I\boldsymbol{e}_3 = s\boldsymbol{A}_I\tilde{\dot{\boldsymbol{\omega}}}'_I\boldsymbol{e}_3 \equiv -s\boldsymbol{A}_I\tilde{\boldsymbol{e}}_3\dot{\boldsymbol{\omega}}'_I = -s\boldsymbol{A}_I\tilde{\boldsymbol{e}}_3\boldsymbol{A}_I^{\mathrm{T}}\dot{\boldsymbol{\omega}}_I \tag{3.110}$$

式中,$\dot{\boldsymbol{\omega}}'_I$ 为在连体系中表示的角加速度。因此,式(3.109)可重新记为

$$\ddot{\boldsymbol{r}}_O = \ddot{\boldsymbol{r}}_I - s\boldsymbol{A}_I\tilde{\boldsymbol{e}}_3\boldsymbol{A}_I^{\mathrm{T}}\dot{\boldsymbol{\omega}}_I + s\tilde{\boldsymbol{\omega}}_I\tilde{\boldsymbol{\omega}}_I\boldsymbol{A}_I\boldsymbol{e}_3 + 2\dot{s}\tilde{\boldsymbol{\omega}}_I\boldsymbol{A}_I\boldsymbol{e}_3 + \ddot{s}\boldsymbol{A}_I\boldsymbol{e}_3 \tag{3.111}$$

或在连体系中表示为

$$\boldsymbol{A}_I^{\mathrm{T}}\ddot{\boldsymbol{r}}_O = \boldsymbol{A}_I^{\mathrm{T}}\ddot{\boldsymbol{r}}_I - s\tilde{\boldsymbol{e}}_3\boldsymbol{A}_I^{\mathrm{T}}\dot{\boldsymbol{\omega}}_I + s\boldsymbol{A}_I^{\mathrm{T}}\tilde{\boldsymbol{\omega}}_I\tilde{\boldsymbol{\omega}}_I\boldsymbol{A}_I\boldsymbol{e}_3 + 2\dot{s}\boldsymbol{A}_I^{\mathrm{T}}\tilde{\boldsymbol{\omega}}_I\boldsymbol{A}_I\boldsymbol{e}_3 + \ddot{s}\boldsymbol{e}_3 \tag{3.112}$$

根据式(3.50)引入投影矩阵 $\boldsymbol{H}_{1-2}$，上式可投影到与有相对自由度方向垂直的 ξ 和 η 轴上。由于 $\boldsymbol{H}_{1-2}\boldsymbol{e}_3=\boldsymbol{0}$，得

$$\begin{aligned}\boldsymbol{H}_{1-2}\boldsymbol{A}_I^{\mathrm{T}}\ddot{\boldsymbol{r}}_O&=\boldsymbol{H}_{1-2}\boldsymbol{A}_I^{\mathrm{T}}\ddot{\boldsymbol{r}}_I-s\boldsymbol{H}_{1-2}\tilde{\boldsymbol{e}}_3\boldsymbol{A}_I^{\mathrm{T}}\dot{\boldsymbol{\omega}}_I+\boldsymbol{H}_{1-2}\boldsymbol{A}_I^{\mathrm{T}}\tilde{\boldsymbol{\omega}}_I(s\tilde{\boldsymbol{\omega}}_I\boldsymbol{A}_I\boldsymbol{e}_3+2\dot{s}\boldsymbol{A}_I\boldsymbol{e}_3)\\&=\boldsymbol{H}_{1-2}\boldsymbol{A}_I^{\mathrm{T}}\ddot{\boldsymbol{r}}_I-\boldsymbol{H}_{1-2}\tilde{\boldsymbol{r}}'_{IO}\boldsymbol{A}_I^{\mathrm{T}}\dot{\boldsymbol{\omega}}_I+\boldsymbol{H}_{1-2}\boldsymbol{A}_I^{\mathrm{T}}\tilde{\boldsymbol{\omega}}_I(\tilde{\boldsymbol{\omega}}_I\boldsymbol{A}_I\boldsymbol{r}'_{IO}+2\boldsymbol{A}_I\dot{\boldsymbol{r}}'_{IO})\end{aligned}\tag{3.113}$$

对光滑滑移铰，$\boldsymbol{q}_O=\boldsymbol{q}_I$，且沿相对运动方向的输出端内力为零。首先将内力 $\boldsymbol{q}_I$ 转换到连体系，然后使用式(3.45) $\boldsymbol{H}_3=[0\quad 0\quad 1]$ 将其投影到 ζ 轴，得

$$\boldsymbol{H}_3\boldsymbol{A}_I^{\mathrm{T}}\boldsymbol{q}_I=0\tag{3.114}$$

最后，动力学方程(3.104)和(3.102)可以归结为式(3.94)，式中

$$\boldsymbol{E}_e=\begin{bmatrix}\boldsymbol{I}_3&\tilde{\boldsymbol{r}}_{IO}\\\boldsymbol{O}_{3\times3}&\boldsymbol{I}_3\end{bmatrix}\tag{3.115}$$

光滑条件(3.114)由式(3.95)表示，并有

$$\boldsymbol{E}_s=[\boldsymbol{O}_{1\times3}\quad\boldsymbol{H}_3\boldsymbol{A}_I^{\mathrm{T}}]\tag{3.116}$$

而运动协调方程(3.96)可从受约束的相对运动方程(3.113)和(3.105)获得，式中

$$\boldsymbol{E}_I=\begin{bmatrix}\boldsymbol{H}_{1-2}\boldsymbol{A}_I^{\mathrm{T}}&-\boldsymbol{H}_{1-2}\tilde{\boldsymbol{r}}'_{IO}\boldsymbol{A}_I^{\mathrm{T}}\\\boldsymbol{O}_{3\times3}&\boldsymbol{I}_3\end{bmatrix},\ \boldsymbol{E}_O=-\begin{bmatrix}\boldsymbol{H}_{1-2}\boldsymbol{A}_I^{\mathrm{T}}&\boldsymbol{O}_{2\times3}\\\boldsymbol{O}_{3\times3}&\boldsymbol{I}_3\end{bmatrix},$$

$$\boldsymbol{E}_f=\begin{bmatrix}\boldsymbol{H}_{1-2}\boldsymbol{A}_I^{\mathrm{T}}\tilde{\boldsymbol{\omega}}_I(\tilde{\boldsymbol{\omega}}_I\boldsymbol{A}_I\boldsymbol{r}'_{IO}+2\boldsymbol{A}_I\dot{\boldsymbol{r}}'_{IO})\\\boldsymbol{O}_{3\times1}\end{bmatrix}\tag{3.117}$$

上面三个例子表明，描述铰特性的三个方程(3.94)~(3.96)可以独立于相联接的元件得到，通过统一的过程，大幅简化了对不同类型铰组合的处理。同时需要注意，这些方程不能转化为常规传递方程(2.26)，而只能用于第5章建立的缩减变换过程。为方便使用，已将上述三种类型铰的所有相关系数矩阵都列于表3.1中。

表 3.1　独立于相联接元件的铰缩减矩阵库

	平衡条件(3.94)	相对运动方向光滑条件(3.95)	运动协调条件(3.96)
球铰	$\boldsymbol{E}_e=\boldsymbol{I}_6$　(3.97)	$\boldsymbol{E}_s=[\boldsymbol{I}_3\quad \boldsymbol{O}_{3\times3}]$　(3.98)	$\boldsymbol{E}_I=[\boldsymbol{I}_3\quad \boldsymbol{O}_{3\times3}]$ $\boldsymbol{E}_O=[-\boldsymbol{I}_3\quad \boldsymbol{O}_{3\times3}]$ $\boldsymbol{E}_f=\boldsymbol{O}_{3\times1}$　(3.99)
柱铰	$\boldsymbol{E}_e=\boldsymbol{I}_6$　(3.97)	$\boldsymbol{E}_s=[\boldsymbol{H}_3\boldsymbol{A}_I^{\mathrm{T}}\quad \boldsymbol{O}_{1\times3}]$　(3.100)	$\boldsymbol{E}_I=\begin{bmatrix}\boldsymbol{I}_3 & \boldsymbol{O}_{3\times3}\\ \boldsymbol{O}_{2\times3} & \boldsymbol{H}_{1-2}\boldsymbol{A}_I^{\mathrm{T}}\end{bmatrix}$ $\boldsymbol{E}_O=-\begin{bmatrix}\boldsymbol{I}_3 & \boldsymbol{O}_{3\times3}\\ \boldsymbol{O}_{2\times3} & \boldsymbol{H}_{1-2}\boldsymbol{A}_I^{\mathrm{T}}\end{bmatrix}$ $\boldsymbol{E}_f=\begin{bmatrix}\boldsymbol{O}_{3\times1}\\ \boldsymbol{H}_{1-2}\boldsymbol{A}_I^{\mathrm{T}}\tilde{\boldsymbol{\omega}}_I\boldsymbol{A}_I\boldsymbol{\omega}_r'\end{bmatrix}$　(3.101)
滑移铰	$\boldsymbol{E}_e=\begin{bmatrix}\boldsymbol{I}_3 & \tilde{\boldsymbol{r}}_{IO}\\ \boldsymbol{O}_{3\times3} & \boldsymbol{I}_3\end{bmatrix}$　(3.115)	$\boldsymbol{E}_s=[\boldsymbol{O}_{1\times3}\quad \boldsymbol{H}_3\boldsymbol{A}_I^{\mathrm{T}}]$　(3.116)	$\boldsymbol{E}_I=\begin{bmatrix}\boldsymbol{H}_{1-2}\boldsymbol{A}_I^{\mathrm{T}} & -\boldsymbol{H}_{1-2}\tilde{\boldsymbol{r}}_{IO}'\boldsymbol{A}_I^{\mathrm{T}}\\ \boldsymbol{O}_{3\times3} & \boldsymbol{I}_3\end{bmatrix}$ $\boldsymbol{E}_O=-\begin{bmatrix}\boldsymbol{H}_{1-2}\boldsymbol{A}_I^{\mathrm{T}} & \boldsymbol{O}_{2\times3}\\ \boldsymbol{O}_{3\times3} & \boldsymbol{I}_3\end{bmatrix}$ $\boldsymbol{E}_f=\begin{bmatrix}\boldsymbol{H}_{1-2}\boldsymbol{A}_I^{\mathrm{T}}\tilde{\boldsymbol{\omega}}_I(\tilde{\boldsymbol{\omega}}_I\boldsymbol{A}_I\boldsymbol{r}_{IO}'+2\boldsymbol{A}_I\dot{\boldsymbol{r}}_{IO}')\\ \boldsymbol{O}_{3\times1}\end{bmatrix}$　(3.117)

4 多体系统总传递方程

在多体系统传递矩阵法中，元件传递矩阵被视为构建任何多体系统这样的“大楼”的“砖块”，用这些“砖块”组装成整个系统的总传递方程。本章根据系统的复杂程度，推导了链式系统、闭环系统、树形系统，以及具有多个树形子系统和闭环子系统的一般系统的总传递方程。据此，形成了多体系统与上述4类拓扑结构对应的4条总传递方程自动推导定理。同时，为了完成多体系统传递矩阵法的求解过程，介绍了相关边界条件和数值积分方法。

4.1 拓扑图

图4.1所示的拓扑图显示了元件之间的联接关系，在传递方向上，圆圈(○)表示体，箭头(→)表示铰和传递方向。其中，圆圈内和箭头旁的数字是元件的序号，0表示系统的边界。需要指出，图4.1和图2.1存在以下不同：前者包含传递方向，以及多体系统传递矩阵法所需的“根”和“梢”。为简化描述，下面不区分两者。任何一个多体系统中只有一个边界端被视为“根”，所有其它边界端都被视为“梢”。系统中的传递方向总是从“梢”指向“根”。沿着传递方向，进入元件的联接点称为输入端，表示为 I，离开元件的联接点称为输出端，表示为 O。沿传递方向从一

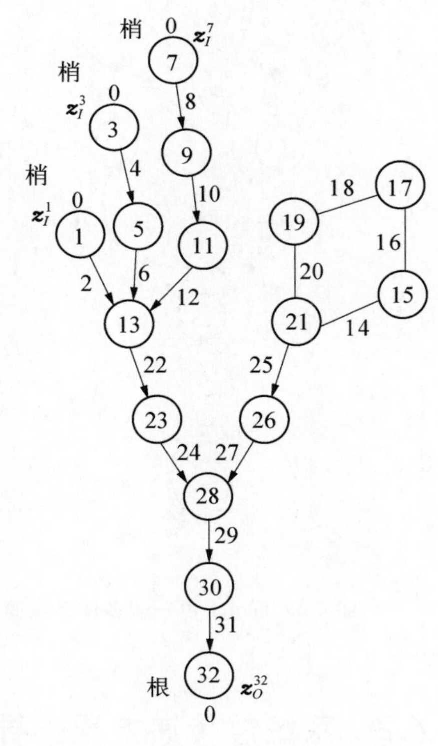

图4.1　带有体(圆圈)、铰(箭头)和边界(零)的拓扑图

个元件 i 到另一个元件 j 的路径称为从 i 到 j 的传递路径。相反方向称为逆传递路径。

通常，传递路径中有多个元件。如果元件 j 位于从元件 i 到“根”的路径中，则元件 j 称为元件 i 的外侧元件；相反，元件 i 是元件 j 的内侧元件。与元件直接联接的内侧元件称为其内接元件（内接体或内接铰），与元件直接联接的外侧元件称为其外接元件。非光滑铰可以处理为相应的光滑铰并添加相应的弹簧、阻尼器或作用力。除非有其它说明，否则，“铰”在下文中始终指“光滑铰”。接下来。通过递推简化图 4.2 所示的一般系统，来推导出整个系统的总传递方程。

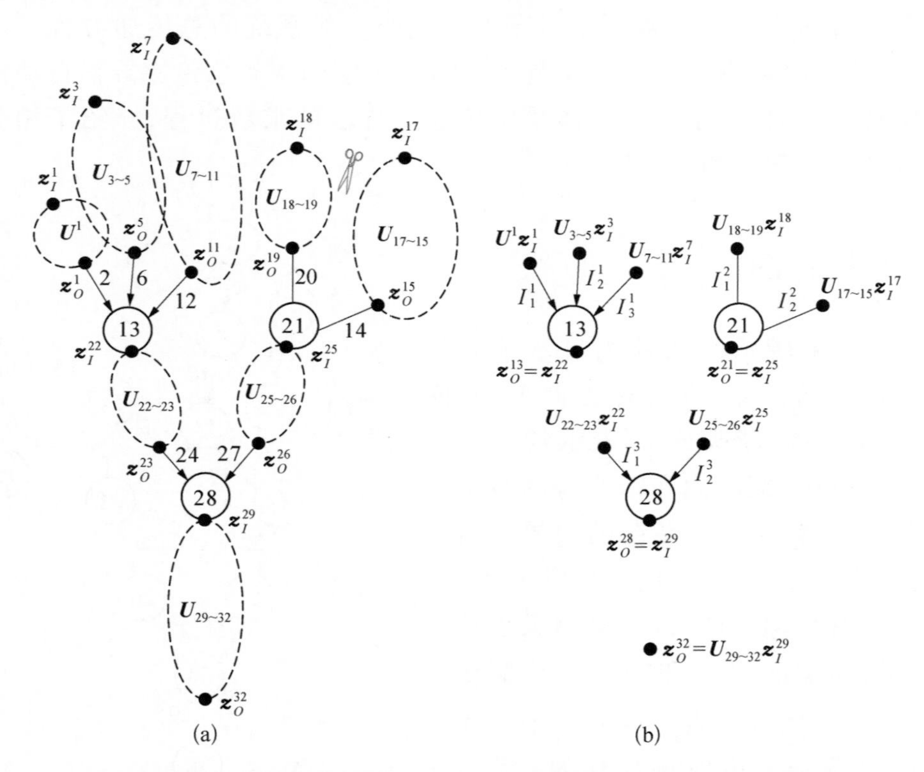

图 4.2　图 4.1 中一般多体系统简化为(a) 缩聚链式子系统和(b) 缩聚树节点

4.2　系统总传递方程推导

任何一般系统都可分解为若干个由多个元件组成的子系统。然后,可根据第 3 章中提供的元件传递方程推导子系统传递方程,并根据子系统方程拼装整个系统总传递方程。基本方程是元件传递方程(2.26)和恒等式(2.29),即沿着传递路径,外接元件与内接元件两个元件之间满足

$$z_O^i = z_I^{i+1} \tag{4.1}$$

4.2.1 链式系统

图 4.1 中的一般多体系统涉及多个链式子系统,如图 4.2(a)中元件 3~5、7~11、22~23、25~26 和 29~32 分别组成链式子系统,这些子系统可用常规传递矩阵描述。一般来说,由 n 个包括体和铰组成的链式系统的拓扑图如图 4.3(a)所示。根据箭头方向,状态矢量由 z_I^1 传递到 z_O^n。基于元件传递方程(2.26)和恒等式(4.1),总传递方程可根据图 4.3(b)从右到左逆传递方向得到:

$$\boldsymbol{z}_O^n = \boldsymbol{U}^n \boldsymbol{z}_I^n \equiv \boldsymbol{U}^n \boldsymbol{z}_O^{n-1} = \boldsymbol{U}^n \boldsymbol{U}^{n-1} \boldsymbol{z}_I^{n-1} = \cdots = \boldsymbol{U}^n \boldsymbol{U}^{n-1} \cdots \boldsymbol{U}^2 \boldsymbol{U}^1 \boldsymbol{z}_I^1 \tag{4.2}$$

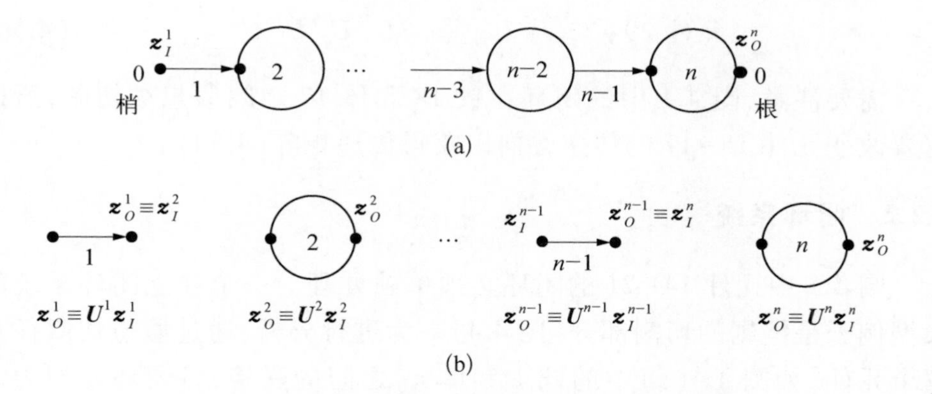

图 4.3 链式系统拓扑图(a)和对应的隔离体(b)

因此,整个链式系统可通过一个单独的总传递方程进行描述

$$z_O^n = \boldsymbol{U}_{1\sim n} z_I^1 \tag{4.3}$$

式中,总传递矩阵为

$$\boldsymbol{U}_{1\sim n} = \boldsymbol{U}^n \boldsymbol{U}^{n-1} \cdots \boldsymbol{U}^2 \boldsymbol{U}^1 \tag{4.4}$$

式中，$\boldsymbol{U}_{1\sim n}$ 表示元件 1 至元件 n 的传递矩阵依次左乘。因此，式(4.4)可概括为如下链式系统(或链式子系统)总传递方程的自动推导定理。

定理 1：链式系统(或链式子系统)

链式系统总传递矩阵为沿传递方向的各元件传递矩阵依次左乘。

对于图 4.1 中的一般系统，使用定理 1 并将其转换为图 4.2(a)，可以得到多个链式子系统的总传递方程：

$$\text{元件 } 3\sim5 \rightarrow \boldsymbol{U}_{3\sim5}=\boldsymbol{U}^{5}\boldsymbol{U}^{4}\boldsymbol{U}^{3} \tag{4.5a}$$

$$\text{元件 } 7\sim11 \rightarrow \boldsymbol{U}_{7\sim11}=\boldsymbol{U}^{11}\boldsymbol{U}^{10}\boldsymbol{U}^{9}\boldsymbol{U}^{8}\boldsymbol{U}^{7} \tag{4.5b}$$

$$\text{元件 } 18\sim19 \rightarrow \boldsymbol{U}_{18\sim19}=\boldsymbol{U}^{19}\boldsymbol{U}^{18} \tag{4.5c}$$

$$\text{元件 } 17\sim15 \rightarrow \boldsymbol{U}_{17\sim15}=\boldsymbol{U}^{15}\boldsymbol{U}^{16}\boldsymbol{U}^{17} \tag{4.5d}$$

$$\text{元件 } 22\sim23 \rightarrow \boldsymbol{U}_{22\sim23}=\boldsymbol{U}^{23}\boldsymbol{U}^{22} \tag{4.5e}$$

$$\text{元件 } 25\sim26 \rightarrow \boldsymbol{U}_{25\sim26}=\boldsymbol{U}^{26}\boldsymbol{U}^{25} \tag{4.5f}$$

$$\text{元件 } 29\sim32 \rightarrow \boldsymbol{U}_{29\sim32}=\boldsymbol{U}^{32}\boldsymbol{U}^{31}\boldsymbol{U}^{30}\boldsymbol{U}^{29} \tag{4.5g}$$

需要注意，图 4.1 中的闭环在铰 18 和体 17 之间假想被切断，所以需要改变元件 15~17 的传递方向以获得传递矩阵(4.5d)。

4.2.2 闭环系统

图 4.1 中元件 14~21 的闭环必须单独处理。一个独立闭环系统的典型例子是链锯的切割部分(图 4.4)。为进行分析，通过假想切断任意两个元件[如图 4.4(a)中的铰 1 和体 n]之间的联接，将闭环处理为链式系统，同时产生一对端点，其中一个被视为派生链的输入端 ($\boldsymbol{z}_I^1$)，另一个被视为输出端 ($\boldsymbol{z}_O^n$)，如图 4.4(b)所示。通过假想切断产生的一对端点具有相同的状态矢量，即得到闭环条件

$$\boldsymbol{z}_I^1 \equiv \boldsymbol{z}_O^n \tag{4.6}$$

根据定理 1，可推导得到如式(4.3)和(4.4)的派生链的总传递方程和总传递矩阵。然后，根据恒等式(4.6)得

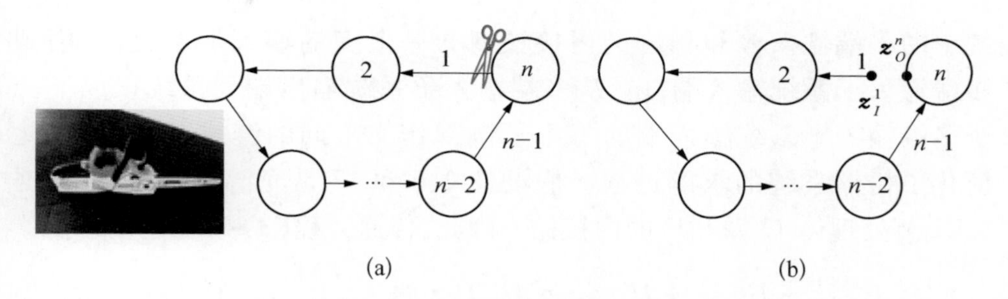

图 4.4 闭环(a)及其派生链的拓扑图(b)

$$z_I^1 \equiv z_O^n = \boldsymbol{U}_{1\sim n} z_I^1 \text{ 或 } (\boldsymbol{I} - \boldsymbol{U}_{1\sim n}) z_I^1 = \boldsymbol{0} \tag{4.7}$$

因此,闭环系统可以按以下闭环系统的总传递方程自动推导定理处理:

定理 2: 闭环系统

闭环系统总传递方程为对应链式系统中梢和根状态矢量相等时总传递方程的特例。

由于多端输入体 21,图 4.1 中的情况要复杂一些。假想切断铰 18 和体 17 之间的联接后,得到新的系统输入端状态矢量 z_I^{18} 和 z_I^{17},同时必须改变子链 15~17 的传递方向。然后,根据定理 1 处理这些子链,得到传递矩阵(4.5c)和(4.5d)。由于现在必须在一对输入端之间建立协调方程(4.6),根据牛顿定律,需要改变其中一个状态矢量中内力和内力矩的符号,即 $\boldsymbol{q}_I^{17} = -\boldsymbol{q}_I^{18}$, $\boldsymbol{m}_I^{17} = -\boldsymbol{m}_I^{18}$,而运动学方程(2.27)和(2.28)对于一对输入仍然保持不变。以上可以写成

$$z_I^{17} = \boldsymbol{C} z_I^{18} \tag{4.8}$$

式中

$$\boldsymbol{C} = \begin{bmatrix} \boldsymbol{I}_6 & \boldsymbol{O}_{6\times6} & \boldsymbol{O}_{6\times1} \\ \boldsymbol{O}_{6\times6} & -\boldsymbol{I}_6 & \boldsymbol{O}_{6\times1} \\ \boldsymbol{O}_{1\times6} & \boldsymbol{O}_{1\times6} & 1 \end{bmatrix} \tag{4.9}$$

4.2.3 树形系统

树形系统至少有一个多端输入体,如图 4.1 中的体 13。将树形系

统中的多端输入体和相应的内接铰视为一个多端输入子系统,从梢到多端输入子系统输入端以及从多端输入子系统输出端到系统根或下一个多端输入子系统输入端的每个子链都作为不同的链式子系统,因此简化了树形系统的求解过程。假设铰 2、6 和 12 是光滑球铰,则可根据 3.4.2 节处理体 13 及相应的内接铰。因此,传递方程(3.84)在这里写作:

$$\boldsymbol{z}_O^{13} = \boldsymbol{U}_{H_1}^{13}\boldsymbol{z}_O^1 + \boldsymbol{U}_{H_2}^{13}\boldsymbol{z}_O^5 + \boldsymbol{U}_{H_3}^{13}\boldsymbol{z}_O^{11} \equiv \boldsymbol{U}_{H_1}^{13}\boldsymbol{U}^1\boldsymbol{z}_I^1 + \boldsymbol{U}_{H_2}^{13}\boldsymbol{U}_{3\sim5}\boldsymbol{z}_I^3 + \boldsymbol{U}_{H_3}^{13}\boldsymbol{U}_{7\sim11}\boldsymbol{z}_I^7 \tag{4.10}$$

式中,传递矩阵 $\boldsymbol{U}_{H_j}^{13}$ 由式(3.85)给出。此外,还必须给出两个协调方程(3.87)。根据式(3.88),输入端 I 和 I_2 之间的协调方程可记为

$$\begin{aligned}\boldsymbol{0} &= \boldsymbol{H}_I^{13}\boldsymbol{z}_I^{13} + \boldsymbol{H}_{I_2}^{13}\boldsymbol{z}_{I_2}^{13} \equiv \boldsymbol{H}_I^{13}\boldsymbol{z}_O^{H_1} + \boldsymbol{H}_{I_2}^{13}\boldsymbol{z}_O^{H_2} = \sum_{j=1}^{3}\boldsymbol{H}_{H_2,H_j}^{13}\boldsymbol{z}_I^{H_j}\\ &\equiv \boldsymbol{H}_{H_2,H_1}^{13}\boldsymbol{z}_O^1 + \boldsymbol{H}_{H_2,H_2}^{13}\boldsymbol{z}_O^5 + \boldsymbol{H}_{H_2,H_3}^{13}\boldsymbol{z}_O^{11}\\ &= \boldsymbol{H}_{H_2,H_1}^{13}\boldsymbol{U}^1\boldsymbol{z}_I^1 + \boldsymbol{H}_{H_2,H_2}^{13}\boldsymbol{U}_{3\sim5}\boldsymbol{z}_I^3 + \boldsymbol{H}_{H_2,H_3}^{13}\boldsymbol{U}_{7\sim11}\boldsymbol{z}_I^7\end{aligned} \tag{4.11}$$

类似地,输入 I 和 I_3 之间的协调方程为

$$\begin{aligned}\boldsymbol{0} &= \boldsymbol{H}_I^{13}\boldsymbol{z}_I^{13} + \boldsymbol{H}_{I_3}^{13}\boldsymbol{z}_{I_3}^{13} \equiv \boldsymbol{H}_{H_3,H_1}^{13}\boldsymbol{z}_O^1 + \boldsymbol{H}_{H_3,H_2}^{13}\boldsymbol{z}_O^5 + \boldsymbol{H}_{H_3,H_3}^{13}\boldsymbol{z}_O^{11}\\ &= \boldsymbol{H}_{H_3,H_1}^{13}\boldsymbol{U}^1\boldsymbol{z}_I^1 + \boldsymbol{H}_{H_3,H_2}^{13}\boldsymbol{U}_{3\sim5}\boldsymbol{z}_I^3 + \boldsymbol{H}_{H_3,H_3}^{13}\boldsymbol{U}_{7\sim11}\boldsymbol{z}_I^7\end{aligned} \tag{4.12}$$

式中

$$\begin{aligned}\boldsymbol{H}_{H_2,H_1}^{13} &= \boldsymbol{H}_I^{13}\boldsymbol{U}_{H_1,H_1}^{13} + \boldsymbol{H}_{I_2}^{13}\boldsymbol{U}_{H_2,H_1}^{13},\\ \boldsymbol{H}_{H_2,H_2}^{13} &= \boldsymbol{H}_I^{13}\boldsymbol{U}_{H_1,H_2}^{13} + \boldsymbol{H}_{I_2}^{13}\boldsymbol{U}_{H_2,H_2}^{13},\\ \boldsymbol{H}_{H_2,H_3}^{13} &= \boldsymbol{H}_I^{13}\boldsymbol{U}_{H_1,H_3}^{13} + \boldsymbol{H}_{I_2}^{13}\boldsymbol{U}_{H_2,H_3}^{13},\\ \boldsymbol{H}_{H_3,H_1}^{13} &= \boldsymbol{H}_I^{13}\boldsymbol{U}_{H_1,H_1}^{13} + \boldsymbol{H}_{I_3}^{13}\boldsymbol{U}_{H_3,H_1}^{13},\\ \boldsymbol{H}_{H_3,H_2}^{13} &= \boldsymbol{H}_I^{13}\boldsymbol{U}_{H_1,H_2}^{13} + \boldsymbol{H}_{I_3}^{13}\boldsymbol{U}_{H_3,H_2}^{13},\\ \boldsymbol{H}_{H_3,H_3}^{13} &= \boldsymbol{H}_I^{13}\boldsymbol{U}_{H_1,H_3}^{13} + \boldsymbol{H}_{I_3}^{13}\boldsymbol{U}_{H_3,H_3}^{13}\end{aligned} \tag{4.13}$$

根据式(3.88)得到。

元件 1~13 树形子系统的总传递方程由式(4.10)~式(4.12)归纳为

$$\begin{bmatrix} -\boldsymbol{I}_{13} & \boldsymbol{U}_{H_1}^{13}\boldsymbol{U}_1 & \boldsymbol{U}_{H_2}^{13}\boldsymbol{U}_{3\sim5} & \boldsymbol{U}_{H_3}^{13}\boldsymbol{U}_{7\sim11} \\ \boldsymbol{O}_{6\times13} & \boldsymbol{H}_{H_2,H_1}^{13}\boldsymbol{U}_1 & \boldsymbol{H}_{H_2,H_2}^{13}\boldsymbol{U}_{3\sim5} & \boldsymbol{H}_{H_2,H_3}^{13}\boldsymbol{U}_{7\sim11} \\ \boldsymbol{O}_{6\times13} & \boldsymbol{H}_{H_3,H_1}^{13}\boldsymbol{U}_1 & \boldsymbol{H}_{H_3,H_2}^{13}\boldsymbol{U}_{3\sim5} & \boldsymbol{H}_{H_3,H_3}^{13}\boldsymbol{U}_{7\sim11} \end{bmatrix} \begin{bmatrix} \boldsymbol{z}_O^{13} \\ \boldsymbol{z}_I^{1} \\ \boldsymbol{z}_I^{3} \\ \boldsymbol{z}_I^{7} \end{bmatrix} = \boldsymbol{0} \tag{4.14}$$

由此可得如下树形系统的总传递方程自动推导定理：

定理 3：树形系统(或树形子系统)

树形系统的总传递方程通过将每一个支链的传递矩阵代入对应多输入子系统的主传递方程和运动协调方程中得到。

4.2.4 一般系统

对应图 4.2(b)中的节点 21 和 28，通过定理 3 所述过程得

$$\begin{bmatrix} -\boldsymbol{I}_{13} & \boldsymbol{U}_{H_1}^{21}\boldsymbol{U}_{18\sim19} & \boldsymbol{U}_{H_2}^{21}\boldsymbol{U}_{17\sim15} \\ \boldsymbol{O}_{6\times13} & \boldsymbol{H}_{H_2,H_1}^{21}\boldsymbol{U}_{18\sim19} & \boldsymbol{H}_{H_2,H_2}^{21}\boldsymbol{U}_{17\sim15} \end{bmatrix} \begin{bmatrix} \boldsymbol{z}_O^{21} \\ \boldsymbol{z}_I^{18} \\ \boldsymbol{z}_I^{17} \end{bmatrix} = \boldsymbol{0} \tag{4.15}$$

$$\begin{bmatrix} -\boldsymbol{I}_{13} & \boldsymbol{U}_{H_1}^{28}\boldsymbol{U}_{22\sim23} & \boldsymbol{U}_{H_2}^{28}\boldsymbol{U}_{25\sim26} \\ \boldsymbol{O}_{6\times13} & \boldsymbol{H}_{H_2,H_1}^{28}\boldsymbol{U}_{22\sim23} & \boldsymbol{H}_{H_2,H_2}^{28}\boldsymbol{U}_{25\sim26} \end{bmatrix} \begin{bmatrix} \boldsymbol{z}_O^{28} \\ \boldsymbol{z}_I^{22} \\ \boldsymbol{z}_I^{25} \end{bmatrix} = \boldsymbol{0} \tag{4.16}$$

代入式(4.8)，式(4.15)可简化为

$$\begin{bmatrix} -\boldsymbol{I}_{13} & \boldsymbol{U}_{H_1}^{21}\boldsymbol{U}_{18\sim19} + \boldsymbol{U}_{H_2}^{21}\boldsymbol{U}_{17\sim15}\boldsymbol{C} \\ \boldsymbol{O}_{6\times13} & \boldsymbol{H}_{H_2,H_1}^{21}\boldsymbol{U}_{18\sim19} + \boldsymbol{H}_{H_2,H_2}^{21}\boldsymbol{U}_{17\sim15}\boldsymbol{C} \end{bmatrix} \begin{bmatrix} \boldsymbol{z}_O^{21} \\ \boldsymbol{z}_I^{18} \end{bmatrix} = \boldsymbol{0} \tag{4.17}$$

图 4.1 所示的一般系统包含多个树节点，这些树节点必须根据图 4.2(a)递推处理。从“根”开始，通过恒等式(4.1)得到 $\boldsymbol{z}_O^{32} = \boldsymbol{U}_{29\sim32}\boldsymbol{z}_I^{29} \equiv \boldsymbol{U}_{29\sim32}\boldsymbol{z}_O^{28}$，代入式(4.16)中可得

$$\begin{aligned} \boldsymbol{z}_O^{32} &= \boldsymbol{U}_{29\sim32}(\boldsymbol{U}_{H_1}^{28}\boldsymbol{U}_{22\sim23}\boldsymbol{z}_I^{22} + \boldsymbol{U}_{H_2}^{28}\boldsymbol{U}_{25\sim26}\boldsymbol{z}_I^{25}) \\ &\equiv \boldsymbol{U}_{29\sim32}(\boldsymbol{U}_{H_1}^{28}\boldsymbol{U}_{22\sim23}\boldsymbol{z}_O^{13} + \boldsymbol{U}_{H_2}^{28}\boldsymbol{U}_{25\sim26}\boldsymbol{z}_O^{21}) \end{aligned} \tag{4.18}$$

进一步，分别用式(4.14)和(4.17)代替 z_O^{13} 和 z_O^{21}，可得

$$z_O^{32} = U_{29\sim32}(U_{H_1}^{28}U_{22\sim23}[U_{H_1}^{13}U_1 \quad U_{H_2}^{13}U_{3\sim5} \quad U_{H_3}^{13}U_{7\sim11}]\begin{bmatrix} z_I^1 \\ z_I^3 \\ z_I^7 \end{bmatrix}$$

$$+ U_{H_2}^{28}U_{25\sim26}(U_{H_1}^{21}U_{18\sim19} + U_{H_2}^{21}U_{17\sim15}C)z_I^{18}) \tag{4.19}$$

该式可以写为联系边界状态矢量 z_I^1、z_I^3、z_I^7 和假想切断闭环得到的状态矢量 z_I^{18} 与根状态矢量 z_O^{32} 的传递方程

$$z_O^{32} = T_1 z_I^1 + T_2 z_I^3 + T_3 z_I^7 + T_4 z_I^{18} \tag{4.20}$$

式中

$$\begin{aligned} T_1 &= U_{29\sim32}U_{H_1}^{28}U_{22\sim23}U_{H_1}^{13}U^1, \\ T_2 &= U_{29\sim32}U_{H_1}^{28}U_{22\sim23}U_{H_2}^{13}U_{3\sim5}, \\ T_3 &= U_{29\sim32}U_{H_1}^{28}U_{22\sim23}U_{H_3}^{13}U_{7\sim11}, \\ T_4 &= U_{H_2}^{28}U_{25\sim26}(U_{H_1}^{21}U_{18\sim19} + U_{H_2}^{21}U_{17\sim15}C) \end{aligned} \tag{4.21}$$

此外，必须考虑树节点各输入端之间的协调关系。对于节点 13，根据式(4.14)可得

$$H_{H_2,H_1}^{13}U^1 z_I^1 + H_{H_2,H_2}^{13}U_{3\sim5}z_I^3 + H_{H_2,H_3}^{13}U_{7\sim11}z_I^7 = 0 \tag{4.22}$$

$$H_{H_3,H_1}^{13}U^1 z_I^1 + H_{H_3,H_2}^{13}U_{3\sim5}z_I^3 + H_{H_3,H_3}^{13}U_{7\sim11}z_I^7 = 0 \tag{4.23}$$

对于节点 21，根据式(4.17)可得

$$(H_{H_2,H_1}^{21}U_{18\sim19} + H_{H_2,H_2}^{21}U_{17\sim15}C)z_I^{18} = 0 \tag{4.24}$$

该式已包含闭环条件。最后，用式(4.14)和(4.17)分别替换 z_O^{13} 和 z_O^{21}，对于节点 28，由式(4.16)得到

$$\begin{aligned} &[H_{H_2,H_1}^{28}U_{22\sim23}z_I^{22} + H_{H_2,H_2}^{28}U_{25\sim26}z_I^{25}] \\ &\equiv [H_{H_2,H_1}^{28}U_{22\sim23}z_O^{13} + H_{H_2,H_2}^{28}U_{25\sim26}z_O^{21}] \\ &= H_{H_2,H_1}^{28}U_{22\sim23}[U_{H_1}^{13}U^1 \quad U_{H_2}^{13}U_{3\sim5} \quad U_{H_3}^{13}U_{7\sim11}]\begin{bmatrix} z_I^1 \\ z_I^3 \\ z_I^7 \end{bmatrix} \end{aligned}$$

$$+\boldsymbol{H}_{H_2,H_2}^{28}\boldsymbol{U}_{25\sim26}(\boldsymbol{U}_{H_1}^{21}\boldsymbol{U}_{18\sim19}+\boldsymbol{U}_{H_2}^{21}\boldsymbol{U}_{17\sim15}\boldsymbol{C})\boldsymbol{z}_I^{18} \tag{4.25}$$

协调方程(4.22)~(4.25)可归纳为

$$\begin{bmatrix} \boldsymbol{G}_{1,1} & \boldsymbol{G}_{1,3} & \boldsymbol{G}_{1,7} & \boldsymbol{O}_{6\times13} \\ \boldsymbol{G}_{2,1} & \boldsymbol{G}_{2,3} & \boldsymbol{G}_{2,7} & \boldsymbol{O}_{6\times13} \\ \boldsymbol{O}_{6\times13} & \boldsymbol{O}_{6\times13} & \boldsymbol{O}_{6\times13} & \boldsymbol{G}_{3,18} \\ \boldsymbol{G}_{4,1} & \boldsymbol{G}_{4,3} & \boldsymbol{G}_{4,7} & \boldsymbol{G}_{4,18} \end{bmatrix}\begin{bmatrix} \boldsymbol{z}_I^1 \\ \boldsymbol{z}_I^3 \\ \boldsymbol{z}_I^7 \\ \boldsymbol{z}_I^{18} \end{bmatrix}=\boldsymbol{0} \tag{4.26}$$

式中

$$\begin{aligned}
&\boldsymbol{G}_{1,1}=\boldsymbol{H}_{H_2,H_1}^{13}\boldsymbol{U}^1,\ \boldsymbol{G}_{1,3}=\boldsymbol{H}_{H_2,H_2}^{13}\boldsymbol{U}_{3\sim5},\ \boldsymbol{G}_{1,7}=\boldsymbol{H}_{H_2,H_3}^{13}\boldsymbol{U}_{7\sim11},\\
&\boldsymbol{G}_{2,1}=\boldsymbol{H}_{H_3,H_1}^{13}\boldsymbol{U}^1,\ \boldsymbol{G}_{2,3}=\boldsymbol{H}_{H_3,H_2}^{13}\boldsymbol{U}_{3\sim5},\ \boldsymbol{G}_{2,7}=\boldsymbol{H}_{H_3,H_3}^{13}\boldsymbol{U}_{7\sim11},\\
&\boldsymbol{G}_{3,18}=\boldsymbol{H}_{H_2,H_1}^{21}\boldsymbol{U}_{18\sim19}+\boldsymbol{H}_{H_2,H_2}^{21}\boldsymbol{U}_{17\sim15}\boldsymbol{C},\\
&\boldsymbol{G}_{4,1}=\boldsymbol{H}_{H_2,H_1}^{28}\boldsymbol{U}_{22\sim23}\boldsymbol{U}_{H_1}^{13}\boldsymbol{U}^1,\ \boldsymbol{G}_{4,3}=\boldsymbol{H}_{H_2,H_1}^{28}\boldsymbol{U}_{22\sim23}\boldsymbol{U}_{H_2}^{13}\boldsymbol{U}_{3\sim5},\\
&\boldsymbol{G}_{4,7}=\boldsymbol{H}_{H_2,H_1}^{28}\boldsymbol{U}_{22\sim23}\boldsymbol{U}_{H_3}^{13}\boldsymbol{U}_{7\sim11},\ \boldsymbol{G}_{4,18}=\boldsymbol{H}_{H_2,H_2}^{28}\boldsymbol{U}_{25\sim26}(\boldsymbol{U}_{H_1}^{21}\boldsymbol{U}_{18\sim19}+\boldsymbol{U}_{H_2}^{21}\boldsymbol{U}_{17\sim15}\boldsymbol{C})
\end{aligned} \tag{4.27}$$

结合传递方程(4.20),得到最终的系统总传递方程如下

$$\begin{bmatrix} -\boldsymbol{I}_{13} & \boldsymbol{T}_1 & \boldsymbol{T}_2 & \boldsymbol{T}_3 & \boldsymbol{T}_4 \\ \boldsymbol{O}_{6\times13} & \boldsymbol{G}_{1,1} & \boldsymbol{G}_{1,3} & \boldsymbol{G}_{1,7} & \boldsymbol{O}_{6\times13} \\ \boldsymbol{O}_{6\times13} & \boldsymbol{G}_{2,1} & \boldsymbol{G}_{2,3} & \boldsymbol{G}_{2,7} & \boldsymbol{O}_{6\times13} \\ \boldsymbol{O}_{6\times13} & \boldsymbol{O}_{6\times13} & \boldsymbol{O}_{6\times13} & \boldsymbol{O}_{6\times13} & \boldsymbol{G}_{3,18} \\ \boldsymbol{O}_{6\times13} & \boldsymbol{G}_{4,1} & \boldsymbol{G}_{4,3} & \boldsymbol{G}_{4,7} & \boldsymbol{G}_{4,18} \end{bmatrix}\begin{bmatrix} \boldsymbol{z}_O^{32} \\ \boldsymbol{z}_I^1 \\ \boldsymbol{z}_I^3 \\ \boldsymbol{z}_I^7 \\ \boldsymbol{z}_I^{18} \end{bmatrix}=\boldsymbol{0} \tag{4.28}$$

整个过程可总结为:根据定理2,假想切断一般系统中的闭环得到派生树系统,其中切断得到的一对端点被视为满足类似于式(4.8)闭环条件的新生成系统的梢,且改变代表一个回路的两个链式子系统之一的传递方向。然后,根据定理1,将所有链式子系统分别缩聚为单个传递方程。最后,根据定理3,通过传递方程和协调方程,从根到梢递推考虑树节点。事实上,由式(4.28)也可见,一般系统的总传递方程为对应派生树系统总传递方程的特殊情况,由此得到一般系统的总传递方程

自动推导定理：

定理 4：一般系统

由树形子系统和闭环子系统组成的一般系统的总传递方程为对应树形系统中一些梢状态矢量成对相等时总传递方程的特例。

4.3 边界条件介绍

如上所示，对所有具有图 4.1 结构的多体系统中任一链式子系统和任一闭环子系统作任意增删后的各种系统，都可以用式(4.28)这样的线性方程来描述。该方程看起来像是一个齐次方程组，但是与状态矢量(2.25)中元素“1”对应的系数矩阵中的列必须求和并移到方程右侧，如果图 4.1 为空间系统，则余下 $5 \times 12 = 60$ 个未知边界状态的非齐次方程。通过从传递方程中删除恒等式“$1 = 1$”，得到含有 60 个未知数的 $12 + 4 \times 6 = 36$ 个方程。由于方程数量少于未知变量，系统总传递方程显然是不能求解的。因此，需要边界条件来弥补数量差距。一些边界条件的示意如图 4.5。

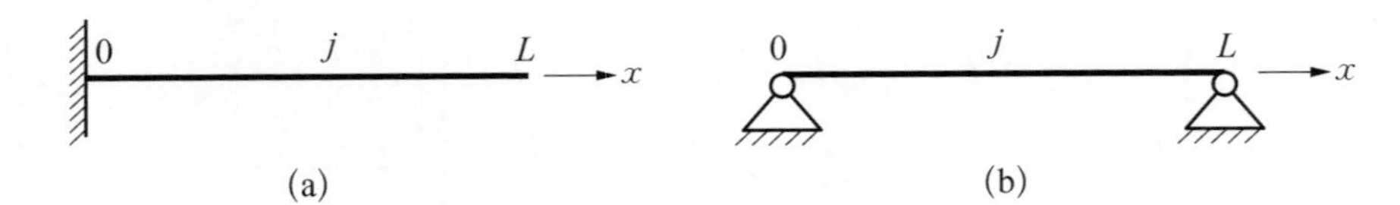

图 4.5 各种边界条件下的梁：(a) 一端固定一端自由；(b) 两端简支

对于自由边界端[图 4.5(a)中 $x=L$]，不施加任何力或力矩。因此，相应的状态变量等于零，即，

$$\boldsymbol{q}_O^j = \boldsymbol{0},\ \boldsymbol{m}_O^j = \boldsymbol{0} \tag{4.29}$$

而加速度 $\ddot{\boldsymbol{r}}_O^j$ 和 $\dot{\boldsymbol{\omega}}_O^j$ 是未知的。

对于固定边界端[图 4.5(a)中 $x=0$]，由于固定，不存在平动和转动，绝对线加速度和角加速度为零，即

$$\ddot{\boldsymbol{r}}_I^j = \boldsymbol{0},\ \dot{\boldsymbol{\omega}}_I^j = \boldsymbol{0} \tag{4.30}$$

而内力 $\boldsymbol{q}_I^j$ 和内力矩 $\boldsymbol{m}_I^j$ 是未知的。

简支边界端[图 4.5(b)]是一种混合边界,位置是固定的,而转动是自由的。因此,绝对线加速度和内力矩为零

$$\ddot{\boldsymbol{r}}_I^j = \boldsymbol{0},\ \boldsymbol{m}_I^j = \boldsymbol{0} \tag{4.31}$$

而角加速度 $\dot{\boldsymbol{\omega}}_I^j$ 和内力 $\boldsymbol{q}_I^j$ 是未知的。当然,也可以考虑任何其它混合边界。

显然,在所有齐次边界条件情况下,一半的边界状态变量都为零。在式(4.28)中,体 1、3、7 和 32 的四个边界导致 4 × 12/2 = 24 个已知状态变量和 24 个未知状态变量。考虑到假想切断闭环得到的状态矢量 $\boldsymbol{z}_I^{18}$,除了元素 1,铰 18 的输入端状态完全未知。因此得到 24 + 12 = 36 个未知量,且等于方程的数量。通过消除与零状态变量对应的系数矩阵的列,式(4.28)最终转换为一个具有 36 × 36 阶系数矩阵且可有效求解的非齐次方程。

4.4 多体系统传递矩阵法计算流程

4.4.1 计算流程

图 4.6 给出了使用多体系统传递矩阵法进行多体系统动力学仿真的流程图,按如下步骤进行:

1) 令 $i = 0$,在起始时刻 $t_i = t_0$,为各元件的 $\dot{\boldsymbol{r}}_i$、$\boldsymbol{r}_i$、$\dot{\boldsymbol{\theta}}_i$、$\boldsymbol{\theta}_i$ 赋值;

2) 为各元件传递矩阵赋值;

3) 应用系统边界条件,求解多体系统总传递方程,得边界端未知状态变量,由此确定边界状态矢量;

4) 沿传递路径应用元件传递方程,计算所有内部联接点状态矢量;

5) 提取各元件联接点状态变量中的 $\ddot{\boldsymbol{r}}_i$、$\dot{\boldsymbol{\omega}}_i$,并根据式(A.23)由 $\dot{\boldsymbol{\omega}}_i$ 得到 $\ddot{\boldsymbol{\theta}}_i$;将所有元件的 $\ddot{\boldsymbol{r}}_i$、$\ddot{\boldsymbol{\theta}}_i$ 组合在一起,即形成二阶常微分方程

$$\ddot{\boldsymbol{q}}_i = \boldsymbol{g}(t_i,\ \boldsymbol{q}_i,\ \dot{\boldsymbol{q}}_i) \tag{4.32}$$

6) 用数值积分法求解 t_{i+1} 时刻的 $\dot{\boldsymbol{r}}_{i+1}$、$\boldsymbol{r}_{i+1}$、$\dot{\boldsymbol{\theta}}_{i+1}$ 和 $\boldsymbol{\theta}_{i+1}$;

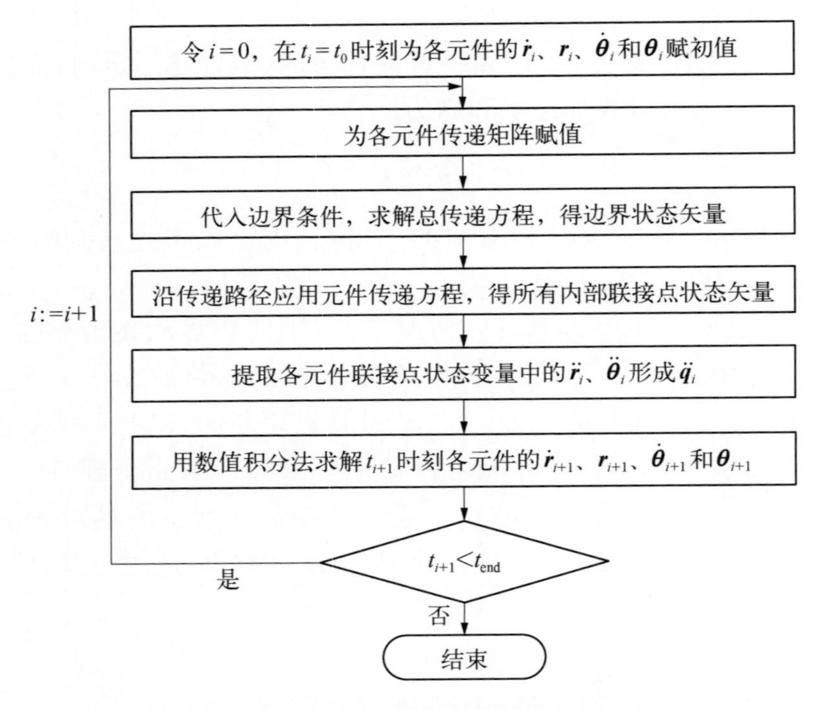

图 4.6　多体系统传递矩阵法求解多体系统动力学流程

7）若 $t_{i+1} < t_{\text{end}}$，令 $i = i + 1$，返回步骤 2)，直至所要求的时间。

4.4.2　数值积分

对于数值积分，通常通过将方程(4.32)展开，将二阶常微分方程转化为一阶常微分方程组：

$$\frac{\mathrm{d}}{\mathrm{d}t}\begin{bmatrix}\boldsymbol{q}\\ \dot{\boldsymbol{q}}\end{bmatrix} = \begin{bmatrix}\dot{\boldsymbol{q}}\\ \boldsymbol{g}(t,\ \boldsymbol{q},\ \dot{\boldsymbol{q}})\end{bmatrix} \tag{4.33}$$

或简写为

$$\dot{\boldsymbol{y}} = \boldsymbol{f}(t,\ \boldsymbol{y}) \tag{4.34}$$

式中

$$\boldsymbol{y} = [\boldsymbol{q}^{\mathrm{T}}\quad \dot{\boldsymbol{q}}^{\mathrm{T}}]^{\mathrm{T}},\ \boldsymbol{f}(t,\ \boldsymbol{y}) = [\dot{\boldsymbol{q}}^{\mathrm{T}}\quad \boldsymbol{g}^{\mathrm{T}}(t,\ \boldsymbol{q},\ \dot{\boldsymbol{q}})]^{\mathrm{T}} \tag{4.35}$$

是动力学系统及其状态函数的经典状态矢量。这样的方程可用任何显式时间积分方案来求解。若采用四阶龙格-库塔法，$\boldsymbol{y}_{i+1}$ 通过 $\boldsymbol{y}_i$ 计算得

$$\boldsymbol{y}_{i+1} = \boldsymbol{y}_i + \frac{1}{6}(\boldsymbol{K}_1 + 2\boldsymbol{K}_2 + 2\boldsymbol{K}_3 + \boldsymbol{K}_4) \tag{4.36}$$

式中

$$\boldsymbol{K}_1 = h\boldsymbol{f}(t_i, \boldsymbol{y}_i), \ \boldsymbol{K}_2 = h\boldsymbol{f}\left(t_i + \frac{h}{2}, \boldsymbol{y}_i + \frac{\boldsymbol{K}_1}{2}\right),$$
$$\boldsymbol{K}_3 = h\boldsymbol{f}\left(t_i + \frac{h}{2}, \boldsymbol{y}_i + \frac{\boldsymbol{K}_2}{2}\right), \ \boldsymbol{K}_4 = h\boldsymbol{f}(t_i + h, \boldsymbol{y}_i + \boldsymbol{K}_3) \tag{4.37}$$

通常，时间步长 h 是固定的，并由使用者选择，但通过步长控制通常可以获得更好的结果[167]。图 4.7 给出了使用固定时间步长四阶龙格-库塔法的计算流程图。

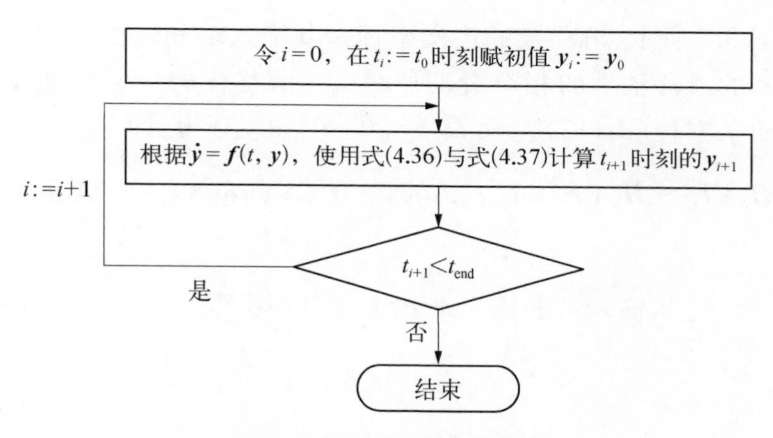

图 4.7 显式积分方法计算流程

4.4.3 广义加速度提取

在多体系统传递矩阵法中，用系统总传递方程和元件传递方程代替通常多体系统动力学方法中的系统总体动力学方程，从而突破了通常多体系统动力学方法必须建立系统总体动力学方程的研究模式。有时也可用系统中铰的相对自由度构成广义坐标进行系统动力学求解。下面给出对 3.3 节和 3.4 节中介绍的三种最常见的铰，即球铰、柱铰和滑移铰的广义加速度的提取方法。

例如,图 3.1 所示的球铰有三个自由度,对应于其外接体相对于内接体的三次转动。这里,选择外接体的绝对转角 $\boldsymbol{\theta}$ 作为球铰的广义坐标。然后,根据式(A.23),$\ddot{\boldsymbol{\theta}}$ 可以从体角加速度 $\dot{\boldsymbol{\omega}}_O$ 获得

$$\ddot{\boldsymbol{\theta}} = \boldsymbol{H}^{-1}\boldsymbol{A}_I^{\mathrm{T}}\dot{\boldsymbol{\omega}}_O - \boldsymbol{H}^{-1}\dot{\boldsymbol{H}}\dot{\boldsymbol{\theta}} \tag{4.38}$$

式中,$\boldsymbol{H}$ 和 $\dot{\boldsymbol{H}}$ 在式(A.22)中基于 $\boldsymbol{\theta}$ 和 $\dot{\boldsymbol{\theta}}$ 定义。

图 3.2 所示柱铰的广义坐标可选其输出端连体系相对输入端连体系 ζ 轴的转动角 θ_ζ。然后,式(3.49)左乘 $\boldsymbol{H}_3 = [0 \quad 0 \quad 1]$,可得二阶导数 $\ddot{\theta}_\zeta$

$$\ddot{\theta}_\zeta = \boldsymbol{H}_3\dot{\boldsymbol{\omega}}_r' = \boldsymbol{H}_3\boldsymbol{A}_I^{\mathrm{T}}\dot{\boldsymbol{\omega}}_O - \boldsymbol{H}_3\boldsymbol{A}_I^{\mathrm{T}}\dot{\boldsymbol{\omega}}_I - \boldsymbol{H}_3\boldsymbol{A}_I^{\mathrm{T}}\tilde{\boldsymbol{\omega}}_I\boldsymbol{A}_I\boldsymbol{\omega}_r' \tag{4.39}$$

式中,加速度 $\dot{\boldsymbol{\omega}}_I$ 和 $\dot{\boldsymbol{\omega}}_O$ 从输入端和输出端的状态矢量中提取,且 $\boldsymbol{\omega}_r'$ 通过 $\dot{\theta}_\zeta$ 由式(3.46)给出。

如图 3.7 所示,滑移铰的广义坐标是其输入端和输出端在体元件连体坐标系的滑移轴上的相对滑动位移 s。滑移铰的广义加速度 $\ddot{s}$ 通过对其运动学方程(3.112)左乘 $\boldsymbol{H}_3 = [0 \quad 0 \quad 1]$ 获得,即

$$\ddot{s} = \boldsymbol{H}_3\boldsymbol{A}_I^{\mathrm{T}}\ddot{\boldsymbol{r}}_O - \boldsymbol{H}_3\boldsymbol{A}_I^{\mathrm{T}}\ddot{\boldsymbol{r}}_I + \boldsymbol{H}_3\tilde{\boldsymbol{r}}_{IO}'\boldsymbol{A}_I^{\mathrm{T}}\dot{\boldsymbol{\omega}}_I - \boldsymbol{H}_3(\boldsymbol{A}_I^{\mathrm{T}}\tilde{\boldsymbol{\omega}}_I\tilde{\boldsymbol{\omega}}_I\boldsymbol{A}_I\boldsymbol{r}_{IO}' + 2\boldsymbol{A}_I^{\mathrm{T}}\tilde{\boldsymbol{\omega}}_I\boldsymbol{A}_I\dot{\boldsymbol{r}}_{IO}') \tag{4.40}$$

式中,$\ddot{\boldsymbol{r}}_I$ 和 $\ddot{\boldsymbol{r}}_O$ 从输入端和输出端状态矢量中提取。

5 缩减多体系统传递矩阵法

正如 Bestle、Abbas 和芮筱亭[83]对线性多体系统动力学的研究指出,长链中大量传递矩阵的连乘导致的累积误差可能会导致计算不稳定。这种不稳定性也会出现在时变非线性大运动多体系统动力学中。这个问题可借鉴以 Riccati 变换为特征的 Riccati 传递矩阵法来解决[127]。从根本上讲,最初的 Riccati 传递矩阵法是 Horner 和 Pilkey (1978)[118]为线性链式系统提出的,并在其名称中包含了"Riccati",以表明它与 Riccati 方程[168]的直接关系。本章定义了针对诸如树形、闭环和一般系统各种拓扑结构不同的多体系统缩减变换。"缩减"表示与原先的元件和总传递方程相比,使用了较低阶的子状态矢量和传递矩阵。具体而言,闭环内元件的缩减变换将伴随补充方程,用于完成假想切断点处的闭环条件。结合元件传递方程和缩减变换,就能导得缩减多体系统传递矩阵法(reduced multibody system transfer matrix method, RMSTMM)的相关公式。本章使用两种不同的策略处理铰传递方程:第一种方法按常规做法,所有元件使用常规传递方程,称为缩减多体系统传递矩阵法。本章将表明,以往的 Riccati 变换和 Riccati 传递矩阵法分别仅是缩减变换和缩减多体系统传递矩阵法在线性链式系统情况下的特例。第二种方法使用常规体传递方程和解耦铰传递方程,称为解耦铰缩减多体系统传递矩阵法(reduced multibody system transfer matrix method using decoupled hinges, RMSTMM-H)。

5.1 缩减变换

在缩减多体系统传递矩阵法中,多体系统状态矢量(2.25)可拆分为两个维数相同的互补子状态矢量,其中一个用 z_a 表示,另一个用 z_b 表示,即

$$z = [z_a^{\mathrm{T}} \quad z_b^{\mathrm{T}} \quad 1]^{\mathrm{T}} \tag{5.1}$$

一般来说,位于闭环系统或闭环子系统之外联接点的缩减变换与 Riccati 变换[118]具有类似形式,即

$$z_a = Sz_b + e \tag{5.2}$$

缩减变换式(5.2)中 $\boldsymbol{S}$ 和 $\boldsymbol{e}$ 将由递推获得,称为缩减传递矩阵。

4.3 节已说明,边界端状态变量的一半通常已知,而互补的另一半需要通过计算求解。具体来说,对任一边界端,选取已知状态变量组成 z_a,而其余状态变量组成 z_b。其它联接点状态矢量的拆分可以更自由地选取。

重新考虑 4.3 节讨论的几个边界条件。在自由边界端[如图 4.5(a)中 $x=L$ 处所示],根据边界条件(4.29)对应边界端状态矢量被拆分为

$$z_a = [\boldsymbol{m}^{\mathrm{T}} \quad \boldsymbol{q}^{\mathrm{T}}]^{\mathrm{T}} = [\boldsymbol{0}^{\mathrm{T}} \quad \boldsymbol{0}^{\mathrm{T}}]^{\mathrm{T}} \text{ 和 } z_b = [\ddot{\boldsymbol{r}}^{\mathrm{T}} \quad \dot{\boldsymbol{\omega}}^{\mathrm{T}}]^{\mathrm{T}} \tag{5.3}$$

对于简支边界端[如图 4.5(b)所示],由边界条件(4.31)得

$$z_a = [\ddot{\boldsymbol{r}}^{\mathrm{T}} \quad \boldsymbol{m}^{\mathrm{T}}]^{\mathrm{T}} = [\boldsymbol{0}^{\mathrm{T}} \quad \boldsymbol{0}^{\mathrm{T}}]^{\mathrm{T}} \text{ 和 } z_b = [\dot{\boldsymbol{\omega}}^{\mathrm{T}} \quad \boldsymbol{q}^{\mathrm{T}}]^{\mathrm{T}} \tag{5.4}$$

将边界条件(5.3)或(5.4)代入式(5.2)则求得边界端缩减传递矩阵初值

$$\boldsymbol{S} = \boldsymbol{O}_{6\times 6},\ \boldsymbol{e} = \boldsymbol{O}_{6\times 1} \tag{5.5}$$

式(5.5)视为整个系统缩减变换式中 $\boldsymbol{S}$ 和 $\boldsymbol{e}$ 的初值。将如下面部分所示,从边界端开始沿传递路径扫过,可递推获得其它联接点 $\boldsymbol{S}$ 和 $\boldsymbol{e}$ 的值。

但是,闭环没有边界,系统内任一联接点事先已知状态变量不到一半。为找到类似的变换,并能确定相应缩减传递矩阵的初值,可证,若将式(5.2)重新定义为

$$z_a = Sz_b + Dz_{a,C} + e \tag{5.6}$$

并伴随一个将在 5.2.2 节孤立闭环中引入的补充方程,式中 $z_{a,C}$ 是所选假想切断点子状态矢量,这样就能求得式(5.6)在假想切断点处缩减传递矩阵 $\boldsymbol{S}$、$\boldsymbol{D}$ 和 $\boldsymbol{e}$ 的初值。

如果一个闭环通过一个联接点 P 联接到系统的其它部分，可证，式(5.6)应扩展为

$$\boldsymbol{z}_a = \boldsymbol{S}\boldsymbol{z}_b + \boldsymbol{D}\boldsymbol{z}_{a,C} + \boldsymbol{D}'\boldsymbol{z}_{a,P} + \boldsymbol{e} \tag{5.7}$$

并伴随另一个将在 5.2.4 节介绍的补充方程。

5.2　缩减多体系统传递矩阵法

基于 5.1 节介绍的缩减变换，本节详细介绍缩减多体系统传递矩阵法。在下文中，假设已有如第 3 章所示多体系统所有元件的传递矩阵表达式，将分别给出链式、闭环、树形和一般系统缩减多体系统传递矩阵法的详细建立步骤。

5.2.1　链式系统

对于图 4.3 所示的由 n 个单端输入元件组成的含两个边界端的链式系统，将系统输入端（即元件 1 输入端）的缩减变换(5.2)记作

$$\boldsymbol{z}_{a,I}^1 = \boldsymbol{S}_I^1\boldsymbol{z}_{b,I}^1 + \boldsymbol{e}_I^1 \tag{5.8}$$

由式(5.5)得

$$\boldsymbol{S}_I^1 = \boldsymbol{O}_{6\times 6}\,,\ \boldsymbol{e}_I^1 = \boldsymbol{O}_{6\times 1} \tag{5.9}$$

按式(5.1)拆分状态矢量，任何单端输入元件传递方程(2.26)可写成

$$\begin{bmatrix}\boldsymbol{z}_a\\ \boldsymbol{z}_b\end{bmatrix}_O = \begin{bmatrix}\boldsymbol{T}_{aa} & \boldsymbol{T}_{ab}\\ \boldsymbol{T}_{ba} & \boldsymbol{T}_{bb}\end{bmatrix}\begin{bmatrix}\boldsymbol{z}_a\\ \boldsymbol{z}_b\end{bmatrix}_I + \begin{bmatrix}\boldsymbol{f}_a\\ \boldsymbol{f}_b\end{bmatrix} \tag{5.10}$$

为简单起见，省略了元件标号 i，$\boldsymbol{T}_{aa}$、$\boldsymbol{T}_{ab}$、$\boldsymbol{T}_{ba}$、$\boldsymbol{T}_{bb}$ 是与物理状态变量相关的传递矩阵 $\boldsymbol{U}$ 重新排列后的子矩阵，而 $\boldsymbol{f}_a$ 和 $\boldsymbol{f}_b$ 是传递矩阵中与状态矢量中元素“1”对应的最后一列。若得到输入端缩减变换并记为

$$\boldsymbol{z}_{a,I} = \boldsymbol{S}_I\boldsymbol{z}_{b,I} + \boldsymbol{e}_I \tag{5.11}$$

接下来将看到，元件输出端缩减传递矩阵可通过将其输入端缩减变换

(5.11)代入其重新排列的传递方程(5.10)中得到。一种可行的方法如下:将缩减变换(5.11)代入式(5.10)的第二个方程得

$$z_{b,O} = T_{ba}z_{a,I} + T_{bb}z_{b,I} + f_b = (T_{ba}S_I + T_{bb})z_{b,I} + T_{ba}e_I + f_b \tag{5.12}$$

求解方程(5.12)并用 $z_{b,O}$ 表示 $z_{b,I}$ 得

$$z_{b,I} = (T_{ba}S_I + T_{bb})^{-1}[z_{b,O} - (T_{ba}e_I + f_b)] \tag{5.13}$$

或简写为

$$z_{b,I} = Pz_{b,O} + Q \tag{5.14}$$

式中

$$P = (T_{ba}S_I + T_{bb})^{-1} \tag{5.15}$$

$$Q = -P(T_{ba}e_I + f_b) \tag{5.16}$$

将式(5.11)和(5.14)代入式(5.10)的第一个方程得

$$\begin{aligned} z_{a,O} &= T_{aa}[S_I(Pz_{b,O} + Q) + e_I] + T_{ab}(Pz_{b,O} + Q) + f_a \\ &= (T_{aa}S_I + T_{ab})Pz_{b,O} + T_{aa}e_I + f_a + (T_{aa}S_I + T_{ab})Q \end{aligned} \tag{5.17}$$

式(5.17)表明元件输出端 $z_{a,O}$ 和 $z_{b,O}$ 的关系同式(5.11)一样,因此,可写成

$$z_{a,O} = S_O z_{b,O} + e_O \tag{5.18}$$

式中

$$S_O = (T_{aa}S_I + T_{ab})P \tag{5.19}$$

$$e_O = T_{aa}e_I + f_a + (T_{aa}S_I + T_{ab})Q \tag{5.20}$$

显然,缩减变换(5.2)同时适用于元件输入端和输出端,式中输出端缩减传递矩阵(5.19)和(5.20)可通过输入端关系式(5.11)和重新排列的元件传递矩阵(5.10)以及辅助量(5.15)和(5.16)递推得到。

需要注意,一个元件输出端也是它的外接元件输入端。通过比较

式(5.11)和式(5.18),由恒等式 $z_I^{i+1} \equiv z_O^i$ 及对状态矢量的相同拆分,得

$$z_{a,I}^{i+1} = \boldsymbol{S}_I^{i+1} z_{b,I}^{i+1} + \boldsymbol{e}_I^{i+1} \equiv z_{a,O}^i = \boldsymbol{S}_O^i z_{b,O}^i + \boldsymbol{e}_O^i \tag{5.21}$$

和

$$z_{b,I}^{i+1} \equiv z_{b,O}^i \tag{5.22}$$

进一步可得

$$\boldsymbol{S}_I^{i+1} \equiv \boldsymbol{S}_O^i,\ \boldsymbol{e}_I^{i+1} \equiv \boldsymbol{e}_O^i \tag{5.23}$$

由式(5.15)、(5.16)、(5.19)和(5.20),沿传递路径扫过链式系统,可递推得到所有元件输出端的缩减传递矩阵为

$$\begin{cases} \boldsymbol{P}^i = (\boldsymbol{T}_{ba}^i \boldsymbol{S}_I^i + \boldsymbol{T}_{bb}^i)^{-1} \\ \boldsymbol{Q}^i = -\boldsymbol{P}^i(\boldsymbol{T}_{ba}^i \boldsymbol{e}_I^i + \boldsymbol{f}_b^i) \\ \boldsymbol{S}_O^i = (\boldsymbol{T}_{aa}^i \boldsymbol{S}_I^i + \boldsymbol{T}_{ab}^i)\boldsymbol{P}^i \\ \boldsymbol{e}_O^i = (\boldsymbol{T}_{aa}^i \boldsymbol{e}_I^i + \boldsymbol{f}_a^i) + (\boldsymbol{T}_{aa}^i \boldsymbol{S}_I^i + \boldsymbol{T}_{ab}^i)\boldsymbol{Q}^i \end{cases} \quad (i = 1, 2, \cdots, n) \tag{5.24}$$

最终到达体 n 的输出端,得到

$$z_{a,O}^n = \boldsymbol{S}_O^n z_{b,O}^n + \boldsymbol{e}_O^n \tag{5.25}$$

由于体 n 输出端是边界端,根据式(5.3)或(5.4)具有 $z_{a,O}^n = \boldsymbol{0}$ 的属性,这使得未知状态的最终方程为

$$\boldsymbol{0} = \boldsymbol{S}_O^n z_{b,O}^n + \boldsymbol{e}_O^n \tag{5.26}$$

求解得 $z_{b,O}^n$ 后,链式系统输出端的状态矢量 $z_O^n = [\boldsymbol{0}^{\mathrm{T}} \quad (z_{b,O}^n)^{\mathrm{T}} \quad 1]^{\mathrm{T}}$ 便完全确定。应该注意,第一个和最后一个元件传递矩阵的重排(5.10)必须考虑到各自的边界条件(5.3)或(5.4),以完全确定未知状态变量,而内部元件的状态矢量拆分只需考虑恒等式(5.21)和(5.22)。

一旦得到系统输出端的状态矢量,就可通过缩减传递方程(5.14)和(5.11)

$$\begin{cases} z_{b,I}^i = \boldsymbol{P}^i z_{b,O}^i + \boldsymbol{Q}^i \\ z_{a,I}^i = \boldsymbol{S}_I^i z_{b,I}^i + \boldsymbol{e}_I^i \end{cases} \quad (i = n, n-1, \cdots, 1) \tag{5.27}$$

逆传递路径方向递推得到系统内部任何一个联接点的状态矢量。

链式系统状态矢量递推过程可概括如下：以 $\boldsymbol{S}_I^1=\boldsymbol{O}$ 和 $\boldsymbol{e}_I^1=\boldsymbol{0}$ 开始，$\boldsymbol{S}_O^i$ 和 $\boldsymbol{e}_O^i(i=1,2,\cdots,n)$ 可以使用式(5.24)沿传递路径逐一计算得到。然后，使用式(5.26)和恒等式 $\boldsymbol{z}_I^{i+1}\equiv\boldsymbol{z}_O^i$，通过缩减传递方程(5.27)，逆传递路径方向逐一计算得到 $\boldsymbol{z}_{b,I}^i$ 和 $\boldsymbol{z}_{a,I}^i$，递推算法如下：

1）由式(5.9)从系统输入端 $\boldsymbol{S}_I^1=\boldsymbol{O}$、$\boldsymbol{e}_I^1=\boldsymbol{0}$ 开始；

2）基于式(5.24)和恒等式(5.23)沿着传递路径扫过整个链式系统，由 $\boldsymbol{S}_I^i$、$\boldsymbol{e}_I^i$ 计算 $\boldsymbol{S}_O^i$、$\boldsymbol{e}_O^i$；

3）求解式(5.26)得 $\boldsymbol{z}_{b,O}^n$；

4）用式(5.27)逆传递路径方向求出所有中间状态矢量；

5）根据第 4.4 节提取动力学方程并使用数值积分进行动力学求解。

5.2.2 闭环系统

对具有 n 个单端输入元件的闭环系统的处理不同于开环链式系统，因为新生成的假想切断点状态矢量完全未知。因此，仅使用缩减变换(5.2)不能确定 $\boldsymbol{S}$ 和 $\boldsymbol{e}$ 像式(5.9)的初值。不失一般性，根据图 4.4 假想在元件 n 和 1 之间切断。然后由闭环条件(4.6)得恒等式

$$\boldsymbol{z}_{a,I}^1\equiv\boldsymbol{z}_{a,O}^n \tag{5.28}$$

将式(5.28)代入元件 1 传递方程(5.10)得

$$\boldsymbol{z}_{a,O}^1=\boldsymbol{T}_{aa}^1\boldsymbol{z}_{a,O}^n+\boldsymbol{T}_{ab}^1\boldsymbol{z}_{b,I}^1+\boldsymbol{f}_a^1 \tag{5.29}$$

$$\boldsymbol{z}_{b,O}^1=\boldsymbol{T}_{ba}^1\boldsymbol{z}_{a,O}^n+\boldsymbol{T}_{bb}^1\boldsymbol{z}_{b,I}^1+\boldsymbol{f}_b^1 \tag{5.30}$$

求解式(5.30)得

$$\boldsymbol{z}_{b,I}^1=(\boldsymbol{T}_{bb}^1)^{-1}\boldsymbol{z}_{b,O}^1-(\boldsymbol{T}_{bb}^1)^{-1}\boldsymbol{T}_{ba}^1\boldsymbol{z}_{a,O}^n-(\boldsymbol{T}_{bb}^1)^{-1}\boldsymbol{f}_b^1 \tag{5.31}$$

将式(5.31)代入式(5.29)得

$$\boldsymbol{z}_{a,O}^1=\boldsymbol{T}_{ab}^1(\boldsymbol{T}_{bb}^1)^{-1}\boldsymbol{z}_{b,O}^1+(\boldsymbol{T}_{aa}^1-\boldsymbol{T}_{ab}^1(\boldsymbol{T}_{bb}^1)^{-1}\boldsymbol{T}_{ba}^1)\boldsymbol{z}_{a,O}^n+\boldsymbol{f}_a^1-\boldsymbol{T}_{ab}^1(\boldsymbol{T}_{bb}^1)^{-1}\boldsymbol{f}_b^1 \tag{5.32}$$

式(5.32)可表示为

$$\boldsymbol{z}_{a,O}^{1} = \boldsymbol{S}_{O}^{1}\boldsymbol{z}_{b,O}^{1} + \boldsymbol{D}_{O}^{1}\boldsymbol{z}_{a,O}^{n} + \boldsymbol{e}_{O}^{1} \tag{5.33}$$

式中

$$\boldsymbol{S}_{O}^{1} = \boldsymbol{T}_{ab}^{1}(\boldsymbol{T}_{bb}^{1})^{-1},\ \boldsymbol{D}_{O}^{1} = (\boldsymbol{T}_{aa}^{1} - \boldsymbol{T}_{ab}^{1}(\boldsymbol{T}_{bb}^{1})^{-1}\boldsymbol{T}_{ba}^{1}),\ \boldsymbol{e}_{O}^{1} = \boldsymbol{f}_{a}^{1} - \boldsymbol{T}_{ab}^{1}(\boldsymbol{T}_{bb}^{1})^{-1}\boldsymbol{f}_{b}^{1} \tag{5.34}$$

基于式(5.33),假设闭环中所有联接点都满足关系式

$$\boldsymbol{z}_{a} = \boldsymbol{S}\boldsymbol{z}_{b} + \boldsymbol{D}\boldsymbol{z}_{a,O}^{n} + \boldsymbol{e} \tag{5.35}$$

可见式(5.35)与式(5.6)相同。特别是对图 4.4(b)中派生链的元件 $i = 1$ 的输入端,恒等式(5.28)可写成

$$\boldsymbol{z}_{a,I}^{1} = \boldsymbol{S}_{I}^{1}\boldsymbol{z}_{b,I}^{1} + \boldsymbol{D}_{I}^{1}\boldsymbol{z}_{a,O}^{n} + \boldsymbol{e}_{I}^{1} \triangleq \boldsymbol{z}_{a,O}^{n} \tag{5.36}$$

由此求得系数

$$\boldsymbol{S}_{I}^{1} = \boldsymbol{O}_{6\times6},\ \boldsymbol{D}_{I}^{1} = \boldsymbol{I}_{6},\ \boldsymbol{e}_{I}^{1} = \boldsymbol{O}_{6\times1} \tag{5.37}$$

进一步假设可通过扫过整条派生链来建立拓展的缩减变换递推过程。那么,元件 n 输出端最终方程为

$$\boldsymbol{z}_{a,O}^{n} = \boldsymbol{S}_{O}^{n}\boldsymbol{z}_{b,O}^{n} + \boldsymbol{D}_{O}^{n}\boldsymbol{z}_{a,O}^{n} + \boldsymbol{e}_{O}^{n} \tag{5.38}$$

式中 $\boldsymbol{z}_{a,O}^{n}$ 和 $\boldsymbol{z}_{b,O}^{n}$ 都未知,且不能完全由上述方程确定,因为此处有 12 个未知变量,只有 6 个方程。然而,式(5.28)只考虑了一部分闭环条件,剩下部分为

$$\boldsymbol{z}_{b,I}^{1} \equiv \boldsymbol{z}_{b,O}^{n} \tag{5.39}$$

它提供了关于 $\boldsymbol{z}_{b,O}^{n}$ 的另外 6 个方程。将式(5.31)代入式(5.39)得

$$\boldsymbol{z}_{b,O}^{n} = (\boldsymbol{T}_{bb}^{1})^{-1}\boldsymbol{z}_{b,O}^{1} - (\boldsymbol{T}_{bb}^{1})^{-1}\boldsymbol{T}_{ba}^{1}\boldsymbol{z}_{a,O}^{n} - (\boldsymbol{T}_{bb}^{1})^{-1}\boldsymbol{f}_{b}^{1} \tag{5.40}$$

或者记为

$$\boldsymbol{z}_{b,O}^{n} = \boldsymbol{B}_{b,O}^{1}\boldsymbol{z}_{b,O}^{1} + \boldsymbol{B}_{a,O}^{1}\boldsymbol{z}_{a,O}^{n} + \boldsymbol{b}_{O}^{1} \tag{5.41}$$

式中

$$\boldsymbol{B}_{b,O}^{1} = (\boldsymbol{T}_{bb}^{1})^{-1},\ \boldsymbol{B}_{a,O}^{1} = -(\boldsymbol{T}_{bb}^{1})^{-1}\boldsymbol{T}_{ba}^{1},\ \boldsymbol{b}_{O}^{1} = -(\boldsymbol{T}_{bb}^{1})^{-1}\boldsymbol{f}_{b}^{1} \tag{5.42}$$

假设闭环中所有联接点状态矢量 z_b 和派生链终点状态矢量 $z_{b,O}^n$ 满足关系式(5.41),即

$$z_{b,O}^n = B_b z_b + B_a z_{a,O}^n + b \tag{5.43}$$

式(5.43)可被解释为闭环系统的补充方程。特别地,对于图 4.4b 中派生链元件 $i=1$ 的输入端,有

$$z_{b,O}^n = B_{b,I}^1 z_{b,I}^1 + B_{a,I}^1 z_{a,O}^n + b_I^1 \tag{5.44}$$

式中

$$B_{b,I}^1 = I_6,\ B_{a,I}^1 = O_{6\times 6},\ b_I^1 = O_{6\times 1} \tag{5.45}$$

由恒等式(5.39)而得。

假设存在补充方程(5.43)的递推过程,到元件 n 输出端,有

$$z_{b,O}^n = B_{b,O}^n z_{b,O}^n + B_{a,O}^n z_{a,O}^n + b_O^n \tag{5.46}$$

结合式(5.46)与式(5.38)得

$$\begin{bmatrix} I - D_O^n & -S_O^n \\ -B_{a,O}^n & I - B_{b,O}^n \end{bmatrix} \begin{bmatrix} z_{a,O}^n \\ z_{b,O}^n \end{bmatrix} = \begin{bmatrix} e_O^n \\ b_O^n \end{bmatrix} \tag{5.47}$$

至此,方程数量等于未知变量数量。这样,假想切断点未知状态矢量 $z_{a,O}^n$ 和 $z_{b,O}^n$ 就可用这些方程完全确定。

最后,缺少的环节是推导式(5.35)和(5.43)中的缩减传递矩阵。对任意单端输入元件 i 输入端,为简单起见,再次省略元件序号,可得

$$z_{a,I} = S_I z_{b,I} + D_I z_{a,O}^n + e_I \tag{5.48}$$

$$z_{b,O}^n = B_{b,I} z_{b,I} + B_{a,I} z_{a,O}^n + b_I \tag{5.49}$$

将式(5.48)代入拆分后的元件传递方程(5.10)得

$$z_{a,O} = (T_{aa} S_I + T_{ab}) z_{b,I} + T_{aa} D_I z_{a,O}^n + (T_{aa} e_I + f_a) \tag{5.50}$$

$$z_{b,O} = (T_{ba} S_I + T_{bb}) z_{b,I} + T_{ba} D_I z_{a,O}^n + (T_{ba} e_I + f_b) \tag{5.51}$$

求解式(5.51)得 $z_{b,I}$ 并用 $z_{b,O}$ 和 $z_{a,O}^n$ 表示:

$$\boldsymbol{z}_{b,I} = (\boldsymbol{T}_{ba}\boldsymbol{S}_I + \boldsymbol{T}_{bb})^{-1}[\boldsymbol{z}_{b,O} - \boldsymbol{T}_{ba}\boldsymbol{D}_I\boldsymbol{z}_{a,O}^n - (\boldsymbol{T}_{ba}\boldsymbol{e}_I + \boldsymbol{f}_b)]$$

或简写为

$$\boldsymbol{z}_{b,I} = \boldsymbol{P}\boldsymbol{z}_{b,O} + \boldsymbol{W}\boldsymbol{z}_{a,O}^n + \boldsymbol{Q} \tag{5.52}$$

式中

$$\boldsymbol{P} = (\boldsymbol{T}_{ba}\boldsymbol{S}_I + \boldsymbol{T}_{bb})^{-1},\ \boldsymbol{W} = -\boldsymbol{P}\boldsymbol{T}_{ba}\boldsymbol{D}_I,\ \boldsymbol{Q} = -\boldsymbol{P}(\boldsymbol{T}_{ba}\boldsymbol{e}_I + \boldsymbol{f}_b) \tag{5.53}$$

将式(5.52)代入式(5.50)得

$$\boldsymbol{z}_{a,O} = (\boldsymbol{T}_{aa}\boldsymbol{S}_I + \boldsymbol{T}_{ab})(\boldsymbol{P}\boldsymbol{z}_{b,O} + \boldsymbol{W}\boldsymbol{z}_{a,O}^n + \boldsymbol{Q}) + \boldsymbol{T}_{aa}\boldsymbol{D}_I\boldsymbol{z}_{a,O}^n + \boldsymbol{T}_{aa}\boldsymbol{e}_I + \boldsymbol{f}_a \tag{5.54}$$

或者记为类似于式(5.48)的表达式

$$\boldsymbol{z}_{a,O} = \boldsymbol{S}_O\boldsymbol{z}_{b,O} + \boldsymbol{D}_O\boldsymbol{z}_{a,O}^n + \boldsymbol{e}_O \tag{5.55}$$

式中对应缩减传递矩阵

$$\boldsymbol{S}_O = (\boldsymbol{T}_{aa}\boldsymbol{S}_I + \boldsymbol{T}_{ab})\boldsymbol{P} \tag{5.56}$$

$$\boldsymbol{D}_O = (\boldsymbol{T}_{aa}\boldsymbol{S}_I + \boldsymbol{T}_{ab})\boldsymbol{W} + \boldsymbol{T}_{aa}\boldsymbol{D}_I \tag{5.57}$$

$$\boldsymbol{e}_O = (\boldsymbol{T}_{aa}\boldsymbol{S}_I + \boldsymbol{T}_{ab})\boldsymbol{Q} + \boldsymbol{T}_{aa}\boldsymbol{e}_I + \boldsymbol{f}_a \tag{5.58}$$

可用元件传递矩阵和输入信息 $\boldsymbol{S}_I$、$\boldsymbol{D}_I$ 和 $\boldsymbol{e}_I$ 计算得到。比较式(5.56)、(5.58)与链式系统的式(5.19)、(5.20)发现,闭环与链式系统的单端输入元件缩减传递矩阵中的 $\boldsymbol{S}$ 和 $\boldsymbol{e}$ 是完全相同的。类似地,将式(5.52)代入式(5.49)得

$$\boldsymbol{z}_{b,O}^n = \boldsymbol{B}_{b,O}\boldsymbol{z}_{b,O} + \boldsymbol{B}_{a,O}\boldsymbol{z}_{a,O}^n + \boldsymbol{b}_O \tag{5.59}$$

式中

$$\boldsymbol{B}_{b,O} = \boldsymbol{B}_{b,I}\boldsymbol{P} \tag{5.60}$$

$$\boldsymbol{B}_{a,O} = \boldsymbol{B}_{a,I} + \boldsymbol{B}_{b,I}\boldsymbol{W} \tag{5.61}$$

$$\boldsymbol{b}_O = \boldsymbol{b}_I + \boldsymbol{B}_{b,I}\boldsymbol{Q} \tag{5.62}$$

使用关系式(5.53)、(5.56)~(5.58)和(5.60)~(5.62)逐个元件扫过派生链,该过程可概括为

$$\begin{cases}\boldsymbol{P}^i = (\boldsymbol{T}^i_{ba}\boldsymbol{S}^i_I + \boldsymbol{T}^i_{bb})^{-1},\ \boldsymbol{W}^i = -\boldsymbol{P}^i\boldsymbol{T}^i_{ba}\boldsymbol{D}^i_I,\ \boldsymbol{Q}^i = -\boldsymbol{P}^i(\boldsymbol{T}^i_{ba}\boldsymbol{e}^i_I + \boldsymbol{f}^i_b), \\ \boldsymbol{S}^i_O = (\boldsymbol{T}^i_{aa}\boldsymbol{S}^i_I + \boldsymbol{T}^i_{ab})\boldsymbol{P}^i,\ \boldsymbol{D}^i_O = (\boldsymbol{T}^i_{aa}\boldsymbol{S}^i_I + \boldsymbol{T}^i_{ab})\boldsymbol{W}^i + \boldsymbol{T}^i_{aa}\boldsymbol{D}^i_I, \\ \boldsymbol{e}^i_O = (\boldsymbol{T}^i_{aa}\boldsymbol{S}^i_I + \boldsymbol{T}^i_{ab})\boldsymbol{Q}^i + \boldsymbol{T}^i_{aa}\boldsymbol{e}^i_I + \boldsymbol{f}^i_a, \\ \boldsymbol{B}^i_{b,O} = \boldsymbol{B}^i_{b,I}\boldsymbol{P}^i,\ \boldsymbol{B}^i_{a,O} = \boldsymbol{B}^i_{a,I} + \boldsymbol{B}^i_{b,I}\boldsymbol{W}^i,\ \boldsymbol{b}^i_O = \boldsymbol{b}^i_I + \boldsymbol{B}^i_{b,I}\boldsymbol{Q}^i \quad (i = 1, 2, \cdots, n)\end{cases} \tag{5.63}$$

为处理下一个元件,必须使用这些递推方程和恒等式 $z^{i+1}_{a,I} \equiv z^i_{a,O}$ 与 $z^{i+1}_{b,I} \equiv z^i_{b,O}$。分别比较式(5.48)与(5.55)以及式(5.49)与(5.59),得

$$\boldsymbol{S}^{i+1}_I \equiv \boldsymbol{S}^i_O,\ \boldsymbol{D}^{i+1}_I \equiv \boldsymbol{D}^i_O,\ \boldsymbol{e}^{i+1}_I \equiv \boldsymbol{e}^i_O,$$
$$\boldsymbol{B}^{i+1}_{b,I} \equiv \boldsymbol{B}^i_{b,O},\ \boldsymbol{B}^{i+1}_{a,I} \equiv \boldsymbol{B}^i_{a,O},\ \boldsymbol{b}^{i+1}_I \equiv \boldsymbol{b}^i_O \tag{5.64}$$

由式(5.47)获得假想切断点状态矢量后,派生链内部任一联接点状态矢量都可由式(5.52)和(5.48)反向递推获得,即用缩减传递方程

$$\begin{cases} z^i_{b,I} = \boldsymbol{P}^i z^i_{b,O} + \boldsymbol{W}^i z^n_{a,O} + \boldsymbol{Q}^i \\ z^i_{a,I} = \boldsymbol{S}^i_I z^i_{b,I} + \boldsymbol{D}^i_I z^n_{a,O} + \boldsymbol{e}^i_I \end{cases} \quad (i = n, n-1, \cdots, 1) \tag{5.65}$$

逆传递路径逐一计算得到。需要注意,由于增加了补充方程,闭环系统的计算量要大于具有相同元件数量链式系统的计算量。

闭环系统状态矢量递推过程可概括如下:闭环和链式系统的递推过程类似;使用式(5.37)和(5.45)确定初值后,缩减传递矩阵 $\boldsymbol{S}^i_O$、$\boldsymbol{D}^i_O$、$\boldsymbol{e}^i_O$、$\boldsymbol{B}^i_{b,O}$、$\boldsymbol{B}^i_{a,O}$ 和 $\boldsymbol{b}^i_O(i = 1, 2, \cdots, n)$ 由式(5.63)沿传递路径逐一获得。最后,求解式(5.47)得到 $z^n_{a,O}$ 和 $z^n_{b,O}$ 并作为起始值后,$z^i_{a,I}$ 和 $z^i_{b,I}(i = n, n-1, \cdots, 1)$ 由式(5.65)逆传递路径逐一计算得到,递推算法如下:

1) 从一个选定的假想切断点(系统假想输入端)开始,并由式(5.37)和(5.45)确定缩减传递矩阵初值;

2) 使用式(5.63)和恒等式(5.64)扫过派生链;

3) 到达另一个假想切断点(系统假想输出端)后,根据闭环条件(5.47)并求解假想切断点状态矢量 $z^n_O = [(z^n_{a,O})^{\mathrm{T}} \quad (z^n_{b,O})^{\mathrm{T}} \quad 1]^{\mathrm{T}}$;

4) 最后,用缩减传递方程(5.65)逆传递路径递推计算得到所有中间状态矢量。

本质上,闭环内元件缩减传递方程可通过元件传递方程和缩减变

换(5.35)及补充方程(5.44)得到,共涉及包括缩减变换(5.35)、补充方程(5.44)以及闭环条件(5.28)和(5.39)的4组24个方程。方程数24等于派生链根和梢的一对假想切断点的状态变量数。

5.2.3 树形系统

本节介绍树形系统缩减变换,以提高具有长子链的树形系统的计算数值稳定性。以图4.1多体系统中的左上部分元件23为根的树形系统为例,如图5.1所示。

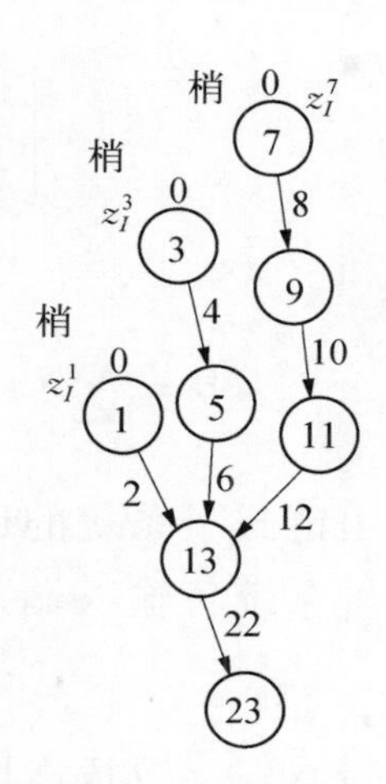

图5.1 作为图4.1一部分的树形系统

该树形系统有三个梢边界端,它们的状态变量的一半已知。按照5.2.1节推导过程,从这些梢边界端开始,沿链式子系统递推扫过,最终分别到达由N个内接铰与N端输入体组成的N端输入子系统输入端$P_{2,I}$、$P_{6,I}$和$P_{12,I}$:

$$\begin{aligned}
&\boldsymbol{S}_I^1=\boldsymbol{O},\ \boldsymbol{e}_I^1=\boldsymbol{0} && \rightarrow \boldsymbol{S}_O^1\equiv\boldsymbol{S}_I^2,\ \boldsymbol{e}_O^1\equiv\boldsymbol{e}_I^2,\\
&\boldsymbol{S}_I^3=\boldsymbol{O},\ \boldsymbol{e}_I^3=\boldsymbol{0}\rightarrow\boldsymbol{S}_O^3\equiv\boldsymbol{S}_I^4,\ \boldsymbol{e}_O^3\equiv\boldsymbol{e}_I^4\rightarrow\cdots && \rightarrow \boldsymbol{S}_O^5\equiv\boldsymbol{S}_I^6,\ \boldsymbol{e}_O^5\equiv\boldsymbol{e}_I^6,\\
&\boldsymbol{S}_I^7=\boldsymbol{O},\ \boldsymbol{e}_I^7=\boldsymbol{0}\rightarrow\boldsymbol{S}_O^7\equiv\boldsymbol{S}_I^8,\ \boldsymbol{e}_O^7\equiv\boldsymbol{e}_I^8\rightarrow\cdots && \rightarrow \boldsymbol{S}_O^{11}\equiv\boldsymbol{S}_I^{12},\ \boldsymbol{e}_O^{11}\equiv\boldsymbol{e}_I^{12}
\end{aligned}\tag{5.66}$$

得到多端输入元件13输出端的$\boldsymbol{S}_O^{13}$与$\boldsymbol{e}_O^{13}$后,对从元件13输出端到元件23输出端的链式子系统用相同的递推过程:

$$\boldsymbol{S}_O^{13}\equiv\boldsymbol{S}_I^{22},\ \boldsymbol{e}_O^{13}\equiv\boldsymbol{e}_I^{22}\rightarrow\boldsymbol{S}_O^{22}\equiv\boldsymbol{S}_I^{23},\ \boldsymbol{e}_O^{22}\equiv\boldsymbol{e}_I^{23}\rightarrow\boldsymbol{S}_O^{23},\ \boldsymbol{e}_O^{23}\tag{5.67}$$

最后,用类似于式(5.26)的边界条件,即

$$\boldsymbol{z}_{a,O}^{23}=\boldsymbol{S}_O^{23}\boldsymbol{z}_{b,O}^{23}+\boldsymbol{e}_O^{23}=\boldsymbol{0}\tag{5.68}$$

显然,以上还缺少用$\boldsymbol{S}_I^2$、$\boldsymbol{e}_I^2$、$\boldsymbol{S}_I^6$、$\boldsymbol{e}_I^6$、$\boldsymbol{S}_I^{12}$、$\boldsymbol{e}_I^{12}$获得$\boldsymbol{S}_O^{13}$、$\boldsymbol{e}_O^{13}$的过程,即确定N端输入子系统输出端的缩减变换的环节。N端输入子系统传递方程包括主传递方程(3.84)和协调方程(3.87)。类似式(5.10),根据状态矢量(5.1)对传递方程重新排序,得

$$\begin{bmatrix} z_a \\ z_b \end{bmatrix}_{i,O} = \sum_{j=1}^{N} \begin{bmatrix} T_{aa} & T_{ab} \\ T_{ba} & T_{bb} \end{bmatrix}_{H_j}^{i} \begin{bmatrix} z_a \\ z_b \end{bmatrix}_{H_j,I} + \begin{bmatrix} f_a \\ f_b \end{bmatrix}_i \tag{5.69}$$

和

$$\boldsymbol{0} = \sum_{j=1}^{N} [\boldsymbol{H}_a \quad \boldsymbol{H}_b]_{H_k,H_j}^{i} \begin{bmatrix} z_a \\ z_b \end{bmatrix}_{H_j,I} + \boldsymbol{h}_{H_k}^{i} \quad (k = 2, 3, \cdots, N) \tag{5.70}$$

由链式子系统的递推过程(5.66)得到式(5.11),特别是对于多端输入子系统各输入端,有

$$z_{a,I}^{H_j} = S_I^{H_j} z_{b,I}^{H_j} + e_I^{H_j} \quad (j = 1, 2, \cdots, N) \tag{5.71}$$

将式(5.71)代入协调方程(5.70)得到($N-1$)组协调方程

$$\begin{aligned} \boldsymbol{0} &= \sum_{j=1}^{N} [\boldsymbol{H}_{a,H_k,H_j}^{i}(S_I^{H_j} z_{b,I}^{H_j} + e_I^{H_j}) + \boldsymbol{H}_{b,H_k,H_j}^{i} z_{b,I}^{H_j}] + \boldsymbol{h}_{H_k}^{i} \\ &= \sum_{j=1}^{N} (\boldsymbol{H}_{a,H_k,H_j}^{i} S_I^{H_j} + \boldsymbol{H}_{b,H_k,H_j}^{i}) z_{b,I}^{H_j} \\ &\quad + (\boldsymbol{h}_{H_k}^{i} + \sum_{j=1}^{N} \boldsymbol{H}_{a,H_k,H_j}^{i} e_I^{H_j}) \quad (k = 2, 3, \cdots, N) \end{aligned} \tag{5.72}$$

这些方程可归纳为

$$\boldsymbol{H}_O^i \begin{bmatrix} z_{b,I}^{H_2} \\ \vdots \\ z_{b,I}^{H_N} \end{bmatrix} = \boldsymbol{H}_1^i z_{b,I}^{H_1} + \boldsymbol{h}^i \tag{5.73}$$

式中

$$\boldsymbol{H}_O^i = \begin{bmatrix} (\boldsymbol{H}_{a,H_2,H_2}^{i} S_I^{H_2} + \boldsymbol{H}_{b,H_2,H_2}^{i}) & \cdots & (\boldsymbol{H}_{a,H_2,H_N}^{i} S_I^{H_N} + \boldsymbol{H}_{b,H_2,H_N}^{i}) \\ \vdots & \ddots & \vdots \\ (\boldsymbol{H}_{a,H_N,H_2}^{i} S_I^{H_2} + \boldsymbol{H}_{b,H_N,H_2}^{i}) & \cdots & (\boldsymbol{H}_{a,H_N,H_N}^{i} S_I^{H_N} + \boldsymbol{H}_{b,H_N,H_N}^{i}) \end{bmatrix},$$

$$\boldsymbol{H}_1^i = -\begin{bmatrix} \boldsymbol{H}_{a,H_2,H_1}^{i} S_I^{H_1} + \boldsymbol{H}_{b,H_2,H_1}^{i} \\ \vdots \\ \boldsymbol{H}_{a,H_N,H_1}^{i} S_I^{H_1} + \boldsymbol{H}_{b,H_N,H_1}^{i} \end{bmatrix}, \quad \boldsymbol{h}^i = -\begin{bmatrix} \boldsymbol{h}_{H_2}^{i} + \sum_{j=1}^{N} \boldsymbol{H}_{a,H_2,H_j}^{i} e_I^{H_j} \\ \vdots \\ \boldsymbol{h}_{H_N}^{i} + \sum_{j=1}^{N} \boldsymbol{H}_{a,H_N,H_j}^{i} e_I^{H_j} \end{bmatrix} \tag{5.74}$$

求解式(5.73)并用 $z_{b,I}^{H_1}$ 表示 $z_{b,I}^{H_k}(k=2,3,\cdots,N)$

$$\begin{bmatrix} z_{b,I}^{H_2} \\ \vdots \\ z_{b,I}^{H_N} \end{bmatrix} = (H_O^i)^{-1}H_1^i z_{b,I}^{H_1} + (H_O^i)^{-1}h^i =: \begin{bmatrix} \hat{H}_{H_2}^i \\ \vdots \\ \hat{H}_{H_N}^i \end{bmatrix} z_{b,I}^{H_1} + \begin{bmatrix} \hat{h}_{H_2}^i \\ \vdots \\ \hat{h}_{H_N}^i \end{bmatrix} \tag{5.75}$$

或记为

$$z_{b,I}^{H_k} = \hat{H}_{H_k}^i z_{b,I}^{H_1} + \hat{h}_{H_k}^i \quad (k=2,3,\cdots,N) \tag{5.76}$$

式中

$$\begin{bmatrix} \hat{H}_{H_2}^i \\ \vdots \\ \hat{H}_{H_N}^i \end{bmatrix} = (H_O^i)^{-1}H_1^i, \quad \begin{bmatrix} \hat{h}_{H_2}^i \\ \vdots \\ \hat{h}_{H_N}^i \end{bmatrix} = (H_O^i)^{-1}h^i \tag{5.77}$$

将式(5.71)代入传递方程(5.69)得

$$\begin{aligned} z_{a,O}^i &= \sum_{j=1}^{N} (T_{aa,H_j}^i z_{a,I}^{H_j} + T_{ab,H_j}^i z_{b,I}^{H_j}) + f_a^i \\ &= \sum_{j=1}^{N} [T_{aa,H_j}^i (S_I^{H_j} z_{b,I}^{H_j} + e_I^{H_j}) + T_{ab,H_j}^i z_{b,I}^{H_j}] + f_a^i \\ &= \sum_{j=1}^{N} (T_{aa,H_j}^i S_I^{H_j} + T_{ab,H_j}^i) z_{b,I}^{H_j} + \sum_{j=1}^{N} T_{aa,H_j}^i e_I^{H_j} + f_a^i \end{aligned} \tag{5.78}$$

类似地,有

$$z_{b,O}^i = \sum_{j=1}^{N} (T_{ba,H_j}^i S_I^{H_j} + T_{bb,H_j}^i) z_{b,I}^{H_j} + \sum_{j=1}^{N} T_{ba,H_j}^i e_I^{H_j} + f_b^i \tag{5.79}$$

两式可概括为

$$z_{a,O}^i = \sum_{j=1}^{N} T_{a,H_j}^i z_{b,I}^{H_j} + t_a^i \tag{5.80}$$

$$z_{b,O}^i = \sum_{j=1}^{N} T_{b,H_j}^i z_{b,I}^{H_j} + t_b^i \tag{5.81}$$

式中

$$T_{a,H_j}^i = T_{aa,H_j}^i S_I^{H_j} + T_{ab,H_j}^i, \quad t_a^i = \sum_{j=1}^{N} T_{aa,H_j}^i e_I^{H_j} + f_a^i \tag{5.82}$$

$$\boldsymbol{T}_{b,H_j}^i = \boldsymbol{T}_{ba,H_j}^i \boldsymbol{S}_I^{H_j} + \boldsymbol{T}_{bb,H_j}^i,\ \boldsymbol{t}_b^i = \sum_{j=1}^{N} \boldsymbol{T}_{ba,H_j}^i \boldsymbol{e}_I^{H_j} + \boldsymbol{f}_b^i \tag{5.83}$$

将式(5.76)分别代入式(5.80)和(5.81)得

$$\boldsymbol{z}_{a,O}^i = \left(\boldsymbol{T}_{a,H_1}^i + \sum_{j=2}^{N} \boldsymbol{T}_{a,H_j}^i \hat{\boldsymbol{H}}_{H_j}^i\right)\boldsymbol{z}_{b,I}^{H_1} + \sum_{j=2}^{N} \boldsymbol{T}_{a,H_j}^i \hat{\boldsymbol{h}}_{H_j}^i + \boldsymbol{t}_a^i \tag{5.84}$$

$$\boldsymbol{z}_{b,O}^i = \left(\boldsymbol{T}_{b,H_1}^i + \sum_{j=2}^{N} \boldsymbol{T}_{b,H_j}^i \hat{\boldsymbol{H}}_{H_j}^i\right)\boldsymbol{z}_{b,I}^{H_1} + \sum_{j=2}^{N} \boldsymbol{T}_{b,H_j}^i \hat{\boldsymbol{h}}_{H_j}^i + \boldsymbol{t}_b^i \tag{5.85}$$

求解式(5.85)并用 $\boldsymbol{z}_{b,O}^i$ 表示 $\boldsymbol{z}_{b,I}^{H_1}$

$$\begin{aligned}\boldsymbol{z}_{b,I}^{H_1} &= \left(\boldsymbol{T}_{b,H_1}^i + \sum_{j=2}^{N} \boldsymbol{T}_{b,H_j}^i \hat{\boldsymbol{H}}_{H_j}^i\right)^{-1}\left[\boldsymbol{z}_{b,O}^i - \left(\sum_{j=2}^{N} \boldsymbol{T}_{b,H_j}^i \hat{\boldsymbol{h}}_{H_j}^i + \boldsymbol{t}_b^i\right)\right] \\ &=: \boldsymbol{P}_{H_1}^i \boldsymbol{z}_{b,O}^i + \boldsymbol{Q}_{H_1}^i\end{aligned} \tag{5.86}$$

式中

$$\boldsymbol{P}_{H_1}^i = \left(\boldsymbol{T}_{b,H_1}^i + \sum_{j=2}^{N} \boldsymbol{T}_{b,H_j}^i \hat{\boldsymbol{H}}_{H_j}^i\right)^{-1},\ \boldsymbol{Q}_{H_1}^i = -\boldsymbol{P}_{H_1}^i\left(\sum_{j=2}^{N} \boldsymbol{T}_{b,H_j}^i \hat{\boldsymbol{h}}_{H_j}^i + \boldsymbol{t}_b^i\right) \tag{5.87}$$

从方程(5.76)和(5.86)可以得到 $\boldsymbol{z}_{b,I}^{H_k}$ 的类似表达

$$\boldsymbol{z}_{b,I}^{H_k} = \hat{\boldsymbol{H}}_{H_k}^i(\boldsymbol{P}_{H_1}^i \boldsymbol{z}_{b,O}^i + \boldsymbol{Q}_{H_1}^i) + \hat{\boldsymbol{h}}_{H_k}^i =: \boldsymbol{P}_{H_k}^i \boldsymbol{z}_{b,O}^i + \boldsymbol{Q}_{H_k}^i \quad (k = 2, 3, \cdots, N) \tag{5.88}$$

式中

$$\boldsymbol{P}_{H_k}^i = \hat{\boldsymbol{H}}_{H_k}^i \boldsymbol{P}_{H_1}^i,\ \boldsymbol{Q}_{H_k}^i = \hat{\boldsymbol{H}}_{H_k}^i \boldsymbol{Q}_{H_1}^i + \hat{\boldsymbol{h}}_{H_k}^i \tag{5.89}$$

最后,将式(5.86)代入式(5.84)得

$$\begin{aligned}\boldsymbol{z}_{a,O}^i &= \left(\boldsymbol{T}_{a,H_1}^i + \sum_{j=2}^{N} \boldsymbol{T}_{a,H_j}^i \hat{\boldsymbol{H}}_{H_j}^i\right)(\boldsymbol{P}_{H_1}^i \boldsymbol{z}_{b,O}^i + \boldsymbol{Q}_{H_1}^i) + \sum_{j=2}^{N} \boldsymbol{T}_{a,H_j}^i \hat{\boldsymbol{h}}_{H_j}^i + \boldsymbol{t}_a^i \\ &= \left(\boldsymbol{T}_{a,H_1}^i + \sum_{j=2}^{N} \boldsymbol{T}_{a,H_j}^i \hat{\boldsymbol{H}}_{H_j}^i\right)\boldsymbol{P}_{H_1}^i \boldsymbol{z}_{b,O}^i + \left(\boldsymbol{T}_{a,H_1}^i + \sum_{j=2}^{N} \boldsymbol{T}_{a,H_j}^i \hat{\boldsymbol{H}}_{H_j}^i\right)\boldsymbol{Q}_{H_1}^i \\ &\quad + \sum_{j=2}^{N} \boldsymbol{T}_{a,H_j}^i \hat{\boldsymbol{h}}_{H_j}^i + \boldsymbol{t}_a^i \\ &=: \boldsymbol{S}_O^i \boldsymbol{z}_{b,O}^i + \boldsymbol{e}_O^i\end{aligned} \tag{5.90}$$

式中

$$\boldsymbol{S}_{O}^{i} = \left(\boldsymbol{T}_{a,H_1}^{i} + \sum_{j=2}^{N}\boldsymbol{T}_{a,H_j}^{i}\hat{\boldsymbol{H}}_{H_j}^{i}\right)\boldsymbol{P}_{H_1}^{i} \tag{5.91}$$

$$\boldsymbol{e}_{O}^{i} = \left(\boldsymbol{T}_{a,H_1}^{i} + \sum_{j=2}^{N}\boldsymbol{T}_{a,H_j}^{i}\hat{\boldsymbol{H}}_{H_j}^{i}\right)\boldsymbol{Q}_{H_1}^{i} + \sum_{j=2}^{N}\boldsymbol{T}_{a,H_j}^{i}\hat{\boldsymbol{h}}_{H_j}^{i} + \boldsymbol{t}_{a}^{i} \tag{5.92}$$

特别地,对于图 5.1 所示树形系统,可根据式(5.91)和(5.92)得到 $\boldsymbol{S}_{O}^{13}$ 和 $\boldsymbol{e}_{O}^{13}$,以完成全部递推过程。

根据边界条件,根边界体 n 输出端状态矢量一般由式(5.25)确定。逆传递路径方向,从根开始到 N 端输入子系统 i 输出端以及从 N 端输入子系统输入端到系统梢或另一个 N 端输入子系统输出端的各链式子系统内部联接点的状态矢量,按链式系统方法用式(5.27)反向递推得到。N 端输入子系统各输入端状态矢量可用式(5.86)、(5.88)和(5.71)获得,即缩减传递方程

$$\begin{cases}\boldsymbol{z}_{b,I}^{H_j} = \boldsymbol{P}_{H_j}^{i}\boldsymbol{z}_{b,O}^{i} + \boldsymbol{Q}_{H_j}^{i} \\ \boldsymbol{z}_{a,I}^{H_j} = \boldsymbol{S}_{H_j,I}^{i}\boldsymbol{z}_{b,I}^{H_j} + \boldsymbol{e}_{H_j,I}^{i}\end{cases} \quad (j = 1,\ 2,\ \cdots,\ N) \tag{5.93}$$

式中 $\boldsymbol{P}_{H_j}^{i}$ 和 $\boldsymbol{Q}_{H_j}^{i}$,在 $j = 1$ 时,由式(5.87)确定,在 $j = 2, \cdots, N$ 时,由式(5.89)确定。

由上述可见,树形系统和链式系统状态矢量的递推过程相似。对于从梢边界开始到 N 端输入子系统相应输入端,或从 N 端输入子系统输出端开始到根边界或下一个 N 端输入子系统相应输入端的任一链式子系统,都采用链式系统方法处理。然而,N 端输入子系统的缩减传递矩阵 $\boldsymbol{S}_{O}^{i}$ 和 $\boldsymbol{e}_{O}^{i}$ 由式(5.91)和(5.92)确定,同时,N 端输入子系统输入端状态矢量用式(5.93)得到。树形系统递推算法如下:

1) 对系统的所有输入端,令 $\boldsymbol{S}_{I}^{i} = \boldsymbol{O}$, $\boldsymbol{e}_{I}^{i} = \boldsymbol{0}$;

2) 从每一个梢边界开始,沿传递路径扫过每个子链,直到 N 端输入子系统输入端 $P_{H_j,I}(j = 1, 2, \cdots, N)$,得 $\boldsymbol{S}_{I}^{H_j}$ 和 $\boldsymbol{e}_{I}^{H_j}$;

3) 根据式(5.77)计算 $\hat{\boldsymbol{H}}_{H_k}^{i}$、$\hat{\boldsymbol{h}}_{H_k}^{i}(k = 2, 3, \cdots, N)$,同时用式(5.91)和(5.92)计算 N 端输入子系统输出端的 $\boldsymbol{S}_{O}^{i}$ 和 $\boldsymbol{e}_{O}^{i}$;

4) 对于 N 端输入子系统的外接子链,用 5.2.1 节的链式系统方法,直到到达根边界或下一个 N 端输入子系统相应输入端;

5）到达根边界后，求解式（5.25）；

6）最后，逆传递路径逐一计算所有联接点状态矢量，其中对单端输入体和铰用式（5.27），对 N 端输入子系统用式（5.93）。

5.2.4 一般系统

如图 4.1 所示的由树形子系统和闭环子系统组成的一般系统，其中两个子系统在点 $P_{21,I}$ 相联接。闭环子系统与其外接铰 25 联接，且假想在元件 20 和交叉体 21 间切断，如图 5.2 所示。将状态矢量拆分为 $\boldsymbol{z}_a = [\boldsymbol{m}^{\mathrm{T}} \quad \boldsymbol{q}^{\mathrm{T}}]^{\mathrm{T}}$ 和 $\boldsymbol{z}_b = [\ddot{\boldsymbol{r}}^{\mathrm{T}} \quad \dot{\boldsymbol{\omega}}^{\mathrm{T}}]^{\mathrm{T}}$，由闭环条件（4.6）得

$$\boldsymbol{z}_{a,I}^{21} \equiv \boldsymbol{z}_{a,O}^{20} \tag{5.94}$$

$$\boldsymbol{z}_{b,I}^{21} \equiv \boldsymbol{z}_{b,O}^{20} \tag{5.95}$$

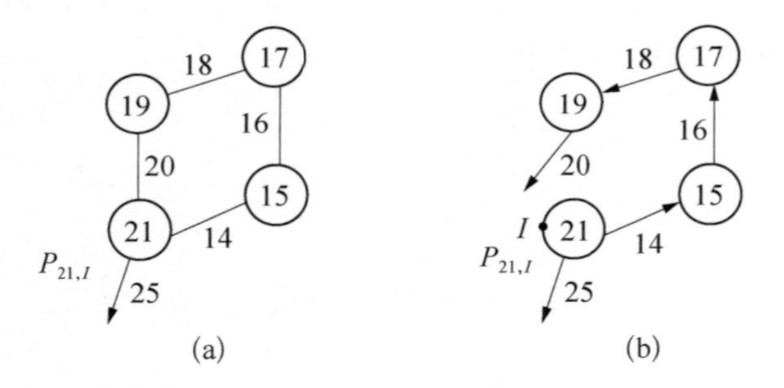

图 5.2　作为图 4.1 一部分的闭环子系统（a）及其派生链（b）

将外接铰 25 对交叉体 21 的作用处理为力和力矩，并考虑在 5.2.2 节中阐述的独立闭环的递推过程。以下，根据式（5.7），闭环子系统和树形子系统之间的交叉体 21 输入端的缩减变换和补充方程将在式（5.35）和（5.43）基础上进行扩展

$$\boldsymbol{z}_{a,I}^{21} = \boldsymbol{S}_I^{21}\boldsymbol{z}_{b,I}^{21} + \boldsymbol{D}_I^{21}\boldsymbol{z}_{a,O}^{20} + \boldsymbol{D}_I'^{21}\boldsymbol{z}_{a,I}^{25} + \boldsymbol{e}_I^{21} \tag{5.96}$$

$$\boldsymbol{z}_{b,O}^{20} = \boldsymbol{B}_{b,I}^{21}\boldsymbol{z}_{b,I}^{21} + \boldsymbol{B}_{a,I}^{21}\boldsymbol{z}_{a,O}^{20} + \boldsymbol{B}_{a,I}'^{21}\boldsymbol{z}_{a,I}^{25} + \boldsymbol{b}_I^{21} \tag{5.97}$$

式中，与 $\boldsymbol{z}_{a,I}^{25}$ 相关的附加项 $\boldsymbol{D}_I'^{21}\boldsymbol{z}_{a,I}^{25}$ 和 $\boldsymbol{B}_{a,I}'^{21}\boldsymbol{z}_{a,I}^{25}$ 与外接铰 25 作用在体 21 上的力和力矩有关。根据式（5.94）和（5.95），可求得缩减传递矩阵

$$\boldsymbol{S}_I^{21} = \boldsymbol{O}_{6\times 6},\ \boldsymbol{e}_I^{21} = \boldsymbol{O}_{6\times 1},\ \boldsymbol{D}_I^{21} = \boldsymbol{I}_6,\ \boldsymbol{D}_I'^{21} = \boldsymbol{O}_{6\times 6} \tag{5.98}$$

$$\boldsymbol{B}_{b,I}^{21}=\boldsymbol{I}_6,\ \boldsymbol{b}_I^{21}=\boldsymbol{O}_{6\times1},\ \boldsymbol{B}_{a,I}^{21}=\boldsymbol{O}_{6\times6},\ \boldsymbol{B}'^{21}_{a,I}=\boldsymbol{O}_{6\times6} \tag{5.99}$$

假设闭环子系统内每个联接点都满足类似式(5.96)和(5.97)的关系,即

$$z_a=\boldsymbol{S}z_b+\boldsymbol{D}z_{a,O}^{20}+\boldsymbol{D}'z_{a,I}^{25}+\boldsymbol{e} \tag{5.100}$$

$$z_{b,O}^{20}=\boldsymbol{B}_b z_b+\boldsymbol{B}_a z_{a,O}^{20}+\boldsymbol{B}'_a z_{a,I}^{25}+\boldsymbol{b} \tag{5.101}$$

然后,从体 21 输入端到铰 20 输出端,沿传递路径扫过闭环子系统,得

$$z_{a,O}^{20}=\boldsymbol{S}_O^{20}z_{b,O}^{20}+\boldsymbol{D}_O^{20}z_{a,O}^{20}+\boldsymbol{D}'^{20}_O z_{a,I}^{25}+\boldsymbol{e}_O^{20} \tag{5.102}$$

$$z_{b,O}^{20}=\boldsymbol{B}_{b,O}^{20}z_{b,O}^{20}+\boldsymbol{B}_{a,O}^{20}z_{a,O}^{20}+\boldsymbol{B}'^{20}_{a,O}z_{a,I}^{25}+\boldsymbol{b}_O^{20} \tag{5.103}$$

联立式(5.102)和(5.103)为

$$\begin{bmatrix}(\boldsymbol{D}_O^{20}-\boldsymbol{I}_6) & \boldsymbol{S}_O^{20}\\ \boldsymbol{B}_{a,O}^{20} & (\boldsymbol{B}_{b,O}^{20}-\boldsymbol{I}_6)\end{bmatrix}\begin{bmatrix}z_{a,O}^{20}\\ z_{b,O}^{20}\end{bmatrix}=\begin{bmatrix}-\boldsymbol{D}'^{20}_O\\ -\boldsymbol{B}'^{20}_{a,O}\end{bmatrix}z_{a,I}^{25}+\begin{bmatrix}-\boldsymbol{e}_O^{20}\\ -\boldsymbol{b}_O^{20}\end{bmatrix} \tag{5.104}$$

求解式(5.104)并用 $z_{a,I}^{25}$ 表示 $[(z_{a,O}^{20})^{\mathrm{T}}\quad(z_{b,O}^{20})^{\mathrm{T}}]^{\mathrm{T}}$,得

$$\begin{bmatrix}z_{a,O}^{20}\\ z_{b,O}^{20}\end{bmatrix}=\boldsymbol{E}_3^{-1}(\boldsymbol{E}_4 z_{a,I}^{25}+\boldsymbol{e}_5)=:\begin{bmatrix}\boldsymbol{\Phi}_1\\ \boldsymbol{\Phi}_2\end{bmatrix}z_{a,I}^{25}+\begin{bmatrix}\boldsymbol{\varphi}_1\\ \boldsymbol{\varphi}_2\end{bmatrix} \tag{5.105}$$

式中

$$\boldsymbol{E}_3=\begin{bmatrix}(\boldsymbol{D}_O^{20}-\boldsymbol{I}_6) & \boldsymbol{S}_O^{20}\\ \boldsymbol{B}_{a,O}^{20} & (\boldsymbol{B}_{b,O}^{20}-\boldsymbol{I}_6)\end{bmatrix},\ \boldsymbol{E}_4=\begin{bmatrix}-\boldsymbol{D}'^{20}_O\\ -\boldsymbol{B}'^{20}_{a,O}\end{bmatrix},\ \boldsymbol{e}_5=\begin{bmatrix}-\boldsymbol{e}_O^{20}\\ -\boldsymbol{b}_O^{20}\end{bmatrix},$$

$$[\boldsymbol{\Phi}_1^{\mathrm{T}}\quad\boldsymbol{\Phi}_2^{\mathrm{T}}]^{\mathrm{T}}=\boldsymbol{E}_3^{-1}\boldsymbol{E}_4,\ [\boldsymbol{\varphi}_1^{\mathrm{T}}\quad\boldsymbol{\varphi}_2^{\mathrm{T}}]^{\mathrm{T}}=\boldsymbol{E}_3^{-1}\boldsymbol{e}_5 \tag{5.106}$$

特别得到式(5.105)的第二个方程

$$z_{b,O}^{20}=\boldsymbol{\Phi}_2 z_{a,I}^{25}+\boldsymbol{\varphi}_2 \tag{5.107}$$

根据刚体 21 的运动学关系(2.9)和(2.10),并使用恒等式(5.95),得铰 25 输入端 $z_{a,I}^{25}$ 的互补部分 $z_{b,I}^{25}$ 为

$$z_{b,I}^{25}=\begin{bmatrix}\ddot{\boldsymbol{r}}_I^{25}\\ \dot{\boldsymbol{\omega}}_I^{25}\end{bmatrix}\equiv\begin{bmatrix}\ddot{\boldsymbol{r}}_O^{21}\\ \dot{\boldsymbol{\omega}}_O^{21}\end{bmatrix}=\begin{bmatrix}\boldsymbol{I}_3 & -\tilde{\boldsymbol{r}}_{IO}^{21}\\ \boldsymbol{O}_{3\times3} & \boldsymbol{I}_3\end{bmatrix}\begin{bmatrix}\ddot{\boldsymbol{r}}_I^{21}\\ \dot{\boldsymbol{\omega}}_I^{21}\end{bmatrix}+\begin{bmatrix}\tilde{\boldsymbol{\omega}}_I^{21}\tilde{\boldsymbol{\omega}}_I^{21}\boldsymbol{r}_{IO}^{21}\\ \boldsymbol{O}_{3\times1}\end{bmatrix}$$

$$=:\boldsymbol{E}_1\boldsymbol{z}_{b,I}^{21}+\boldsymbol{e}_2\equiv\boldsymbol{E}_1\boldsymbol{z}_{b,O}^{20}+\boldsymbol{e}_2 \tag{5.108}$$

将式(5.107)代入(5.108)得

$$\boldsymbol{z}_{b,I}^{25}=\boldsymbol{E}_1(\boldsymbol{\Phi}_2\boldsymbol{z}_{a,I}^{25}+\boldsymbol{\varphi}_2)+\boldsymbol{e}_2=:\boldsymbol{\Phi}_3\boldsymbol{z}_{a,I}^{25}+\boldsymbol{\varphi}_3 \tag{5.109}$$

式中

$$\boldsymbol{\Phi}_3=\boldsymbol{E}_1\boldsymbol{\Phi}_2,\ \boldsymbol{\varphi}_3=\boldsymbol{E}_1\boldsymbol{\varphi}_2+\boldsymbol{e}_2 \tag{5.110}$$

最后,由式(5.109)得

$$\boldsymbol{z}_{a,I}^{25}=\boldsymbol{S}_I^{25}\boldsymbol{z}_{b,I}^{25}+\boldsymbol{e}_I^{25} \tag{5.111}$$

式中

$$\boldsymbol{S}_I^{25}=\boldsymbol{\Phi}_3^{-1},\ \boldsymbol{e}_I^{25}=-\boldsymbol{\Phi}_3^{-1}\boldsymbol{\varphi}_3 \tag{5.112}$$

这表明图 5.3 中闭环子系统对整个系统的作用最终可用链式系统的缩减变换(5.2)或(5.11)的形式描述。从其物理意义上很容易理解,因为这个“作用”就是内力和内力矩,$\boldsymbol{z}_{a,I}^{25}$ 包括了该作用的全部信息。

对闭环子系统缩减后,图 5.3 中系统的剩余部分是一个树形子系统,其 $\boldsymbol{S}$ 和 $\boldsymbol{e}$ 具有初值 $\boldsymbol{S}_I^j=\boldsymbol{O}$、$\boldsymbol{e}_I^j=\boldsymbol{0}$ ($j=1,3,7$) 以及由式(5.112)求得的 $\boldsymbol{S}_I^{25}$、$\boldsymbol{e}_I^{25}$。该系统可完全按照 5.2.3 节树形系统方法处理。因此,可以继续从系统的梢边界端和元件 25 输入端沿传递路径逐步扫过,最终到达系统的根:

$$\boldsymbol{z}_{a,O}^{32}=\boldsymbol{S}_O^{32}\boldsymbol{z}_{b,O}^{32}+\boldsymbol{e}_O^{32} \tag{5.113}$$

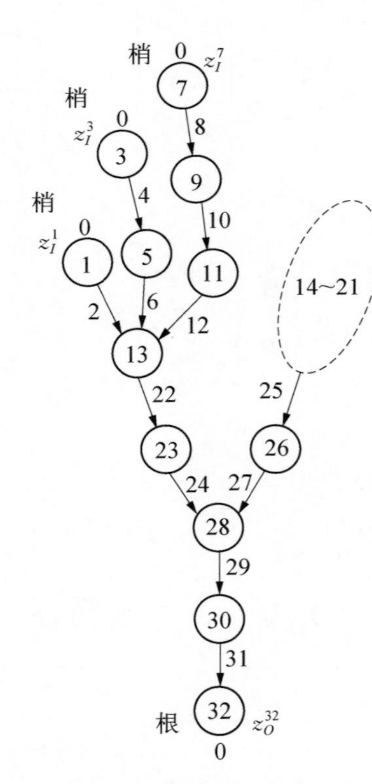

图 5.3　缩减子闭环 14~21 作为图 4.1 中一般系统的一部分

以自由边界条件为例,$\boldsymbol{z}_{b,O}^{32}$ 可由式(5.113)完全确定。分别比较闭环子系统的式(5.100)和(5.101)与孤立闭环的式(5.35)和(5.43)发现,考虑外接铰25对闭环子系统的作用后,各引入了新的项 $\boldsymbol{D}'z_{a,I}^{25}$ 和 $\boldsymbol{B}'_a z_{a,I}^{25}$。现在,给出一种类似于处理孤立闭环的方法来推导式(5.100)和(5.101)中的缩减传递矩阵。将这两个公式分别应用到图5.2中闭环子系统的任一元件的输入端可得

$$z_{a,I} = \boldsymbol{S}_I z_{b,I} + \boldsymbol{D}_I z_{a,O}^{20} + \boldsymbol{D}'_I z_{a,I}^{25} + \boldsymbol{e}_I \tag{5.114}$$

$$z_{b,O}^{20} = \boldsymbol{B}_{b,I} z_{b,I} + \boldsymbol{B}_{a,I} z_{a,O}^{20} + \boldsymbol{B}'_{a,I} z_{a,I}^{25} + \boldsymbol{b}_I \tag{5.115}$$

将式(5.114)代入拆分后的元件传递方程(5.10)得

$$z_{a,O} = (\boldsymbol{T}_{aa}\boldsymbol{S}_I + \boldsymbol{T}_{ab}) z_{b,I} + \boldsymbol{T}_{aa}\boldsymbol{D}_I z_{a,O}^{20} + \boldsymbol{T}_{aa}\boldsymbol{D}'_I z_{a,I}^{25} + (\boldsymbol{T}_{aa}\boldsymbol{e}_I + \boldsymbol{f}_a) \tag{5.116}$$

$$z_{b,O} = (\boldsymbol{T}_{ba}\boldsymbol{S}_I + \boldsymbol{T}_{bb}) z_{b,I} + \boldsymbol{T}_{ba}\boldsymbol{D}_I z_{a,O}^{20} + \boldsymbol{T}_{ba}\boldsymbol{D}'_I z_{a,I}^{25} + (\boldsymbol{T}_{ba}\boldsymbol{e}_I + \boldsymbol{f}_b) \tag{5.117}$$

求解式(5.117)并用 $z_{b,O}$、$z_{a,O}^{20}$ 和 $z_{a,I}^{25}$ 表示 $z_{b,I}$,得

$$z_{b,I} = (\boldsymbol{T}_{ba}\boldsymbol{S}_I + \boldsymbol{T}_{bb})^{-1}[z_{b,O} - \boldsymbol{T}_{ba}\boldsymbol{D}_I z_{a,O}^{20} - \boldsymbol{T}_{ba}\boldsymbol{D}'_I z_{a,I}^{25} - (\boldsymbol{T}_{ba}\boldsymbol{e}_I + \boldsymbol{f}_b)]$$

或者记为

$$z_{b,I} = \boldsymbol{P} z_{b,O} + \boldsymbol{W} z_{a,O}^{20} + \boldsymbol{W}' z_{a,I}^{25} + \boldsymbol{Q} \tag{5.118}$$

式中

$$\boldsymbol{P} = (\boldsymbol{T}_{ba}\boldsymbol{S}_I + \boldsymbol{T}_{bb})^{-1},\ \boldsymbol{W} = -\boldsymbol{P}\boldsymbol{T}_{ba}\boldsymbol{D}_I,\ \boldsymbol{W}' = -\boldsymbol{P}\boldsymbol{T}_{ba}\boldsymbol{D}'_I,\ \boldsymbol{Q} = -\boldsymbol{P}(\boldsymbol{T}_{ba}\boldsymbol{e}_I + \boldsymbol{f}_b) \tag{5.119}$$

将式(5.118)代入式(5.116)可得

$$\begin{aligned} z_{a,O} = {} & (\boldsymbol{T}_{aa}\boldsymbol{S}_I + \boldsymbol{T}_{ab})(\boldsymbol{P} z_{b,O} + \boldsymbol{W} z_{a,O}^{20} + \boldsymbol{W}' z_{a,I}^{25} + \boldsymbol{Q}) + \boldsymbol{T}_{aa}\boldsymbol{D}_I z_{a,O}^{20} \\ & + \boldsymbol{T}_{aa}\boldsymbol{D}'_I z_{a,I}^{25} + \boldsymbol{T}_{aa}\boldsymbol{e}_I + \boldsymbol{f}_a \end{aligned} \tag{5.120}$$

或简记为

$$z_{a,O} = \boldsymbol{S}_O z_{b,O} + \boldsymbol{D}_O z_{a,O}^{20} + \boldsymbol{D}'_O z_{a,I}^{25} + \boldsymbol{e}_O \tag{5.121}$$

式中

$$\boldsymbol{S}_O = (\boldsymbol{T}_{aa}\boldsymbol{S}_I + \boldsymbol{T}_{ab})\boldsymbol{P} \tag{5.122}$$

$$\boldsymbol{D}_O = (\boldsymbol{T}_{aa}\boldsymbol{S}_I + \boldsymbol{T}_{ab})\boldsymbol{W} + \boldsymbol{T}_{aa}\boldsymbol{D}_I \tag{5.123}$$

$$\boldsymbol{e}_O = (\boldsymbol{T}_{aa}\boldsymbol{S}_I + \boldsymbol{T}_{ab})\boldsymbol{Q} + \boldsymbol{T}_{aa}\boldsymbol{e}_I + \boldsymbol{f}_a \tag{5.124}$$

$$\boldsymbol{D}'_O = (\boldsymbol{T}_{aa}\boldsymbol{S}_I + \boldsymbol{T}_{ab})\boldsymbol{W}' + \boldsymbol{T}_{aa}\boldsymbol{D}'_I \tag{5.125}$$

然后,再将式(5.118)代入式(5.115)得

$$\boldsymbol{z}_{b,O}^{20} = \boldsymbol{B}_{b,O}\boldsymbol{z}_{b,O} + \boldsymbol{B}_{a,O}\boldsymbol{z}_{a,O}^{20} + \boldsymbol{B}'_{a,O}\boldsymbol{z}_{a,I}^{25} + \boldsymbol{b}_O \tag{5.126}$$

式中的递推公式为

$$\boldsymbol{B}_{b,O} = \boldsymbol{B}_{b,I}\boldsymbol{P} \tag{5.127}$$

$$\boldsymbol{B}_{a,O} = \boldsymbol{B}_{a,I} + \boldsymbol{B}_{b,I}\boldsymbol{W} \tag{5.128}$$

$$\boldsymbol{b}_O = \boldsymbol{b}_I + \boldsymbol{B}_{b,I}\boldsymbol{Q} \tag{5.129}$$

$$\boldsymbol{B}'_{a,O} = \boldsymbol{B}'_{a,I} + \boldsymbol{B}_{b,I}\boldsymbol{W}' \tag{5.130}$$

需要注意,交叉体 21 实际上是一个两端输入刚体, $\boldsymbol{z}_I^{21}$ 是其第一输入端,而输出端 $\boldsymbol{z}_I^{25}$ 被视为其第二输入端。那么它的传递方程(3.23)可写成

$$\begin{bmatrix} \ddot{\boldsymbol{r}} \\ \dot{\boldsymbol{\omega}} \\ \boldsymbol{m} \\ \boldsymbol{q} \end{bmatrix}_{21,O} = \begin{bmatrix} \boldsymbol{U}_{1,1} & \boldsymbol{U}_{1,2} & \boldsymbol{U}_{1,3} & \boldsymbol{U}_{1,4} \\ \boldsymbol{U}_{2,1} & \boldsymbol{U}_{2,2} & \boldsymbol{U}_{2,3} & \boldsymbol{U}_{2,4} \\ \boldsymbol{U}_{3,1} & \boldsymbol{U}_{3,2} & \boldsymbol{U}_{3,3} & \boldsymbol{U}_{3,4} \\ \boldsymbol{U}_{4,1} & \boldsymbol{U}_{4,2} & \boldsymbol{U}_{4,3} & \boldsymbol{U}_{4,4} \end{bmatrix}_{21} \begin{bmatrix} \ddot{\boldsymbol{r}} \\ \dot{\boldsymbol{\omega}} \\ \boldsymbol{m} \\ \boldsymbol{q} \end{bmatrix}_{21,I} + \begin{bmatrix} \boldsymbol{O}_{3\times3} & \boldsymbol{O}_{3\times3} & \boldsymbol{O}_{3\times3} & \boldsymbol{O}_{3\times3} \\ \boldsymbol{O}_{3\times3} & \boldsymbol{O}_{3\times3} & \boldsymbol{O}_{3\times3} & \boldsymbol{O}_{3\times3} \\ \boldsymbol{O}_{3\times3} & \boldsymbol{O}_{3\times3} & \boldsymbol{U}'_{3,3} & \boldsymbol{U}'_{3,4} \\ \boldsymbol{O}_{3\times3} & \boldsymbol{O}_{3\times3} & \boldsymbol{O}_{3\times3} & \boldsymbol{U}'_{4,4} \end{bmatrix}_{21} \begin{bmatrix} \ddot{\boldsymbol{r}} \\ \dot{\boldsymbol{\omega}} \\ -\boldsymbol{m} \\ -\boldsymbol{q} \end{bmatrix}_{25,I} + \begin{bmatrix} \boldsymbol{U}_{1,5} \\ \boldsymbol{U}_{2,5} \\ \boldsymbol{U}_{3,5} \\ \boldsymbol{U}_{4,5} \end{bmatrix}_{21} \tag{5.131}$$

式中, $\boldsymbol{m}_I^{25}$ 和 $\boldsymbol{q}_I^{25}$ 前的负号是将输出转换为输入后根据多体系统传递矩阵法符号约定添加的,该符号约定已在式(4.9)中讨论过。根据状态矢

量的拆分 $\boldsymbol{z}_a=[\boldsymbol{m}^{\mathrm{T}}\quad \boldsymbol{q}^{\mathrm{T}}]^{\mathrm{T}}$ 和 $\boldsymbol{z}_b=[\ddot{\boldsymbol{r}}^{\mathrm{T}}\quad \dot{\boldsymbol{\omega}}^{\mathrm{T}}]^{\mathrm{T}}$，式(5.131)可重新排列为

$$\begin{bmatrix}\boldsymbol{z}_a\\ \boldsymbol{z}_b\end{bmatrix}_{21,O}=\begin{bmatrix}\boldsymbol{T}_{aa} & \boldsymbol{T}_{ab}\\ \boldsymbol{T}_{ba} & \boldsymbol{T}_{bb}\end{bmatrix}_{21}\begin{bmatrix}\boldsymbol{z}_a\\ \boldsymbol{z}_b\end{bmatrix}_{21,I}+\begin{bmatrix}\boldsymbol{T}'_{aa} & \underbrace{\boldsymbol{T}'_{ab}}_{\boldsymbol{O}}\\ \underbrace{\boldsymbol{T}'_{ba}}_{\boldsymbol{O}} & \underbrace{\boldsymbol{T}'_{bb}}_{\boldsymbol{O}}\end{bmatrix}_{21}\begin{bmatrix}-\boldsymbol{z}_a\\ \boldsymbol{z}_b\end{bmatrix}_{25,I}+\begin{bmatrix}\boldsymbol{f}_a\\ \boldsymbol{f}_b\end{bmatrix}_{21} \tag{5.132}$$

将体 21 输入端的式(5.114)代入式(5.132)的第一个式中，得

$$\begin{aligned}\boldsymbol{z}_{a,O}^{21}=&(\boldsymbol{T}_{aa}^{21}\boldsymbol{S}_I^{21}+\boldsymbol{T}_{ab}^{21})\boldsymbol{z}_{b,I}^{21}+\boldsymbol{T}_{aa}^{21}\boldsymbol{D}_I^{21}\boldsymbol{z}_{a,O}^{20}\\&+(\boldsymbol{T}_{aa}^{21}\boldsymbol{D}_I'^{21}-\boldsymbol{T}_{aa}'^{21})\boldsymbol{z}_{a,I}^{25}+(\boldsymbol{T}_{aa}^{21}\boldsymbol{e}_I^{21}+\boldsymbol{f}_a^{21})\end{aligned} \tag{5.133}$$

可以发现，$\boldsymbol{z}_{a,I}^{25}$ 的系数矩阵与式(5.116)中的不同，相较于式(5.125)，可推导出缩减传递矩阵 $\boldsymbol{D}'_O$ 的不同表达式。使用与式(5.121)相同的推导过程，得

$$\boldsymbol{D}_O'^{21}=(\boldsymbol{T}_{aa}^{21}\boldsymbol{S}_I^{21}+\boldsymbol{T}_{ab}^{21})\boldsymbol{W}'^{21}+\boldsymbol{T}_{aa}^{21}\boldsymbol{D}_I'^{21}-\boldsymbol{T}_{aa}'^{21} \tag{5.134}$$

而体 21 的 $\boldsymbol{S}_O$、$\boldsymbol{D}_O$、$\boldsymbol{e}_O$ 及 $\boldsymbol{B}_{b,O}$、$\boldsymbol{B}_{a,O}$、$\boldsymbol{b}_O$ 和 $\boldsymbol{B}'_{a,O}$ 的表达式，与式(5.122)~(5.124)以及(5.127)~(5.130)完全相同。

图 5.2 中铰 20 的传递矩阵可用其外接体 21 传递矩阵(5.131)来表示。为简单起见，以球铰为例。为考虑铰 25 作用在体 21 上的力和力矩，球铰 20 原来的力矩方程(3.38)需要从式(5.131)中的第三个方程开始改写，使用恒等式 $\boldsymbol{z}_I^{21}\equiv\boldsymbol{z}_O^{20}$ 和铰特性(3.31)~(3.33)，得

$$\begin{aligned}\boldsymbol{m}_O^{21}&=\boldsymbol{U}_{3,1}^{21}\ddot{\boldsymbol{r}}_I^{21}+\boldsymbol{U}_{3,2}^{21}\dot{\boldsymbol{\omega}}_I^{21}+\boldsymbol{U}_{3,3}^{21}\boldsymbol{m}_I^{21}+\boldsymbol{U}_{3,4}^{21}\boldsymbol{q}_I^{21}-\boldsymbol{U}_{3,3}'^{21}\boldsymbol{m}_I^{25}-\boldsymbol{U}_{3,4}'^{21}\boldsymbol{q}_I^{25}+\boldsymbol{U}_{3,5}^{21}\\&=\boldsymbol{U}_{3,1}^{21}\ddot{\boldsymbol{r}}_O^{20}+\boldsymbol{U}_{3,2}^{21}\dot{\boldsymbol{\omega}}_O^{20}+\boldsymbol{U}_{3,3}^{21}\boldsymbol{m}_O^{20}+\boldsymbol{U}_{3,4}^{21}\boldsymbol{q}_O^{20}-\boldsymbol{U}_{3,3}'^{21}\boldsymbol{m}_I^{25}-\boldsymbol{U}_{3,4}'^{21}\boldsymbol{q}_I^{25}+\boldsymbol{U}_{3,5}^{21}\end{aligned} \tag{5.135}$$

式(5.135)移项得

$$-\boldsymbol{U}_{3,2}^{21}\dot{\boldsymbol{\omega}}_O^{20}=\boldsymbol{U}_{3,1}^{21}\ddot{\boldsymbol{r}}_I^{20}+\boldsymbol{U}_{3,3}^{21}\boldsymbol{m}_I^{20}+\boldsymbol{U}_{3,4}^{21}\boldsymbol{q}_I^{20}-\boldsymbol{U}_{3,3}'^{21}\boldsymbol{m}_I^{25}-\boldsymbol{U}_{3,4}'^{21}\boldsymbol{q}_I^{25}+\boldsymbol{U}_{3,5}^{21}-\boldsymbol{m}_O^{21} \tag{5.136}$$

进一步得

$$\dot{\boldsymbol{\omega}}_O^{20} = -(\boldsymbol{U}_{3,2}^{21})^{-1}(\boldsymbol{U}_{3,1}^{21}\ddot{\boldsymbol{r}}_I^{20} + \boldsymbol{U}_{3,3}^{21}\boldsymbol{m}_I^{20} + \boldsymbol{U}_{3,4}^{21}\boldsymbol{q}_I^{20} - \boldsymbol{U}_{3,3}'^{21}\boldsymbol{m}_I^{25} - \boldsymbol{U}_{3,4}'^{21}\boldsymbol{q}_I^{25} + \boldsymbol{U}_{3,5}^{21} - \boldsymbol{m}_O^{21}) \tag{5.137}$$

若铰 20 的外接体 21 在其输出端 $P_{21,O} = P_{14,I}$ 也联接一个光滑球铰，则 $\boldsymbol{m}_O^{21} = \boldsymbol{0}$。然后，联立式(5.137)和铰方程(3.31)~(3.33)，可得铰 20 传递方程为

$$\begin{bmatrix} \ddot{\boldsymbol{r}} \\ \dot{\boldsymbol{\omega}} \\ \boldsymbol{m} \\ \boldsymbol{q} \end{bmatrix}_{20,O} = \begin{bmatrix} \boldsymbol{I}_3 & \boldsymbol{O}_{3\times3} & \boldsymbol{O}_{3\times3} & \boldsymbol{O}_{3\times3} \\ -(\boldsymbol{U}_{3,2}^{21})^{-1}\boldsymbol{U}_{3,1}^{21} & \boldsymbol{O}_{3\times3} & -(\boldsymbol{U}_{3,2}^{21})^{-1}\boldsymbol{U}_{3,3}^{21} & -(\boldsymbol{U}_{3,2}^{21})^{-1}\boldsymbol{U}_{3,4}^{21} \\ \boldsymbol{O}_{3\times3} & \boldsymbol{O}_{3\times3} & \boldsymbol{I}_3 & \boldsymbol{O}_{3\times3} \\ \boldsymbol{O}_{3\times3} & \boldsymbol{O}_{3\times3} & \boldsymbol{O}_{3\times3} & \boldsymbol{I}_3 \end{bmatrix}_{20} \begin{bmatrix} \ddot{\boldsymbol{r}} \\ \dot{\boldsymbol{\omega}} \\ \boldsymbol{m} \\ \boldsymbol{q} \end{bmatrix}_{20,I}$$

$$+ \begin{bmatrix} \boldsymbol{O}_{3\times3} & \boldsymbol{O}_{3\times3} & \boldsymbol{O}_{3\times3} & \boldsymbol{O}_{3\times3} \\ \boldsymbol{O}_{3\times3} & \boldsymbol{O}_{3\times3} & -(\boldsymbol{U}_{3,2}^{21})^{-1}\boldsymbol{U}_{3,3}'^{21} & -(\boldsymbol{U}_{3,2}^{21})^{-1}\boldsymbol{U}_{3,4}'^{21} \\ \boldsymbol{O}_{3\times3} & \boldsymbol{O}_{3\times3} & \boldsymbol{O}_{3\times3} & \boldsymbol{O}_{3\times3} \\ \boldsymbol{O}_{3\times3} & \boldsymbol{O}_{3\times3} & \boldsymbol{O}_{3\times3} & \boldsymbol{O}_{3\times3} \end{bmatrix}_{20} \begin{bmatrix} \ddot{\boldsymbol{r}} \\ \dot{\boldsymbol{\omega}} \\ -\boldsymbol{m} \\ -\boldsymbol{q} \end{bmatrix}_{25,I}$$

$$+ \begin{bmatrix} \boldsymbol{O}_{3\times1} \\ -(\boldsymbol{U}_{3,2}^{21})^{-1}\boldsymbol{U}_{3,5}^{21} \\ \boldsymbol{O}_{3\times1} \\ \boldsymbol{O}_{3\times1} \end{bmatrix}_{20} \tag{5.138}$$

简写后，式(5.138)可根据 $\boldsymbol{z}_a = [\boldsymbol{m}^{\mathrm{T}} \quad \boldsymbol{q}^{\mathrm{T}}]^{\mathrm{T}}$ 和 $\boldsymbol{z}_b = [\ddot{\boldsymbol{r}}^{\mathrm{T}} \quad \dot{\boldsymbol{\omega}}^{\mathrm{T}}]^{\mathrm{T}}$ 重新排列为

$$\begin{bmatrix} \boldsymbol{z}_a \\ \boldsymbol{z}_b \end{bmatrix}_{20,O} = \begin{bmatrix} \boldsymbol{T}_{aa} & \boldsymbol{T}_{ab} \\ \boldsymbol{T}_{ba} & \boldsymbol{T}_{bb} \end{bmatrix}_{20} \begin{bmatrix} \boldsymbol{z}_a \\ \boldsymbol{z}_b \end{bmatrix}_{20,I} + \begin{bmatrix} \underbrace{\boldsymbol{T}'_{aa}}_{\boldsymbol{O}} & \underbrace{\boldsymbol{T}'_{ab}}_{\boldsymbol{O}} \\ \boldsymbol{T}'_{ba} & \underbrace{\boldsymbol{T}'_{bb}}_{\boldsymbol{O}} \end{bmatrix}_{20} \begin{bmatrix} -\boldsymbol{z}_a \\ \boldsymbol{z}_b \end{bmatrix}_{25,I} + \begin{bmatrix} \boldsymbol{f}_a \\ \boldsymbol{f}_b \end{bmatrix}_{20} \tag{5.139}$$

将铰 20 输入端的式(5.114)代入式(5.139)的第二个方程得

$$\boldsymbol{z}_{b,O}^{20} = (\boldsymbol{T}_{ba}^{20}\boldsymbol{S}_I^{20} + \boldsymbol{T}_{bb}^{20})\boldsymbol{z}_{b,I}^{20} + \boldsymbol{T}_{ba}^{20}\boldsymbol{D}_I^{20}\boldsymbol{z}_{a,O}^{20} + (\boldsymbol{T}_{ba}^{20}\boldsymbol{D}_I'^{20} - \boldsymbol{T}_{ba}'^{20})\boldsymbol{z}_{a,I}^{25} + (\boldsymbol{T}_{ba}^{20}\boldsymbol{e}_I^{20} + \boldsymbol{f}_b^{20}) \tag{5.140}$$

求解式(5.140)得

$$z_{b,I}^{20} = (T_{ba}^{20}S_I^{20} + T_{bb}^{20})^{-1}\{z_{b,O}^{20} - T_{ba}^{20}D_I^{20}z_{a,O}^{20} - (T_{ba}^{20}D_I'^{20} - T_{ba}'^{20})z_{a,I}^{25} - (T_{ba}^{20}e_I^{20} + f_b^{20})\} \quad (5.141)$$

与式(5.119)相比得扩展表达式

$$W'^{20} = -(T_{ba}^{20}S_I^{20} + T_{bb}^{20})^{-1}(T_{ba}^{20}D_I'^{20} - T_{ba}'^{20}) \quad (5.142)$$

应用与上述相同的推导过程,可得铰 20 的 S_O、D_O、e_O、D'_O、$B_{b,O}$、$B_{a,O}$、b_O 和 $B'_{a,O}$,它们与式(5.122)~(5.125)和(5.127)~(5.130)的表达式完全相同。

分别比较闭环子系统的方程(5.122)~(5.124)、(5.127)~(5.129)以及孤立闭环的方程(5.56)~(5.58)和(5.60)~(5.62)发现,无论是图 4.4 所示孤立闭环还是图 5.2 所示闭环子系统,它们的递推表达式中都有相同的 S_O、D_O、e_O、$B_{b,O}$、$B_{a,O}$ 和 b_O。这使得一般系统中的闭环子系统在交叉体输入端之一处假想切断后,同孤立闭环系统有类似的递推过程,唯一的不同点是必须在相应的孤立闭环系统缩减变换和补充方程的基础上添加与闭环子系统外接铰的力和力矩相关附加项 $D'z_a$ 和 $B'_a z_a$,相应的缩减传递矩阵 D'_O 和 $B'_{a,O}$ 由式(5.125)[或(5.134)]和(5.130)确定。闭环子系统中各联接点的状态矢量可利用式(5.118)和(5.114)逆传递路径逐一计算得到。

一般系统递推算法如下:

1) 根据式(5.98)和(5.99)得到联接到多端输入体假想切断点的缩减传递矩阵的初始值;

2) 扫过闭环子系统的派生链,应用式(5.122)~(5.125)和(5.127)~(5.130)更新缩减传递矩阵。注意如图 5.3 中的多端输入体 21 独特的 D'_O[式(5.134)],及其内接铰 20 的 W'[式(5.142)];

3) 求解式(5.104)和(5.109)以获得多端输入体外接铰输入端缩减传递矩阵[例如式(5.112)中 S_I^{25}、e_I^{25}],用于多端输入体(如 21)的外接铰(如 25)的输入端;

4) 根据 5.2.3 节求解剩余的树形子系统;

5) 求解式(5.113)得系统输出端状态矢量;

6）最后，树形子系统中联接点状态矢量可以逆传递路径逐一计算得到，使用式（5.27）求解单端输入体和铰，而式（5.93）用于 N 端输入子系统。用式（5.105）得到假想切断点状态矢量，闭环子系统中各联接点状态矢量可用式（5.118）和（5.114）逆传递路径逐一计算得到。

为了表明所提出的策略对更复杂系统的普适性，考虑一个附加子系统（如链式子系统、树形子系统或闭环子系统）通过铰 33 与多端输入体 21 联接的情况，如图 5.4 所示。

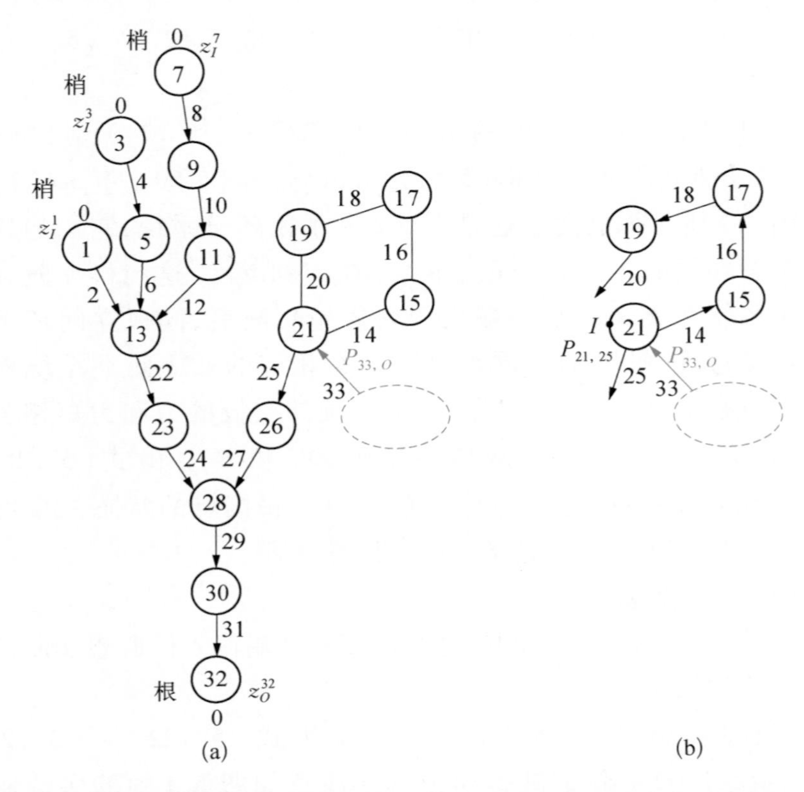

图 5.4　闭环子系统联接两个子系统的一般系统（a）和闭环子系统派生链（b）

与对铰 25 的处理类似，铰 33 对闭环子系统的作用也被处理为力和力矩，并由 $\boldsymbol{z}_{a,O}^{33}=[(\boldsymbol{m}_O^{33})^{\mathrm{T}}\quad(\boldsymbol{q}_O^{33})^{\mathrm{T}}]^{\mathrm{T}}$ 表示，然后，交叉体 21 输入端的缩减变换（5.96）和补充方程（5.97）可进一步扩展为

$$\boldsymbol{z}_{a,I}^{21}=\boldsymbol{S}_I^{21}\boldsymbol{z}_{b,I}^{21}+\boldsymbol{D}_I^{21}\boldsymbol{z}_{a,O}^{20}+\boldsymbol{D}_I'^{21}\boldsymbol{z}_{a,I}^{25}+\boldsymbol{D}_I''^{21}\boldsymbol{z}_{a,O}^{33}+\boldsymbol{e}_I^{21}\tag{5.143}$$

$$z_{b,O}^{20} = B_{b,I}^{21} z_{b,I}^{21} + B_{a,I}^{21} z_{a,O}^{20} + B_{a,I}'^{21} z_{a,I}^{25} + B_{a,I}''^{21} z_{a,O}^{33} + b_I^{21} \tag{5.144}$$

相较于式(5.96)和(5.97),与 $z_{a,O}^{33}$ 相关的新增项 $D_I''^{21} z_{a,O}^{33}$ 和 $B_{a,I}''^{21} z_{a,O}^{33}$ 与铰 33 作用在体 21 上的力和力矩有关。除式(5.98)和(5.99)外,需取 $D_I''^{21} = O_{6\times6}$ 和 $B_{a,I}''^{21} = O_{6\times6}$ 以满足闭环条件(5.94)和(5.95)。

对闭环子系统内的每个联接点都用式(5.143)和(5.144),即

$$z_a = S z_b + D z_{a,O}^{20} + D' z_{a,I}^{25} + D'' z_{a,O}^{33} + e \tag{5.145}$$

$$z_{b,O}^{20} = B_b z_b + B_a z_{a,O}^{20} + B_a' z_{a,I}^{25} + B_a'' z_{a,O}^{33} + b \tag{5.146}$$

沿传递路径从体 21 输入端到铰 20 输出端扫过闭环子系统,可得一个类似于式(5.104)的方程

$$\begin{bmatrix} (D_O^{20} - I_6) & S_O^{20} \\ B_{a,O}^{20} & (B_{b,O}^{20} - I_6) \end{bmatrix} \begin{bmatrix} z_{a,O}^{20} \\ z_{b,O}^{20} \end{bmatrix} = \begin{bmatrix} -D_O'^{20} \\ -B_{a,O}'^{20} \end{bmatrix} z_{a,I}^{25} + \begin{bmatrix} -D_O''^{20} \\ -B_{a,O}''^{20} \end{bmatrix} z_{a,O}^{33} + \begin{bmatrix} -e_O^{20} \\ -b_O^{20} \end{bmatrix} \tag{5.147}$$

式中,多出来的项源于新加的输入 $z_{a,O}^{33}$。求解式(5.147)得 $[(z_{a,O}^{20})^{\mathrm{T}} \quad (z_{b,O}^{20})^{\mathrm{T}}]^{\mathrm{T}}$ 并用 $z_{a,I}^{25}$ 和 $z_{a,O}^{33}$ 表示为

$$\begin{bmatrix} z_{a,O}^{20} \\ z_{b,O}^{20} \end{bmatrix} = E_3^{-1}(E_4 z_{a,I}^{25} + E_6 z_{a,O}^{33} + e_5) =: \begin{bmatrix} \Phi_1 \\ \Phi_2 \end{bmatrix} z_{a,I}^{25} + \begin{bmatrix} \Psi_1 \\ \Psi_2 \end{bmatrix} z_{a,O}^{33} + \begin{bmatrix} \varphi_1 \\ \varphi_2 \end{bmatrix} \tag{5.148}$$

式中缩写同式(5.106)以及

$$E_6 = \begin{bmatrix} -D_O''^{20} \\ -B_{a,O}''^{20} \end{bmatrix}, \quad \begin{bmatrix} \Psi_1 \\ \Psi_2 \end{bmatrix} = E_3^{-1} E_6 \tag{5.149}$$

然后,可以从式(5.149)的第二个方程得 $z_{b,O}^{20}$

$$z_{b,O}^{20} = \Phi_2 z_{a,I}^{25} + \Psi_2 z_{a,O}^{33} + \varphi_2 \tag{5.150}$$

铰 33 输出端的缩减变换总可根据上面介绍的过程得到

$$z_{a,O}^{33} = S_O^{33} z_{b,O}^{33} + e_O^{33} \tag{5.151}$$

且与 $z_{a,O}^{33}$ 的互补部分 $z_{b,O}^{33}$ 也可从刚体 21 的运动学关系得到类似于式(5.108)的关系，即

$$\begin{aligned}z_{b,O}^{33} &= \begin{bmatrix}\ddot{r}_O^{33}\\ \dot{\omega}_O^{33}\end{bmatrix} = \begin{bmatrix}I_3 & -\tilde{r}_{I,P_O^{33}}^{21}\\ O_{3\times3} & I_3\end{bmatrix}\begin{bmatrix}\ddot{r}_I^{21}\\ \dot{\omega}_I^{21}\end{bmatrix} + \begin{bmatrix}\tilde{\omega}_I^{21}\tilde{\omega}_I^{21}r_{I,P_O^{33}}^{21}\\ O_{3\times1}\end{bmatrix}\\ &=: E_1' z_{b,I}^{21} + e_2' = E_1' z_{b,O}^{20} + e_2'\end{aligned} \tag{5.152}$$

将式(5.152)代入式(5.151)后得

$$z_{a,O}^{33} = S_O^{33}(E_1' z_{b,O}^{20} + e_2') + e_O^{33} = S_O^{33}E_1' z_{b,O}^{20} + S_O^{33}e_2' + e_O^{33} \tag{5.153}$$

进一步，将式(5.153)代入式(5.150)得

$$\begin{aligned}z_{b,O}^{20} &= \Phi_2 z_{a,I}^{25} + \Psi_2(S_O^{33}E_1' z_{b,O}^{20} + S_O^{33}e_2' + e_O^{33}) + \varphi_2\\ &= \Phi_2 z_{a,I}^{25} + \Psi_2 S_O^{33}E_1' z_{b,O}^{20} + \Psi_2 S_O^{33}e_2' + \Psi_2 e_O^{33} + \varphi_2\end{aligned} \tag{5.154}$$

解得

$$\begin{aligned}z_{b,O}^{20} &= (I_6 - \Psi_2 S_O^{33}E_1')^{-1}\Phi_2 z_{a,I}^{25} + (I_6 - \Psi_2 S_O^{33}E_1')^{-1}(\Psi_2 S_O^{33}e_2' + \Psi_2 e_O^{33} + \varphi_2)\\ &=: \Phi_2' z_{a,I}^{25} + \varphi_2'\end{aligned} \tag{5.155}$$

将式(5.155)代入式(5.108)，有

$$z_{b,I}^{25} = E_1(\Phi_2' z_{a,I}^{25} + \varphi_2') + e_2 =: \Phi_3' z_{a,I}^{25} + \varphi_3' \tag{5.156}$$

式中

$$\Phi_3' = E_1\Phi_2',\ \varphi_3' = E_1\varphi_2' + e_2 \tag{5.157}$$

最后，可得到铰 25 输入端缩减传递矩阵

$$S_I^{25} = \Phi_3'^{-1},\ e_I^{25} = -\Phi_3'^{-1}\varphi_3' \tag{5.158}$$

图 5.4(a)中一般系统的其余部分则可按常规处理。

对图 5.4(b)所示的闭环子系统 14~21 中的任一元件 i 输入端应用式(5.145)和(5.146)，用相同的过程得到式(5.122)~式(5.125)和式(5.127)~式(5.130)，以及两个额外的方程

$$D_O'' = (T_{aa}S_I + T_{ab})W'' + T_{aa}D_I'' \tag{5.159}$$

$$\boldsymbol{B}''_{a,O}=\boldsymbol{B}''_{a,I}+\boldsymbol{B}_{b,I}\boldsymbol{W}'' \tag{5.160}$$

式中

$$\boldsymbol{W}''=-\boldsymbol{P}\boldsymbol{T}_{ba}\boldsymbol{D}''_I \tag{5.161}$$

注意到,交叉体 21 和铰 20 需要按照式(5.131)~式(5.142)进行特殊处理。

如果交叉体 21 与更多的子系统相联,则可采用类似的方法来实现整个系统的递推求解过程,这表明上述方法具有普遍性。

5.3　解耦铰缩减多体系统传递矩阵法

上述过程对各种拓扑结构的多体系统都有效。然而,使用常规铰传递方程的缩减多体系统传递矩阵法涉及其外接体甚至外接体的外接铰的信息,导致要分别处理多类铰组合的问题,有些影响了其适用性。可用 3.5 节对铰的独特处理方法来避免该问题。本节首次提出了新的解耦铰缩减多体系统传递矩阵法独特策略,单端输入体与前一节缩减多体系统传递矩阵法具有相同的缩减传递方程。因此,在下文中,使用表 3.1 的解耦铰传递方程,推导出了不同系统中铰缩减传递方程。同时,因为使用解耦铰传递方程后,多端输入刚体及其内接铰不再需要被处理为子系统,因此给出了多端输入刚体缩减传递方程。

5.3.1　链式系统及链式子系统铰缩减传递方程

接下来,铰缩减传递矩阵将直接由基本方程(3.94)~(3.96)推导得到。将铰输入端缩减变换(5.2)代入式(3.94)和(3.95)后得

$$\boldsymbol{z}_{a,O}=\boldsymbol{E}_e\boldsymbol{z}_{a,I}=\boldsymbol{E}_e(\boldsymbol{S}_I\boldsymbol{z}_{b,I}+\boldsymbol{e}_I)=\boldsymbol{E}_e\boldsymbol{S}_I\boldsymbol{z}_{b,I}+\boldsymbol{E}_e\boldsymbol{e}_I \tag{5.162}$$

和

$$\boldsymbol{E}_s\boldsymbol{z}_{a,I}=\boldsymbol{E}_s(\boldsymbol{S}_I\boldsymbol{z}_{b,I}+\boldsymbol{e}_I)=\boldsymbol{E}_s\boldsymbol{S}_I\boldsymbol{z}_{b,I}+\boldsymbol{E}_s\boldsymbol{e}_I=\boldsymbol{0} \tag{5.163}$$

联立式(3.96)和(5.163)得

$$\begin{bmatrix}\boldsymbol{E}_I\\\boldsymbol{E}_s\boldsymbol{S}_I\end{bmatrix}\boldsymbol{z}_{b,I}+\begin{bmatrix}\boldsymbol{E}_O\\\boldsymbol{O}\end{bmatrix}\boldsymbol{z}_{b,O}+\begin{bmatrix}\boldsymbol{E}_f\\\boldsymbol{E}_s\boldsymbol{e}_I\end{bmatrix}=\boldsymbol{0} \tag{5.164}$$

求解式(5.164)得 $\boldsymbol{z}_{b,I}$ 并用 $\boldsymbol{z}_{b,O}$ 表示为

$$\boldsymbol{z}_{b,I} = -\begin{bmatrix}\boldsymbol{E}_I \\ \boldsymbol{E}_s\boldsymbol{S}_I\end{bmatrix}^{-1}\begin{bmatrix}\boldsymbol{E}_O \\ \boldsymbol{O}\end{bmatrix}\boldsymbol{z}_{b,O} - \begin{bmatrix}\boldsymbol{E}_I \\ \boldsymbol{E}_s\boldsymbol{S}_I\end{bmatrix}^{-1}\begin{bmatrix}\boldsymbol{E}_f \\ \boldsymbol{E}_s\boldsymbol{e}_I\end{bmatrix}$$
$$=: \boldsymbol{P}\boldsymbol{z}_{b,O} + \boldsymbol{Q} \tag{5.165}$$

式中

$$\boldsymbol{P} = -\begin{bmatrix}\boldsymbol{E}_I \\ \boldsymbol{E}_s\boldsymbol{S}_I\end{bmatrix}^{-1}\begin{bmatrix}\boldsymbol{E}_O \\ \boldsymbol{O}\end{bmatrix},\ \boldsymbol{Q} = -\begin{bmatrix}\boldsymbol{E}_I \\ \boldsymbol{E}_s\boldsymbol{S}_I\end{bmatrix}^{-1}\begin{bmatrix}\boldsymbol{E}_f \\ \boldsymbol{E}_s\boldsymbol{e}_I\end{bmatrix} \tag{5.166}$$

将式(5.165)代入式(5.162)得

$$\begin{aligned}\boldsymbol{z}_{a,O} &= \boldsymbol{E}_e\boldsymbol{S}_I(\boldsymbol{P}\boldsymbol{z}_{b,O} + \boldsymbol{Q}) + \boldsymbol{E}_e\boldsymbol{e}_I \\ &= \boldsymbol{E}_e\boldsymbol{S}_I\boldsymbol{P}\boldsymbol{z}_{b,O} + (\boldsymbol{E}_e\boldsymbol{e}_I + \boldsymbol{E}_e\boldsymbol{S}_I\boldsymbol{Q}) \\ &=: \boldsymbol{S}_O\boldsymbol{z}_{b,O} + \boldsymbol{e}_O\end{aligned} \tag{5.167}$$

式中

$$\boldsymbol{S}_O = \boldsymbol{E}_e\boldsymbol{S}_I\boldsymbol{P},\ \boldsymbol{e}_O = \boldsymbol{E}_e\boldsymbol{e}_I + \boldsymbol{E}_e\boldsymbol{S}_I\boldsymbol{Q} \tag{5.168}$$

是用于链式系统与链式子系统中的铰缩减传递矩阵。

铰 i 输入端状态矢量由式(5.165)和(5.2)得到，即

$$\begin{cases}\boldsymbol{z}_{b,I}^i = \boldsymbol{P}^i\boldsymbol{z}_{b,O}^i + \boldsymbol{Q}^i, \\ \boldsymbol{z}_{a,I}^i = \boldsymbol{S}_I^i\boldsymbol{z}_{b,I}^i + \boldsymbol{e}_I^i\end{cases} \tag{5.169}$$

式中 $\boldsymbol{P}^i$ 和 $\boldsymbol{Q}^i$ 由式(5.166)确定。结合体缩减传递方程(5.27)，式中 $\boldsymbol{P}^i$ 和 $\boldsymbol{Q}^i$ 由式(5.15)和(5.16)确定，反向递推求解链式系统或链式子系统的中间状态矢量。

从式(5.168)的推导过程可见，上述缩减传递矩阵对于链式系统和链式子系统中的球铰、柱铰和滑移铰等各种铰普遍有效，只是涉及的矩阵 $\boldsymbol{E}_e$、$\boldsymbol{E}_s$、$\boldsymbol{E}_I$、$\boldsymbol{E}_O$ 和 $\boldsymbol{E}_f$ 根据铰类型在表 3.1 中进行选择。

由于状态矢量固定拆分为式(3.92)和(3.93)，使用解耦铰缩减多体系统传递矩阵法可方便地用于只有自由边界或只有一个被视为根的非自由边界的链式或树形系统。对于具有多个非自由边界的系统，解耦铰缩减多体系统传递矩阵法的求解策略在附录 C 中介绍。

5.3.2 闭环系统铰缩减传递方程

由 5.2.2 节可知，处理闭环系统时需用式(5.35)和(5.43)。将式(5.48)代入式(3.94)和(3.95)，并用 z_C 表示更一般的假想切断点状态矢量 z_O^n，得

$$z_{a,O}=\boldsymbol{E}_e\boldsymbol{S}_I z_{b,I}+\boldsymbol{E}_e\boldsymbol{D}_I z_{a,C}+\boldsymbol{E}_e\boldsymbol{e}_I \tag{5.170}$$

$$\boldsymbol{0}=\boldsymbol{E}_s\boldsymbol{S}_I z_{b,I}+\boldsymbol{E}_s\boldsymbol{D}_I z_{a,C}+\boldsymbol{E}_s\boldsymbol{e}_I \tag{5.171}$$

联立式(3.96)和(5.171)得

$$\boldsymbol{0}=\begin{bmatrix}\boldsymbol{E}_I\\ \boldsymbol{E}_s\boldsymbol{S}_I\end{bmatrix}z_{b,I}+\begin{bmatrix}\boldsymbol{E}_O\\ \boldsymbol{O}\end{bmatrix}z_{b,O}+\begin{bmatrix}\boldsymbol{O}\\ \boldsymbol{E}_s\boldsymbol{D}_I\end{bmatrix}z_{a,C}+\begin{bmatrix}\boldsymbol{E}_f\\ \boldsymbol{E}_s\boldsymbol{e}_I\end{bmatrix} \tag{5.172}$$

求解式(5.172)得 $z_{b,I}$ 并用 $z_{b,O}$ 和 $z_{a,C}$ 表示为

$$\begin{aligned}z_{b,I}&=-\begin{bmatrix}\boldsymbol{E}_I\\ \boldsymbol{E}_s\boldsymbol{S}_I\end{bmatrix}^{-1}\begin{bmatrix}\boldsymbol{E}_O\\ \boldsymbol{O}\end{bmatrix}z_{b,O}-\begin{bmatrix}\boldsymbol{E}_I\\ \boldsymbol{E}_s\boldsymbol{S}_I\end{bmatrix}^{-1}\begin{bmatrix}\boldsymbol{O}\\ \boldsymbol{E}_s\boldsymbol{D}_I\end{bmatrix}z_{a,C}-\begin{bmatrix}\boldsymbol{E}_I\\ \boldsymbol{E}_s\boldsymbol{S}_I\end{bmatrix}^{-1}\begin{bmatrix}\boldsymbol{E}_f\\ \boldsymbol{E}_s\boldsymbol{e}_I\end{bmatrix}\\&=:\boldsymbol{P}z_{b,O}+\boldsymbol{W}z_{a,C}+\boldsymbol{Q}\end{aligned} \tag{5.173}$$

式中

$$\boldsymbol{P}=-\begin{bmatrix}\boldsymbol{E}_I\\ \boldsymbol{E}_s\boldsymbol{S}_I\end{bmatrix}^{-1}\begin{bmatrix}\boldsymbol{E}_O\\ \boldsymbol{O}\end{bmatrix},\ \boldsymbol{W}=-\begin{bmatrix}\boldsymbol{E}_I\\ \boldsymbol{E}_s\boldsymbol{S}_I\end{bmatrix}^{-1}\begin{bmatrix}\boldsymbol{O}\\ \boldsymbol{E}_s\boldsymbol{D}_I\end{bmatrix},\ \boldsymbol{Q}=-\begin{bmatrix}\boldsymbol{E}_I\\ \boldsymbol{E}_s\boldsymbol{S}_I\end{bmatrix}^{-1}\begin{bmatrix}\boldsymbol{E}_f\\ \boldsymbol{E}_s\boldsymbol{e}_I\end{bmatrix} \tag{5.174}$$

然后，将式(5.173)代入式(5.170)得

$$\begin{aligned}z_{a,O}&=\boldsymbol{E}_e\boldsymbol{S}_I\boldsymbol{P}z_{b,O}+(\boldsymbol{E}_e\boldsymbol{S}_I\boldsymbol{W}+\boldsymbol{E}_e\boldsymbol{D}_I)z_{a,C}+(\boldsymbol{E}_e\boldsymbol{e}_I+\boldsymbol{E}_e\boldsymbol{S}_I\boldsymbol{Q})\\&=:\boldsymbol{S}_O z_{b,O}+\boldsymbol{D}_O z_{a,C}+\boldsymbol{e}_O\end{aligned} \tag{5.175}$$

式中

$$\boldsymbol{S}_O=\boldsymbol{E}_e\boldsymbol{S}_I\boldsymbol{P},\ \boldsymbol{D}_O=\boldsymbol{E}_e\boldsymbol{S}_I\boldsymbol{W}+\boldsymbol{E}_e\boldsymbol{D}_I,\ \boldsymbol{e}_O=\boldsymbol{E}_e\boldsymbol{e}_I+\boldsymbol{E}_e\boldsymbol{S}_I\boldsymbol{Q} \tag{5.176}$$

将式(5.173)代入式(5.49)得

$$
\begin{aligned}
z_{b,C} &= B_{b,I}z_{b,I} + B_{a,I}z_{a,C} + b_I \\
&= B_{b,I}Pz_{b,O} + (B_{a,I} + B_{b,I}W)z_{a,C} + (b_I + B_{b,I}Q) \\
&=: B_{b,O}z_{b,O} + B_{a,O}z_{a,C} + b_O
\end{aligned}
\tag{5.177}
$$

式中

$$
B_{b,O} = B_{b,I}P,\ B_{a,O} = B_{a,I} + B_{b,I}W,\ b_O = b_I + B_{b,I}Q \tag{5.178}
$$

式(5.176)和(5.178)是所求的闭环系统中各种铰(包括球铰、柱铰和滑移铰)缩减传递矩阵。

最后,由缩减传递方程(5.173)和(5.35)得铰 i 输入端状态矢量

$$
\begin{cases}
z_{b,I}^i = P^i z_{b,O}^i + W^i z_{a,C} + Q^i, \\
z_{a,I}^i = S_I^i z_{b,I}^i + D_I^i z_{a,C} + e_I^i
\end{cases}
\tag{5.179}
$$

式中 P^i、W^i 和 Q^i 由式(5.174)确定。结合体缩减传递方程(5.65),式中 P^i、W^i 和 Q^i 由式(5.53)确定,孤立闭环所有中间状态矢量可通过反向递推得到。

5.3.3 一般系统中闭环子系统铰缩减传递方程

由 5.2.4 节可知,用扩展缩减变换(5.100)和(5.101)来建立一般系统中闭环子系统的元件缩减传递方程。将式(5.114)代入式(3.94)和(3.95)得

$$
z_{a,O} = E_e S_I z_{b,I} + E_e D_I z_{a,C} + E_e D_I' z_{a,P} + E_e e_I \tag{5.180}
$$

$$
0 = E_s S_I z_{b,I} + E_s D_I z_{a,C} + E_s D_I' z_{a,P} + E_s e_I \tag{5.181}
$$

式中 z_O^{20} 泛化为假想切断点状态矢量 z_C,联接点状态矢量 z_I^{25} 泛化为 z_P。结合式(3.96)和(5.181)可得

$$
0 = \begin{bmatrix} E_I \\ E_s S_I \end{bmatrix} z_{b,I} + \begin{bmatrix} E_O \\ O \end{bmatrix} z_{b,O} + \begin{bmatrix} O \\ E_s D_I \end{bmatrix} z_{a,C} + \begin{bmatrix} O \\ E_s D_I' \end{bmatrix} z_{a,P} + \begin{bmatrix} E_f \\ E_s e_I \end{bmatrix}
\tag{5.182}
$$

求解上式得 $z_{b,I}$ 并用 $z_{b,O}$、$z_{a,C}$ 和 $z_{a,P}$ 表示为

$$
\begin{aligned}
\boldsymbol{z}_{b,I} &= -\begin{bmatrix} \boldsymbol{E}_I \\ \boldsymbol{E}_s\boldsymbol{S}_I \end{bmatrix}^{-1} \left\{ \begin{bmatrix} \boldsymbol{E}_O \\ \boldsymbol{O} \end{bmatrix} \boldsymbol{z}_{b,O} - \begin{bmatrix} \boldsymbol{O} \\ \boldsymbol{E}_s\boldsymbol{D}_I \end{bmatrix} \boldsymbol{z}_{a,C} - \begin{bmatrix} \boldsymbol{O} \\ \boldsymbol{E}_s\boldsymbol{D}'_I \end{bmatrix} \boldsymbol{z}_{a,P} - \begin{bmatrix} \boldsymbol{E}_f \\ \boldsymbol{E}_s\boldsymbol{e}_I \end{bmatrix} \right\} \\
&=: \boldsymbol{P}\boldsymbol{z}_{b,O} + \boldsymbol{W}\boldsymbol{z}_{a,C} + \boldsymbol{W}'\boldsymbol{z}_{a,P} + \boldsymbol{Q}
\end{aligned} \tag{5.183}
$$

式中

$$
\begin{aligned}
&\boldsymbol{P} = -\begin{bmatrix} \boldsymbol{E}_I \\ \boldsymbol{E}_s\boldsymbol{S}_I \end{bmatrix}^{-1} \begin{bmatrix} \boldsymbol{E}_O \\ \boldsymbol{O} \end{bmatrix},\ \boldsymbol{W} = -\begin{bmatrix} \boldsymbol{E}_I \\ \boldsymbol{E}_s\boldsymbol{S}_I \end{bmatrix}^{-1} \begin{bmatrix} \boldsymbol{O} \\ \boldsymbol{E}_s\boldsymbol{D}_I \end{bmatrix}, \\
&\boldsymbol{W}' = -\begin{bmatrix} \boldsymbol{E}_I \\ \boldsymbol{E}_s\boldsymbol{S}_I \end{bmatrix}^{-1} \begin{bmatrix} \boldsymbol{O} \\ \boldsymbol{E}_s\boldsymbol{D}'_I \end{bmatrix},\ \boldsymbol{Q} = -\begin{bmatrix} \boldsymbol{E}_I \\ \boldsymbol{E}_s\boldsymbol{S}_I \end{bmatrix}^{-1} \begin{bmatrix} \boldsymbol{E}_f \\ \boldsymbol{E}_s\boldsymbol{e}_I \end{bmatrix}
\end{aligned} \tag{5.184}
$$

将式(5.183)代入式(5.180)得

$$
\begin{aligned}
\boldsymbol{z}_{a,O} &= \boldsymbol{E}_e\boldsymbol{S}_I\boldsymbol{P}\boldsymbol{z}_{b,O} + (\boldsymbol{E}_e\boldsymbol{S}_I\boldsymbol{W} + \boldsymbol{E}_e\boldsymbol{D}_I)\boldsymbol{z}_{a,C} + (\boldsymbol{E}_e\boldsymbol{S}_I\boldsymbol{W}' + \boldsymbol{E}_e\boldsymbol{D}'_I)\boldsymbol{z}_{a,P} \\
&\quad + (\boldsymbol{E}_e\boldsymbol{e}_I + \boldsymbol{E}_e\boldsymbol{S}_I\boldsymbol{Q}) \\
&=: \boldsymbol{S}_O\boldsymbol{z}_{b,O} + \boldsymbol{D}_O\boldsymbol{z}_{a,C} + \boldsymbol{D}'_O\boldsymbol{z}_{a,P} + \boldsymbol{e}_O
\end{aligned} \tag{5.185}
$$

式中

$$
\begin{aligned}
&\boldsymbol{S}_O = \boldsymbol{E}_e\boldsymbol{S}_I\boldsymbol{P},\ \boldsymbol{D}_O = \boldsymbol{E}_e\boldsymbol{S}_I\boldsymbol{W} + \boldsymbol{E}_e\boldsymbol{D}_I, \\
&\boldsymbol{D}'_O = \boldsymbol{E}_e\boldsymbol{S}_I\boldsymbol{W}' + \boldsymbol{E}_e\boldsymbol{D}'_I,\ \boldsymbol{e}_O = \boldsymbol{E}_e\boldsymbol{e}_I + \boldsymbol{E}_e\boldsymbol{S}_I\boldsymbol{Q}
\end{aligned} \tag{5.186}
$$

将式(5.183)代入式(5.115),得

$$
\begin{aligned}
\boldsymbol{z}_{b,C} &= \boldsymbol{B}_{b,I}\boldsymbol{z}_{b,I} + \boldsymbol{B}_{a,I}\boldsymbol{z}_{a,C} + \boldsymbol{B}'_{a,I}\boldsymbol{z}_{a,P} + \boldsymbol{b}_I \\
&= \boldsymbol{B}_{b,I}\boldsymbol{P}\boldsymbol{z}_{b,O} + (\boldsymbol{B}_{a,I} + \boldsymbol{B}_{b,I}\boldsymbol{W})\boldsymbol{z}_{a,C} \\
&\quad + (\boldsymbol{B}'_{a,I} + \boldsymbol{B}_{b,I}\boldsymbol{W}')\boldsymbol{z}_{a,P} + (\boldsymbol{b}_I + \boldsymbol{B}_{b,I}\boldsymbol{Q}) \\
&=: \boldsymbol{B}_{b,O}\boldsymbol{z}_{b,O} + \boldsymbol{B}_{a,O}\boldsymbol{z}_{a,C} + \boldsymbol{B}'_{a,O}\boldsymbol{z}_{a,P} + \boldsymbol{b}_O
\end{aligned} \tag{5.187}
$$

式中

$$
\begin{aligned}
&\boldsymbol{B}_{b,O} = \boldsymbol{B}_{b,I}\boldsymbol{P},\ \boldsymbol{B}_{a,O} = \boldsymbol{B}_{a,I} + \boldsymbol{B}_{b,I}\boldsymbol{W}, \\
&\boldsymbol{B}'_{a,O} = \boldsymbol{B}'_{a,I} + \boldsymbol{B}_{b,I}\boldsymbol{W}',\ \boldsymbol{b}_O = \boldsymbol{b}_I + \boldsymbol{B}_{b,I}\boldsymbol{Q}
\end{aligned} \tag{5.188}
$$

式(5.186)和(5.188)是适用于一般系统中闭环子系统各种铰缩减传递矩阵。由于铰基本运动学和动力学方程独立于其外接元件,闭环

子系统中的所有铰与体具有相同地位，因此避免了 5.2.4 节对铰 20 的特殊处理。

闭环中铰 i 输入端状态矢量由式(5.183)和(5.114)得到，即缩减传递方程

$$\begin{cases} \boldsymbol{z}_{b,I}^{i} = \boldsymbol{P}^{i}\boldsymbol{z}_{b,O}^{i} + \boldsymbol{W}^{i}\boldsymbol{z}_{a,C} + \boldsymbol{W}'^{i}\boldsymbol{z}_{a,P} + \boldsymbol{Q}^{i} \\ \boldsymbol{z}_{a,I}^{i} = \boldsymbol{S}_{I}^{i}\boldsymbol{z}_{b,I}^{i} + \boldsymbol{D}_{I}^{i}\boldsymbol{z}_{a,C} + \boldsymbol{D}_{I}'^{i}\boldsymbol{z}_{a,P} + \boldsymbol{e}_{I}^{i} \end{cases} \tag{5.189}$$

式中 $\boldsymbol{P}^{i}$、$\boldsymbol{W}^{i}$、$\boldsymbol{W}'^{i}$ 和 $\boldsymbol{Q}^{i}$ 由式(5.184)确定。结合体缩减传递方程(5.114)和(5.118)，式中 $\boldsymbol{P}^{i}$、$\boldsymbol{W}^{i}$、$\boldsymbol{W}'^{i}$ 和 $\boldsymbol{Q}^{i}$ 由式(5.119)确定，闭环子系统中所有中间状态矢量都可通过反向递推求得。

5.3.4 N 端输入刚体缩减传递方程

下面将展示，通过使用解耦铰传递方程，不再需要由 N 个内接铰与 N 端输入体组成的 N 端输入子系统，用单端输入元件和多端输入体就足以推导出树形系统与树形子系统的缩减传递方程。

N 端输入刚体传递方程(3.21)和协调方程(3.26)可改写为

$$\begin{bmatrix} \boldsymbol{z}_a \\ \boldsymbol{z}_b \end{bmatrix}_O = \sum_{j=1}^{N} \boldsymbol{U}_{I_j} \begin{bmatrix} \boldsymbol{z}_a \\ \boldsymbol{z}_b \end{bmatrix}_{I_j} + \boldsymbol{f} = \sum_{j=1}^{N} \begin{bmatrix} \boldsymbol{T}_{aa} & \boldsymbol{T}_{ab} \\ \boldsymbol{T}_{ba} & \boldsymbol{T}_{bb} \end{bmatrix}_{I_j} \begin{bmatrix} \boldsymbol{z}_a \\ \boldsymbol{z}_b \end{bmatrix}_{I_j} + \begin{bmatrix} \boldsymbol{f}_a \\ \boldsymbol{f}_b \end{bmatrix} \tag{5.190}$$

和

$$\begin{aligned} \boldsymbol{O}_{6\times 1} &= \boldsymbol{H}_I\boldsymbol{z}_I + \boldsymbol{H}_{I_k}\boldsymbol{z}_{I_k} + \boldsymbol{h}_{f,I_k} \\ &= [\boldsymbol{H}_a \quad \boldsymbol{H}_b]_I \begin{bmatrix} \boldsymbol{z}_a \\ \boldsymbol{z}_b \end{bmatrix}_I + [\boldsymbol{H}_a \quad \boldsymbol{H}_b]_{I_k} \begin{bmatrix} \boldsymbol{z}_a \\ \boldsymbol{z}_b \end{bmatrix}_{I_k} + \boldsymbol{h}_{f,I_k} \quad (k = 2,\ 3,\ \cdots,\ N) \end{aligned} \tag{5.191}$$

式中，$\boldsymbol{h}_{f,I_k}$ 是式(3.27)和(3.28)中原 $\boldsymbol{H}_I$ 和 $\boldsymbol{H}_{I_k}$ 最后一列的和。

对 N 端输入刚体的各个输入端使用缩减变换(5.11)得

$$\boldsymbol{z}_{a,I_j} = \boldsymbol{S}_{I_j}\boldsymbol{z}_{b,I_j} + \boldsymbol{e}_{I_j} \quad (j = 1,\ 2,\ \cdots,\ N) \tag{5.192}$$

并代入协调方程(5.191)得

$$
\begin{aligned}
\boldsymbol{O}_{6\times1} &= \boldsymbol{H}_{a,I}\boldsymbol{z}_{a,I} + \boldsymbol{H}_{b,I}\boldsymbol{z}_{b,I} + \boldsymbol{H}_{a,I_k}\boldsymbol{z}_{a,I_k} + \boldsymbol{H}_{b,I_k}\boldsymbol{z}_{b,I_k} + \boldsymbol{h}_{f,I_k} \\
&= \boldsymbol{H}_{a,I}(\boldsymbol{S}_I\boldsymbol{z}_{b,I} + \boldsymbol{e}_I) + \boldsymbol{H}_{b,I}\boldsymbol{z}_{b,I} + \boldsymbol{H}_{a,I_k}(\boldsymbol{S}_{I_k}\boldsymbol{z}_{b,I_k} + \boldsymbol{e}_{I_k}) + \boldsymbol{H}_{b,I_k}\boldsymbol{z}_{b,I_k} + \boldsymbol{h}_{f,I_k}
\end{aligned}
\tag{5.193}
$$

整理后得

$$
\begin{aligned}
\boldsymbol{O}_{6\times1} = &(\boldsymbol{H}_{a,I}\boldsymbol{S}_I + \boldsymbol{H}_{b,I})\boldsymbol{z}_{b,I} + (\boldsymbol{H}_{a,I_k}\boldsymbol{S}_{I_k} + \boldsymbol{H}_{b,I_k})\boldsymbol{z}_{b,I_k} \\
&+ (\boldsymbol{h}_{f,I_k} + \boldsymbol{H}_{a,I}\boldsymbol{e}_I + \boldsymbol{H}_{a,I_k}\boldsymbol{e}_{I_k})
\end{aligned}
\tag{5.194}
$$

求解式(5.194)得 $\boldsymbol{z}_{b,I_k}$ 并用 $\boldsymbol{z}_{b,I}$ 表示为

$$
\boldsymbol{z}_{b,I_k} = \hat{\boldsymbol{H}}_{I_k}\boldsymbol{z}_{b,I} + \hat{\boldsymbol{h}}_{I_k} \quad (k = 2,\ 3,\ \cdots,\ N) \tag{5.195}
$$

式中

$$
\begin{cases}
\hat{\boldsymbol{H}}_{I_k} = -(\boldsymbol{H}_{a,I_k}\boldsymbol{S}_{I_k} + \boldsymbol{H}_{b,I_k})^{-1}(\boldsymbol{H}_{a,I}\boldsymbol{S}_I + \boldsymbol{H}_{b,I}) \\
\hat{\boldsymbol{h}}_{I_k} = -(\boldsymbol{H}_{a,I_k}\boldsymbol{S}_{I_k} + \boldsymbol{H}_{b,I_k})^{-1}(\boldsymbol{h}_{f,I_k} + \boldsymbol{H}_{a,I}\boldsymbol{e}_I + \boldsymbol{H}_{a,I_k}\boldsymbol{e}_{I_k}) \quad (k = 2,\ 3,\ \cdots,\ N)
\end{cases}
\tag{5.196}
$$

将式(5.192)代入式(5.190)得

$$
\begin{aligned}
\boldsymbol{z}_{a,O} &= \sum_{j=1}^{N}[\boldsymbol{T}_{aa,I_j}(\boldsymbol{S}_{I_j}\boldsymbol{z}_{b,I_j} + \boldsymbol{e}_{I_j}) + \boldsymbol{T}_{ab,I_j}\boldsymbol{z}_{b,I_j}] + \boldsymbol{f}_a \\
&= \sum_{j=1}^{N}(\boldsymbol{T}_{aa,I_j}\boldsymbol{S}_{I_j} + \boldsymbol{T}_{ab,I_j})\boldsymbol{z}_{b,I_j} + (\boldsymbol{f}_a + \sum_{j=1}^{N}\boldsymbol{T}_{aa,I_j}\boldsymbol{e}_{I_j})
\end{aligned}
\tag{5.197}
$$

和

$$
\begin{aligned}
\boldsymbol{z}_{b,O} &= \sum_{j=1}^{N}[\boldsymbol{T}_{ba,I_j}(\boldsymbol{S}_{I_j}\boldsymbol{z}_{b,I_j} + \boldsymbol{e}_{I_j}) + \boldsymbol{T}_{bb,I_j}\boldsymbol{z}_{b,I_j}] + \boldsymbol{f}_b \\
&= \sum_{j=1}^{N}(\boldsymbol{T}_{ba,I_j}\boldsymbol{S}_{I_j} + \boldsymbol{T}_{bb,I_j})\boldsymbol{z}_{b,I_j} + (\boldsymbol{f}_b + \sum_{j=1}^{N}\boldsymbol{T}_{ba,I_j}\boldsymbol{e}_{I_j})
\end{aligned}
\tag{5.198}
$$

以上两式可简写为

$$
\boldsymbol{z}_{a,O} = \sum_{j=1}^{N}\boldsymbol{T}_{a,I_j}\boldsymbol{z}_{b,I_j} + \boldsymbol{t}_a \tag{5.199}
$$

$$
\boldsymbol{z}_{b,O} = \sum_{j=1}^{N}\boldsymbol{T}_{b,I_j}\boldsymbol{z}_{b,I_j} + \boldsymbol{t}_b \tag{5.200}
$$

式中

$$\boldsymbol{T}_{a,I_j} = \boldsymbol{T}_{aa,I_j}\boldsymbol{S}_{I_j} + \boldsymbol{T}_{ab,I_j},\ \boldsymbol{t}_a = \boldsymbol{f}_a + \sum_{j=1}^{N} \boldsymbol{T}_{aa,I_j}\boldsymbol{e}_{I_j} \tag{5.201}$$

$$\boldsymbol{T}_{b,I_j} = \boldsymbol{T}_{ba,I_j}\boldsymbol{S}_{I_j} + \boldsymbol{T}_{bb,I_j},\ \boldsymbol{t}_b = \boldsymbol{f}_b + \sum_{j=1}^{N} \boldsymbol{T}_{ba,I_j}\boldsymbol{e}_{I_j} \tag{5.202}$$

将式(5.195)代入式(5.199)和(5.200)得

$$\begin{aligned} \boldsymbol{z}_{a,O} &= \boldsymbol{T}_{a,I}\boldsymbol{z}_{b,I} + \sum_{j=2}^{N} \boldsymbol{T}_{a,I_j}(\hat{\boldsymbol{H}}_{I_j}\boldsymbol{z}_{b,I} + \hat{\boldsymbol{h}}_{I_j}) + \boldsymbol{t}_a \\ &= \left(\boldsymbol{T}_{a,I} + \sum_{j=2}^{N} \boldsymbol{T}_{a,I_j}\hat{\boldsymbol{H}}_{I_j}\right)\boldsymbol{z}_{b,I} + \sum_{j=2}^{N} \boldsymbol{T}_{a,I_j}\hat{\boldsymbol{h}}_{I_j} + \boldsymbol{t}_a \end{aligned} \tag{5.203}$$

和

$$\begin{aligned} \boldsymbol{z}_{b,O} &= \boldsymbol{T}_{b,I}\boldsymbol{z}_{b,I} + \sum_{j=2}^{N} \boldsymbol{T}_{b,I_j}(\hat{\boldsymbol{H}}_{I_j}\boldsymbol{z}_{b,I} + \hat{\boldsymbol{h}}_{I_j}) + \boldsymbol{t}_b \\ &= \left(\boldsymbol{T}_{b,I} + \sum_{j=2}^{N} \boldsymbol{T}_{b,I_j}\hat{\boldsymbol{H}}_{I_j}\right)\boldsymbol{z}_{b,I} + \sum_{j=2}^{N} \boldsymbol{T}_{b,I_j}\hat{\boldsymbol{h}}_{I_j} + \boldsymbol{t}_b \end{aligned} \tag{5.204}$$

求解后者得 $\boldsymbol{z}_{b,I}$ 并用 $\boldsymbol{z}_{b,O}$ 表示为

$$\boldsymbol{z}_{b,I} = \boldsymbol{P}_I\boldsymbol{z}_{b,O} + \boldsymbol{Q}_I \tag{5.205}$$

式中

$$\boldsymbol{P}_I = \left(\boldsymbol{T}_{b,I} + \sum_{j=2}^{N} \boldsymbol{T}_{b,I_j}\hat{\boldsymbol{H}}_{I_j}\right)^{-1},\ \boldsymbol{Q}_I = -\boldsymbol{P}_I\left(\sum_{j=2}^{N} \boldsymbol{T}_{b,I_j}\hat{\boldsymbol{h}}_{I_j} + \boldsymbol{t}_b\right) \tag{5.206}$$

将式(5.205)代入式(5.195)得

$$\begin{aligned} \boldsymbol{z}_{b,I_k} &= \hat{\boldsymbol{H}}_{I_k}(\boldsymbol{P}_I\boldsymbol{z}_{b,O} + \boldsymbol{Q}_I) + \hat{\boldsymbol{h}}_{I_k} \\ &= \hat{\boldsymbol{H}}_{I_k}\boldsymbol{P}_I\boldsymbol{z}_{b,O} + \hat{\boldsymbol{H}}_{I_k}\boldsymbol{Q}_I + \hat{\boldsymbol{h}}_{I_k} \\ &=: \boldsymbol{P}_{I_k}\boldsymbol{z}_{b,O} + \boldsymbol{Q}_{I_k} \quad (k = 2,\ 3,\ \cdots,\ N) \end{aligned} \tag{5.207}$$

式中

$$\boldsymbol{P}_{I_k} = \hat{\boldsymbol{H}}_{I_k}\boldsymbol{P}_I,\ \boldsymbol{Q}_{I_k} = \hat{\boldsymbol{H}}_{I_k}\boldsymbol{Q}_I + \hat{\boldsymbol{h}}_{I_k} \tag{5.208}$$

最后,将式(5.205)代入式(5.203)可得

$$\boldsymbol{z}_{a,O} = \left(\boldsymbol{T}_{a,I} + \sum_{j=2}^{N} \boldsymbol{T}_{a,I_j}\hat{\boldsymbol{H}}_{I_j}\right)(\boldsymbol{P}_I\boldsymbol{z}_{b,O} + \boldsymbol{Q}_I) + \sum_{j=2}^{N} \boldsymbol{T}_{a,I_j}\hat{\boldsymbol{h}}_{I_j} + \boldsymbol{t}_a$$

$$= \left(\boldsymbol{T}_{a,I} + \sum_{j=2}^{N} \boldsymbol{T}_{a,I_j}\hat{\boldsymbol{H}}_{I_j}\right)\boldsymbol{P}_I \boldsymbol{z}_{b,O} + \left(\boldsymbol{T}_{a,I} + \sum_{j=2}^{N} \boldsymbol{T}_{a,I_j}\hat{\boldsymbol{H}}_{I_j}\right)\boldsymbol{Q}_I + \sum_{j=2}^{N} \boldsymbol{T}_{a,I_j}\hat{\boldsymbol{h}}_{I_j} + \boldsymbol{t}_a$$

$$=: \boldsymbol{S}_O \boldsymbol{z}_{b,O} + \boldsymbol{e}_O \tag{5.209}$$

式中

$$\boldsymbol{S}_O = \left(\boldsymbol{T}_{a,I} + \sum_{j=2}^{N} \boldsymbol{T}_{a,I_j}\hat{\boldsymbol{H}}_{I_j}\right)\boldsymbol{P}_I,$$

$$\boldsymbol{e}_O = \left(\boldsymbol{T}_{a,I} + \sum_{j=2}^{N} \boldsymbol{T}_{a,I_j}\hat{\boldsymbol{H}}_{I_j}\right)\boldsymbol{Q}_I + \sum_{j=2}^{N} \boldsymbol{T}_{a,I_j}\hat{\boldsymbol{h}}_{I_j} + \boldsymbol{t}_a \tag{5.210}$$

是 N 端输入体缩减传递矩阵。比较式(5.91)和(5.92),可见 N 端输入体和 N 端输入子系统的缩减传递矩阵具有相同形式。

从树形系统根到 N 端输入体 i 输出端以及从 N 端输入体 i 输入端到系统梢或另一个 N 端输入子系统输出端的每个链式子系统中,体状态矢量由式(5.27)得到,铰状态矢量由式(5.169)得到。对于 N 端输入刚体每个输入端的状态矢量,只要已知输出端状态矢量,就可由缩减传递方程(5.205)、(5.207)和(5.192)得

$$\begin{cases} \boldsymbol{z}_{b,I_j} = \boldsymbol{P}_{I_j}\boldsymbol{z}_{b,O} + \boldsymbol{Q}_{I_j} \\ \boldsymbol{z}_{a,I_j} = \boldsymbol{S}_{I_j}\boldsymbol{z}_{b,I_j} + \boldsymbol{e}_{I_j} \end{cases} \quad (j = 1, 2, \cdots, N) \tag{5.211}$$

式中,$\boldsymbol{P}_{I_j}$ 和 $\boldsymbol{Q}_{I_j}$ 在 $j = 1$ 时由式(5.206)确定,在 $j = 2, \cdots, N$ 时由式(5.208)确定。由此,进行树形系统或树形子系统的中间状态矢量的反向递推求解。

5.3.5 递推算法

缩减多体系统传递矩阵法和解耦铰缩减多体系统传递矩阵法具有相同的缩减变换和缩减传递方程递推表达式与递推算法,但有以下三点不同: ① 铰传递矩阵具有不同的表达式;② 前者不得不将树形和一般系统中多个内接铰与多端输入体组合为多端输入子系统,而后者不需作此处理;③ 后者对状态矢量的拆分由式(3.92)和(3.93)确定,因此,对于链式和闭环系统,两种方法的递推求解步骤完全相同;对于树形及由树形子系统和闭环子系统组成的一般系统,规避了 N 个内接铰与 N 端输入体组成的 N 端输入子系统,两者求解步骤仅在处理链式子系统时相同。

新版多体系统传递矩阵法、缩减多体系统传递矩阵法和解耦铰缩减多体系统传递矩阵法三种方法的特点比较汇总在表 7.1 中。由表可见,前两种方法铰传递方程依赖于其外接元件,最后一种方法中铰独立处理,降低了求解复杂度。

5.4 递推过程总结

针对各种系统使用两种不同方案的缩减多体系统传递矩阵法的主要拓扑结构如图 5.5 所示,由图可见,元件缩减传递方程递推,本质上是将缩减变换与单端输入元件传递方程以及多端输入体/子系统传递方程和协调方程相结合来实现的,并利用外接元件输入端和内接元件输出端状态矢量相等,实现了系统元件之间缩减传递方程的传递过程。缩减变换(5.2)用于链式系统、链式子系统、树形系统和树形子系统的各元件。缩减变换(5.6)及其补充方程(5.43)用于闭环系统元件。缩减变换(5.7)及补充方程(5.101)用于一般系统中闭环子系统元件。缩减多体系统传递矩阵法中递推形成的缩减传递方程等同于原多体系统传递矩阵法中的总传递方程及其自动推导定理的作用。缩减多体系统传递矩阵法提高多体系统传递矩阵法计算稳定性的根本原因在于,长链中大量传递矩阵依次连乘的过程完全被缩减多体系统传递矩阵法中每个

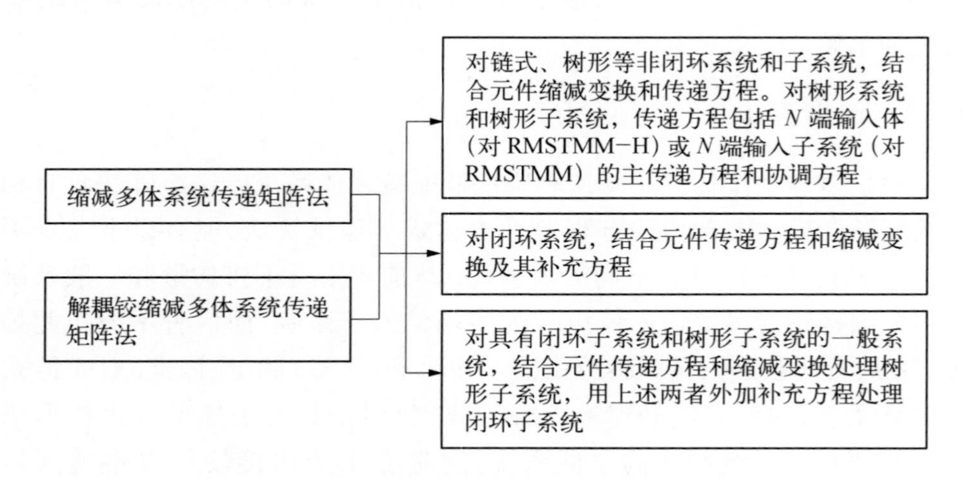

图 5.5 缩减多体系统传递矩阵法拓扑结构

元件每个联接点状态矢量的递推过程所替代,完全避免了传递矩阵连乘。

表 5.1~表 5.4 概括了不同类型系统状态矢量的递推过程。不同类型系统状态矢量的递推过程具有以下特征:

1) 上述两种方法对于同一种系统具有完全相同的缩减变换和递推过程;

2) 对链式系统、链式子系统、树形系统、树形子系统、闭环系统和一般系统中的闭环子系统等各种类型的系统,都是逐一进行每个元件缩减传递矩阵正向递推和状态矢量反向递推;

3) 链式系统、链式子系统、树形系统和树形子系统有相同的缩减变换和相同的递推过程,没有补充方程;

4) 闭环系统和一般系统中的闭环子系统的缩减变换不同于链式系统、链式子系统、树形系统和树形子系统,且两者的缩减变换和补充方程也不同。

表 5.1 链式系统和链式子系统的递推公式

缩减变换	递推公式
$\boldsymbol{z}_a = \boldsymbol{S}\boldsymbol{z}_b + \boldsymbol{e}$ 无补充方程	缩减传递矩阵正向递推: • 对常规体和铰传递方程 $$\begin{cases}\boldsymbol{P}^i = (\boldsymbol{T}^i_{ba}\boldsymbol{S}^i_I + \boldsymbol{T}^i_{bb})^{-1} \\ \boldsymbol{Q}^i = -\boldsymbol{P}^i(\boldsymbol{T}^i_{ba}\boldsymbol{e}^i_I + \boldsymbol{f}^i_b) \\ \boldsymbol{S}^i_O = (\boldsymbol{T}^i_{aa}\boldsymbol{S}^i_I + \boldsymbol{T}^i_{ab})\boldsymbol{P}^i \\ \boldsymbol{e}^i_O = (\boldsymbol{T}^i_{aa}\boldsymbol{e}^i_I + \boldsymbol{f}^i_a) + (\boldsymbol{T}^i_{aa}\boldsymbol{S}^i_I + \boldsymbol{T}^i_{ab})\boldsymbol{Q}^i \\ (i = 1, 2, \cdots, n)\end{cases} \quad (5.24)$$ • 对解耦铰传递方程 $$\begin{cases}\boldsymbol{P}^i = -\begin{bmatrix}\boldsymbol{E}^i_I \\ \boldsymbol{E}^i_s\boldsymbol{S}^i_I\end{bmatrix}^{-1}\begin{bmatrix}\boldsymbol{E}^i_O \\ \boldsymbol{O}\end{bmatrix} \\ \boldsymbol{Q}^i = -\begin{bmatrix}\boldsymbol{E}^i_I \\ \boldsymbol{E}^i_s\boldsymbol{S}^i_I\end{bmatrix}^{-1}\begin{bmatrix}\boldsymbol{E}^i_f \\ \boldsymbol{E}^i_s\boldsymbol{e}^i_I\end{bmatrix} \\ \boldsymbol{S}^i_O = \boldsymbol{E}^i_e\boldsymbol{S}^i_I\boldsymbol{P}^i \\ \boldsymbol{e}^i_O = \boldsymbol{E}^i_e\boldsymbol{e}^i_I + \boldsymbol{E}^i_e\boldsymbol{S}^i_I\boldsymbol{Q}^i \\ (i = 1, 3, 5, \cdots)\end{cases} \quad (5.166)和(5.168)$$

续 表

缩减变换	递推公式
$z_a = Sz_b + e$ 无补充方程	状态矢量反向递推： $\begin{cases} z_{b,I}^i = P^i z_{b,O}^i + Q^i \\ z_{a,I}^i = S_I^i z_{b,I}^i + e_I^i \end{cases} \quad (i = n, n-1, \cdots, 1) \quad (5.27)$

表 5.2 孤立闭环的递推公式

缩减变换	递推公式
$z_a = Sz_b + Dz_{a,C} + e$ $z_{b,C} = B_b z_b + B_a z_{a,C} + b$	缩减传递矩阵正向递推： • 对常规体和铰传递方程 $\begin{cases} P^i = (T_{ba}^i S_I^i + T_{bb}^i)^{-1},\ Q^i = -P^i(T_{ba}^i e_I^i + f_b^i) \\ W^i = -P^i T_{ba}^i D_I^i,\ S_O^i = (T_{aa}^i S_I^i + T_{ab}^i)P^i \\ D_O^i = (T_{aa}^i S_I^i + T_{ab}^i)W^i + T_{aa}^i D_I^i \\ e_O^i = (T_{aa}^i S_I^i + T_{ab}^i)Q^i + T_{aa}^i e_I^i + f_a^i \\ B_{b,O}^i = B_{b,I}^i P^i,\ B_{a,O}^i = B_{a,I}^i + B_{b,I}^i W^i \\ b_O^i = b_I^i + B_{b,I}^i Q^i \quad (i = 1, 2, \cdots, n) \end{cases} \quad (5.63)$ • 对解耦铰传递方程 $\begin{cases} P^i = -\begin{bmatrix} E_I^i \\ E_s^i S_I^i \end{bmatrix}^{-1} \begin{bmatrix} E_O^i \\ O \end{bmatrix} \\ W^i = -\begin{bmatrix} E_I^i \\ E_s^i S_I^i \end{bmatrix}^{-1} \begin{bmatrix} O \\ E_s^i D_I^i \end{bmatrix} \\ Q^i = -\begin{bmatrix} E_I^i \\ E_s^i S_I^i \end{bmatrix}^{-1} \begin{bmatrix} E_f^i \\ E_s^i e_I^i \end{bmatrix} \\ S_O^i = E_e^i S_I^i P^i,\ D_O^i = E_e^i S_I^i W^i + E_e^i D_I^i \\ e_O^i = E_e^i e_I^i + E_e^i S_I^i Q^i,\ B_{b,O}^i = B_{b,I}^i P^i \\ B_{a,O}^i = B_{a,I}^i + B_{b,I}^i W^i,\ b_O^i = b_I^i + B_{b,I}^i Q^i \\ (i = 1, 3, 5, \cdots) \end{cases}$ (5.174)、(5.176)和(5.178) 状态矢量反向递推： $\begin{cases} z_{b,I}^i = P^i z_{b,O}^i + W^i z_{a,C} + Q^i \\ z_{a,I}^i = S_I^i z_{b,I}^i + D_I^i z_{a,C} + e_I^i \end{cases} \quad (i = n, n-1, \cdots, 1)$ (5.65)

表 5.3　树形系统和树形子系统的递推公式

缩减变换	递推公式
$\boldsymbol{z}_a = \boldsymbol{S}\boldsymbol{z}_b + \boldsymbol{e}$ 无补充方程	N 端输入子系统缩减传递矩阵正向递推： $\begin{cases} \boldsymbol{P}_{H_1} = \left(\boldsymbol{T}_{b,H_1} + \sum_{j=2}^{N}\boldsymbol{T}_{b,H_j}\hat{\boldsymbol{H}}_{H_j}\right)^{-1} \\ \boldsymbol{Q}_{H_1} = -\boldsymbol{P}_{H_1}\left(\sum_{j=2}^{N}\boldsymbol{T}_{b,H_j}\hat{\boldsymbol{h}}_{H_j} + \boldsymbol{t}_b\right) \\ \boldsymbol{P}_{H_k} = \hat{\boldsymbol{H}}_{H_k}\boldsymbol{P}_{H_1},\ \boldsymbol{Q}_{H_k} = \hat{\boldsymbol{H}}_{H_k}\boldsymbol{Q}_{H_1} + \hat{\boldsymbol{h}}_{H_k},\ (k = 2, \cdots, N) \\ \boldsymbol{S}_O = \left(\boldsymbol{T}_{a,H_1} + \sum_{j=2}^{N}\boldsymbol{T}_{a,H_j}\hat{\boldsymbol{H}}_{H_j}\right)\boldsymbol{P}_{H_1} \\ \boldsymbol{e}_O = \left(\boldsymbol{T}_{a,H_1} + \sum_{j=2}^{N}\boldsymbol{T}_{a,H_j}\hat{\boldsymbol{H}}_{H_j}\right)\boldsymbol{Q}_{H_1} + \sum_{j=2}^{N}\boldsymbol{T}_{a,H_j}\hat{\boldsymbol{h}}_{H_j} + \boldsymbol{t}_a \end{cases}$ (5.87)、(5.89)、(5.91)和(5.92) N 端输入子系统状态矢量反向递推： $\begin{cases} \boldsymbol{z}_{b,I}^{H_j} = \boldsymbol{P}_{H_j}\boldsymbol{z}_{b,O} + \boldsymbol{Q}_{H_j} \\ \boldsymbol{z}_{a,I}^{H_j} = \boldsymbol{S}_{H_j,I}\boldsymbol{z}_{b,I}^{H_j} + \boldsymbol{e}_{H_j,I} \end{cases} \quad (j = 1, 2, \cdots, N) \qquad (5.93)$ N 端输入体缩减传递矩阵正向递推： $\begin{cases} \boldsymbol{P}_I = \left(\boldsymbol{T}_{b,I} + \sum_{j=2}^{N}\boldsymbol{T}_{b,I_j}\hat{\boldsymbol{H}}_{I_j}\right)^{-1},\ \boldsymbol{Q}_I = -\boldsymbol{P}_I\left(\sum_{j=2}^{N}\boldsymbol{T}_{b,I_j}\hat{\boldsymbol{h}}_{I_j} + \boldsymbol{t}_b\right) \\ \boldsymbol{P}_{I_k} = \hat{\boldsymbol{H}}_{I_k}\boldsymbol{P}_I,\ \boldsymbol{Q}_{I_k} = \hat{\boldsymbol{H}}_{I_k}\boldsymbol{Q}_I + \hat{\boldsymbol{h}}_{I_k},\ (k = 2, 3, \cdots, N) \\ \boldsymbol{S}_O = \left(\boldsymbol{T}_{a,I} + \sum_{j=2}^{N}\boldsymbol{T}_{a,I_j}\hat{\boldsymbol{H}}_{I_j}\right)\boldsymbol{P}_I \\ \boldsymbol{e}_O = \left(\boldsymbol{T}_{a,I} + \sum_{j=2}^{N}\boldsymbol{T}_{a,I_j}\hat{\boldsymbol{H}}_{I_j}\right)\boldsymbol{Q}_I + \sum_{j=2}^{N}\boldsymbol{T}_{a,I_j}\hat{\boldsymbol{h}}_{I_j} + \boldsymbol{t}_a \end{cases}$ (5.206)、(5.208)和(5.210) N 端输入体状态矢量反向递推： $\begin{cases} \boldsymbol{z}_{b,I_j} = \boldsymbol{P}_{I_j}\boldsymbol{z}_{b,O} + \boldsymbol{Q}_{I_j} \\ \boldsymbol{z}_{a,I_j} = \boldsymbol{S}_{I_j}\boldsymbol{z}_{b,I_j} + \boldsymbol{e}_{I_j} \end{cases} \quad (j = 1, 2, \cdots, N) \qquad (5.211)$

表 5.4　一般系统中闭环子系统的递推公式

<table>
<tr><th>缩减变换</th><th>递推公式</th></tr>
<tr><td>

$$\begin{aligned} z_a &= Sz_b + Dz_{a,C} \\ &\quad + D'z_{a,P} + e \\ z_{b,C} &= B_b z_b + B_a z_{a,C} \\ &\quad + B'_a z_{a,P} + b \end{aligned}$$

</td><td>

缩减传递矩阵正向递推：

- 对常规体和铰传递方程

$$\begin{cases} \boldsymbol{P}^i = (\boldsymbol{T}^i_{ba}\boldsymbol{S}^i_I + \boldsymbol{T}^i_{bb})^{-1},\ \boldsymbol{Q}^i = -\boldsymbol{P}^i(\boldsymbol{T}^i_{ba}\boldsymbol{e}^i_I + \boldsymbol{f}^i_b) \\ \boldsymbol{W}^i = -\boldsymbol{P}^i\boldsymbol{T}^i_{ba}\boldsymbol{D}^i_I,\ \boldsymbol{W}'^i = -\boldsymbol{P}^i\boldsymbol{T}^i_{ba}\boldsymbol{D}'^i_I \\ \boldsymbol{S}^i_O = (\boldsymbol{T}^i_{aa}\boldsymbol{S}^i_I + \boldsymbol{T}^i_{ab})\boldsymbol{P}^i \\ \boldsymbol{D}^i_O = (\boldsymbol{T}^i_{aa}\boldsymbol{S}^i_I + \boldsymbol{T}^i_{ab})\boldsymbol{W}^i + \boldsymbol{T}^i_{aa}\boldsymbol{D}^i_I \\ \boldsymbol{D}'^i_O = (\boldsymbol{T}^i_{aa}\boldsymbol{S}^i_I + \boldsymbol{T}^i_{ab})\boldsymbol{W}'^i + \boldsymbol{T}^i_{aa}\boldsymbol{D}'^i_I \\ \boldsymbol{e}^i_O = (\boldsymbol{T}^i_{aa}\boldsymbol{S}^i_I + \boldsymbol{T}^i_{ab})\boldsymbol{Q}^i + \boldsymbol{T}^i_{aa}\boldsymbol{e}^i_I + \boldsymbol{f}^i_a \\ \boldsymbol{B}^i_{b,O} = \boldsymbol{B}^i_{b,I}\boldsymbol{P}^i,\ \boldsymbol{B}^i_{a,O} = \boldsymbol{B}^i_{a,I} + \boldsymbol{B}^i_{b,I}\boldsymbol{W}^i \\ \boldsymbol{B}'^i_{a,O} = \boldsymbol{B}'^i_{a,I} + \boldsymbol{B}'^i_{b,I}\boldsymbol{W}^i,\ \boldsymbol{b}^i_O = \boldsymbol{b}^i_I + \boldsymbol{B}^i_{b,I}\boldsymbol{Q}^i \end{cases}$$

(5.119)、(5.122)～(5.125)和(5.127)～(5.130)

- 对解耦铰传递方程

$$\begin{cases} \boldsymbol{P}^i = -\begin{bmatrix} \boldsymbol{E}^i_I \\ \boldsymbol{E}^i_s\boldsymbol{S}^i_I \end{bmatrix}^{-1}\begin{bmatrix} \boldsymbol{E}^i_O \\ \boldsymbol{O} \end{bmatrix},\ \boldsymbol{Q}^i = -\begin{bmatrix} \boldsymbol{E}^i_I \\ \boldsymbol{E}^i_s\boldsymbol{S}^i_I \end{bmatrix}^{-1}\begin{bmatrix} \boldsymbol{E}^i_f \\ \boldsymbol{E}^i_s\boldsymbol{e}^i_I \end{bmatrix} \\ \boldsymbol{W}^i = -\begin{bmatrix} \boldsymbol{E}^i_I \\ \boldsymbol{E}^i_s\boldsymbol{S}^i_I \end{bmatrix}^{-1}\begin{bmatrix} \boldsymbol{O} \\ \boldsymbol{E}^i_s\boldsymbol{D}^i_I \end{bmatrix} \\ \boldsymbol{W}'^i = -\begin{bmatrix} \boldsymbol{E}^i_I \\ \boldsymbol{E}^i_s\boldsymbol{S}^i_I \end{bmatrix}^{-1}\begin{bmatrix} \boldsymbol{O} \\ \boldsymbol{E}^i_s\boldsymbol{D}'^i_I \end{bmatrix} \\ \boldsymbol{S}^i_O = \boldsymbol{E}^i_e\boldsymbol{S}^i_I\boldsymbol{P}^i \\ \boldsymbol{D}^i_O = \boldsymbol{E}^i_e\boldsymbol{S}^i_I\boldsymbol{W}^i + \boldsymbol{E}^i_e\boldsymbol{D}^i_I \\ \boldsymbol{D}'^i_O = \boldsymbol{E}^i_e\boldsymbol{S}^i_I\boldsymbol{W}'^i + \boldsymbol{E}^i_e\boldsymbol{D}'^i_I \\ \boldsymbol{e}^i_O = \boldsymbol{E}^i_e\boldsymbol{e}^i_I + \boldsymbol{E}^i_e\boldsymbol{S}^i_I\boldsymbol{Q}^i \\ \boldsymbol{B}^i_{b,O} = \boldsymbol{B}^i_{b,I}\boldsymbol{P}^i,\ \boldsymbol{B}^i_{a,O} = \boldsymbol{B}^i_{a,I} + \boldsymbol{B}^i_{b,I}\boldsymbol{W}^i \\ \boldsymbol{B}'^i_{a,O} = \boldsymbol{B}'^i_{a,I} + \boldsymbol{B}'^i_{b,I}\boldsymbol{W}^i,\ \boldsymbol{b}^i_O = \boldsymbol{b}^i_I + \boldsymbol{B}^i_{b,I}\boldsymbol{Q}^i \end{cases}$$

(5.184)、(5.186)和(5.188)

状态矢量反向递推：

$$\begin{cases} \boldsymbol{z}^i_{b,I} = \boldsymbol{P}^i\boldsymbol{z}^i_{b,O} + \boldsymbol{W}^i\boldsymbol{z}_{a,C} + \boldsymbol{W}'^i\boldsymbol{z}_{a,P} + \boldsymbol{Q}^i \\ \boldsymbol{z}^i_{a,I} = \boldsymbol{S}^i_I\boldsymbol{z}^i_{b,I} + \boldsymbol{D}^i_I\boldsymbol{z}_{a,C} + \boldsymbol{D}'^i_I\boldsymbol{z}_{a,P} + \boldsymbol{e}^i_I \end{cases} \quad (5.189)$$

</td></tr>
</table>

6 算例及履带车辆系统动力学

为了验证第3~第5章中介绍的方法，本章提供了12个算例，包括链式系统、树形系统、3个超大型和巨型空间树形系统、具有数个多端输入体的树形系统、4个闭环系统和两个具有闭环子系统的一般系统。分别对比了用新版多体系统传递矩阵法、缩减多体系统传递矩阵法、ADAMS等方法得到的计算结果。作为上述一般多体系统动力学方法的实际工程应用，将本书方法应用于履带车辆系统动力学研究，根据第4章提出的自动推导定理和第5章提出的缩减多体系统传递矩阵法，建立了分析模型，分别列出了履带车辆系统总传递方程和缩减传递方程，建立了仿真模型，实例展示了履带车辆系统行驶动力学的快速仿真，仿真结果得到了实际履带车辆的行驶试验验证，基于系统动力学仿真与试验详细的履带车辆系统动力学分析见本书第7章。上述基于缩减多体系统传递矩阵法的履带车辆系统动力学理论、仿真、分析为履带车辆系统各种动力学性能设计奠定了基础。

6.1 算例

本节给出的例子将证明和验证书中所提出的各种方法，并分析和讨论这些算例的仿真结果。

6.1.1 空间三摆系统

以一个空间三摆链式系统为例，三个刚体由三个光滑球铰联接，在重力作用下作空间运动，如图6.1所示。序号2和4表示光滑球铰，序号1、3和5表示体。一端简支一端自由的边界条件如图6.1所示。

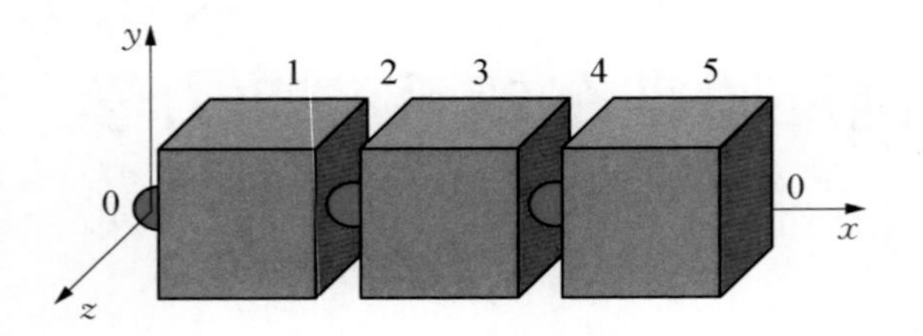

图 6.1 空间三摆系统动力学模型

三个刚体的结构参数相同，体的质量、质心和输出端相对于输入端连体系的位置坐标及转动惯量为

$$m^i = 1\ \text{kg},\ \boldsymbol{J}_I^i = \begin{bmatrix} 1/6 & 0 & 0 \\ 0 & 5/12 & 0 \\ 0 & 0 & 5/12 \end{bmatrix} \text{kg}\cdot\text{m}^2,$$

$$\boldsymbol{r}'^i_{IC} = \begin{bmatrix} 0.5 \\ 0 \\ 0 \end{bmatrix} \text{m},\qquad \boldsymbol{r}'^i_{IO} = \begin{bmatrix} 1 \\ 0 \\ 0 \end{bmatrix} \text{m}\quad (i = 1,\ 3,\ 5) \tag{6.1}$$

系统初始条件为

$$\begin{bmatrix} \theta_1 \\ \theta_2 \\ \theta_3 \end{bmatrix}_1 = \begin{bmatrix} \theta_1 \\ \theta_2 \\ \theta_3 \end{bmatrix}_3 = \begin{bmatrix} \theta_1 \\ \theta_2 \\ \theta_3 \end{bmatrix}_5 = \begin{bmatrix} 0 \\ 0 \\ 0 \end{bmatrix} \text{rad},$$

$$\begin{bmatrix} \dot\theta_1 \\ \dot\theta_2 \\ \dot\theta_3 \end{bmatrix}_1 = \begin{bmatrix} \dot\theta_1 \\ \dot\theta_2 \\ \dot\theta_3 \end{bmatrix}_3 = \begin{bmatrix} 0 \\ 0 \\ 0 \end{bmatrix} \text{rad/s},\ \begin{bmatrix} \dot\theta_1 \\ \dot\theta_2 \\ \dot\theta_3 \end{bmatrix}_5 = \begin{bmatrix} 0 \\ 0.1 \\ 0 \end{bmatrix} \text{rad/s} \tag{6.2}$$

式中 $[\theta_1 \quad \theta_2 \quad \theta_3]_i^{\mathrm{T}}$ 分别表示体 i 相对于 x、y、z 轴的空间三轴角。

根据链式系统自动推导定理 1，系统总传递方程和总传递矩阵为

$$\boldsymbol{z}_O^5 = \boldsymbol{U}_{1\sim5}\boldsymbol{z}_I^1 \tag{6.3}$$

$$\boldsymbol{U}_{1\sim5} = \boldsymbol{U}^5\boldsymbol{U}^4\boldsymbol{U}^3\boldsymbol{U}^2\boldsymbol{U}^1 \tag{6.4}$$

系统简支和自由边界条件为

$$z_I^1 = [0 \quad 0 \quad 0 \quad \dot{\omega}_x \quad \dot{\omega}_y \quad \dot{\omega}_z \quad 0 \quad 0 \quad 0 \quad q_x \quad q_y \quad q_z \quad 1]_{1,I}^{\mathrm{T}} \tag{6.5}$$

$$z_O^5 = [\ddot{x} \quad \ddot{y} \quad \ddot{z} \quad \dot{\omega}_x \quad \dot{\omega}_y \quad \dot{\omega}_z \quad 0 \quad 0 \quad 0 \quad 0 \quad 0 \quad 0 \quad 1]_{5,O}^{\mathrm{T}} \tag{6.6}$$

空间三摆系统的运动可用 4.4 节的步骤求解边界条件(6.5)和(6.6)下的系统总传递方程(6.3)和元件传递方程(2.26)得到,其中刚体和球铰的传递矩阵分别由式(3.3)和(3.42)确定。由新版多体系统传递矩阵法(NV - MSTMM)和牛顿-欧拉方程得到的体 1 的空间三轴角时间历程分别用“线”和“×”表示,如图 6.2 所示,由图可见,二者完美匹配。

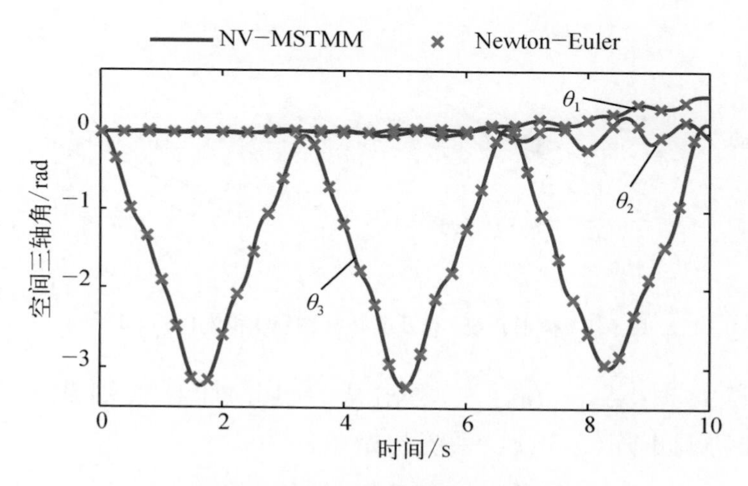

图 6.2　体 1 空间三轴角时间历程

6.1.2　平面树形系统

对于图 6.3(a)中由具有质量 $m^i = 1$ kg、长度 $2a = 1$ m、转动惯量 $J_z^i = 4ma^2/3$ $(i = 1, 3, 5, 7)$ 的相同刚性杆用柱铰联接而成的树形系统,该平面问题是状态矢量(2.25)缩减到(3.5)时的特例。

对于摆 $i \in \{1, 3, 5\}$ [图 6.3(c)],可根据指定的参数 $\boldsymbol{r}_{IC} = [x_{IC} \quad y_{IC}]^{\mathrm{T}} = [ac_i \quad as_i]^{\mathrm{T}}$、$\boldsymbol{r}_{IO} = 2\boldsymbol{r}_{IC}$、$\omega_{I,z} = \dot{\theta}_i$、$m_C = 0$、$J'_{zz} = J_z$ 和 $\boldsymbol{f}_C = [f_{C,x} \quad f_{C,y}]^{\mathrm{T}} = mg[0 \quad -1]^{\mathrm{T}}$ 计算传递矩阵(3.18),其中,对于两端输入摆 7[图 6.3(d)],有 $c_i = \cos\theta_i$、$s_i = \sin\theta_i$。根据指定的参数 $\boldsymbol{r}_{I_1C} = [x_{I_1C} \quad y_{I_1C}]^{\mathrm{T}} = [ac_7 \quad as_7]^{\mathrm{T}}$、$\boldsymbol{r}_{I_1O} = \boldsymbol{r}_{I_1C}$、$\boldsymbol{r}_{I_1I_2} = 2\boldsymbol{r}_{I_1C}$、$\omega_{I,z} = \dot{\theta}_7$、$m_C = 0$、

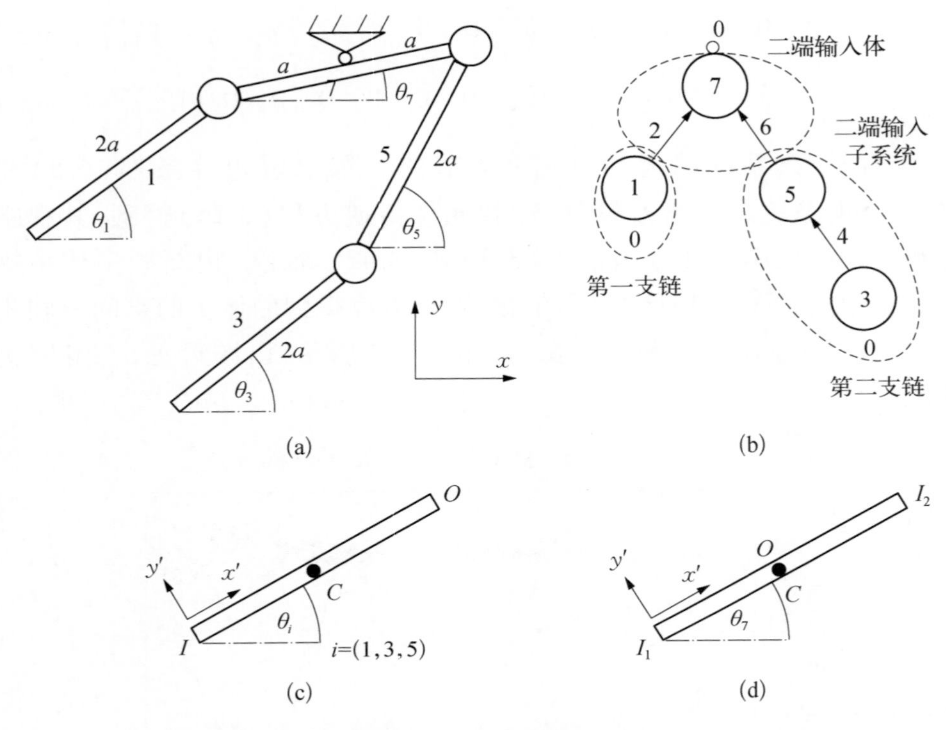

图 6.3 树形系统(a)及其拓扑图(b)和体(c)、(d)

$J'_{zz}=J_z$ 和 $\boldsymbol{f}_C=[f_{C,x}\quad f_{C,y}]^{\mathrm{T}}=mg[0\quad -1]^{\mathrm{T}}$ 计算传递矩阵(3.18)、(3.29)和协调矩阵(3.30)。系统初始条件为

$$\theta_1(0)=\theta_3(0)=\theta_5(0)=\pi/2,\ \theta_7(0)=0,\ \dot{\theta}_i(0)=0\ \forall i \tag{6.7}$$

根据树形系统总传递方程自动推导定理 3,自动推导出该树形系统总传递方程为

$$\boldsymbol{U}_{\mathrm{all}}\boldsymbol{z}_{\mathrm{all}}=\boldsymbol{0} \tag{6.8}$$

式中,总传递矩阵为

$$\boldsymbol{U}_{\mathrm{all}}=\begin{bmatrix}-\boldsymbol{I}_7 & \boldsymbol{T}_1 & \boldsymbol{T}_2\\ \boldsymbol{O}_{3\times 7} & \boldsymbol{G}_1 & \boldsymbol{G}_2\end{bmatrix} \tag{6.9}$$

边界端状态矢量为

$$\boldsymbol{z}_{\mathrm{all}}=[(\boldsymbol{z}_O^7)^{\mathrm{T}}\quad (\boldsymbol{z}_I^1)^{\mathrm{T}}\quad (\boldsymbol{z}_I^3)^{\mathrm{T}}]^{\mathrm{T}} \tag{6.10}$$

总传递矩阵中的子矩阵为

$$\begin{cases} \boldsymbol{T}_1 = \boldsymbol{U}_2^7 \boldsymbol{U}^1 \\ \boldsymbol{T}_2 = \boldsymbol{U}_6^7 \boldsymbol{U}^5 \boldsymbol{U}^4 \boldsymbol{U}^3 \\ \boldsymbol{G}_1 = \boldsymbol{H}_{6,2}^7 \boldsymbol{U}^1 \\ \boldsymbol{G}_2 = \boldsymbol{H}_{6,6}^7 \boldsymbol{U}^5 \boldsymbol{U}^4 \boldsymbol{U}^3 \end{cases} \tag{6.11}$$

式中符号 $\boldsymbol{U}_j^i$ 和 $\boldsymbol{H}_j^i$ 分别表示主传递矩阵和协调矩阵，由体 7 及铰 2 和 6 组成的子系统传递方程(3.85)和(3.88)确定。

系统边界条件为

$$\boldsymbol{z}_I^1 = [\ddot{x} \quad \ddot{y} \quad \dot{\omega}_z \quad 0 \quad 0 \quad 0 \quad 1]_{1,I}^{\mathrm{T}} \tag{6.12}$$

$$\boldsymbol{z}_I^3 = [\ddot{x} \quad \ddot{y} \quad \dot{\omega}_z \quad 0 \quad 0 \quad 0 \quad 1]_{3,I}^{\mathrm{T}} \tag{6.13}$$

$$\boldsymbol{z}_O^7 = [0 \quad 0 \quad \dot{\omega}_z \quad 0 \quad q_x \quad q_y \quad 1]_{7,O}^{\mathrm{T}} \tag{6.14}$$

采用定步长 $\Delta t = 0.001$ s 的四阶龙格-库塔法，分别用 4.2.3 节的新版多体系统传递矩阵法、5.2.3 节的缩减多体系统传递矩阵法(RMSTMM)和 ADAMS[93] 对树形系统运动时间历程的计算结果如图 6.4 所示，由图可见，三种方法的仿真结果吻合很好，由此验证了所提方法。

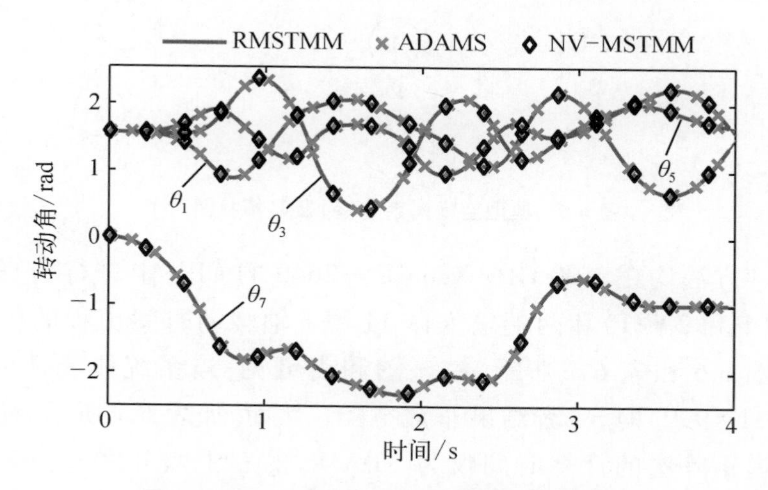

图 6.4　图 6.3 中树形系统四个角度时间历程

6.1.3 大型和巨型空间树形系统

缩减多体系统传递矩阵法的优势之一是可有效计算分析具有长链子系统的各类系统。为了检验缩减多体系统传递矩阵法的计算效率，对图 6.5(a)中具有大自由度的空间树形系统[169]进行数值仿真，并与 ADAMS 的仿真结果进行比较。

体的基本参数与 6.1.2 节中的参数相同，每个体都通过球铰联接。初始条件如图 6.5(a)所示，即在初始时刻，每个元件静止，各自两端点连线，除悬挂在天花板上的体 $2N-1$ 和两端输入体 11 是水平的，所有其它体都是垂直的。

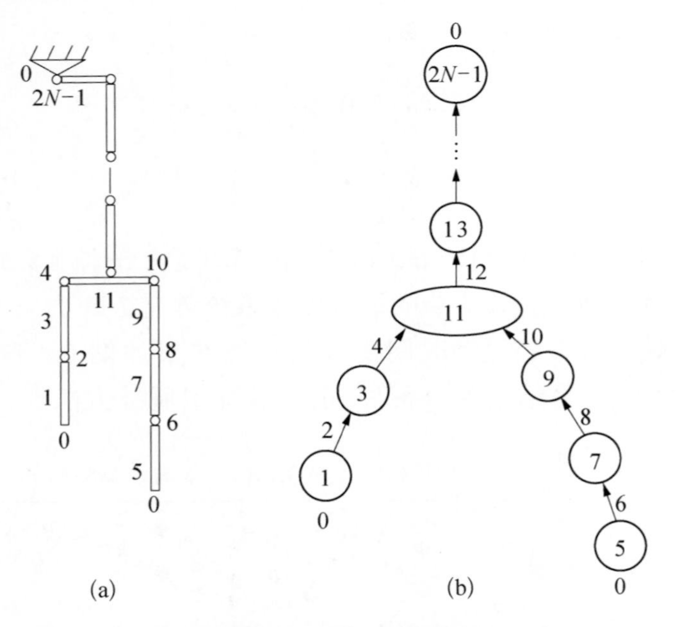

图 6.5 典型空间树系统(a)及其拓扑图(b)

两种方法均在 2.00 GHz Xeon E5-2640 的 CPU 上进行仿真。两个边界体(1 和 $2N-1$)和两端输入体 11 绕 z 轴转动时间历程的仿真结果分别如图 6.6 和表 6.1 所示，由该图和表可见，当系统体元件数为 500 (即 $2N-1=999$)时，二者结果非常吻合。然而，如表 6.1 所示，缩减多体系统传递矩阵法的计算时间仅为 ADAMS 的三十六分之一。对于含更多体元件的系统，如体元件数大于等于 2 000、自由度数大于等于

6 000 后,ADAMS 因计算机内存不足而导致计算失败,而缩减多体系统传递矩阵法的计算时长与系统体元件数及其自由度数呈线性关系,即使系统体元件数达 3 500 个、自由度数超 100 000 后计算仍然很有效。

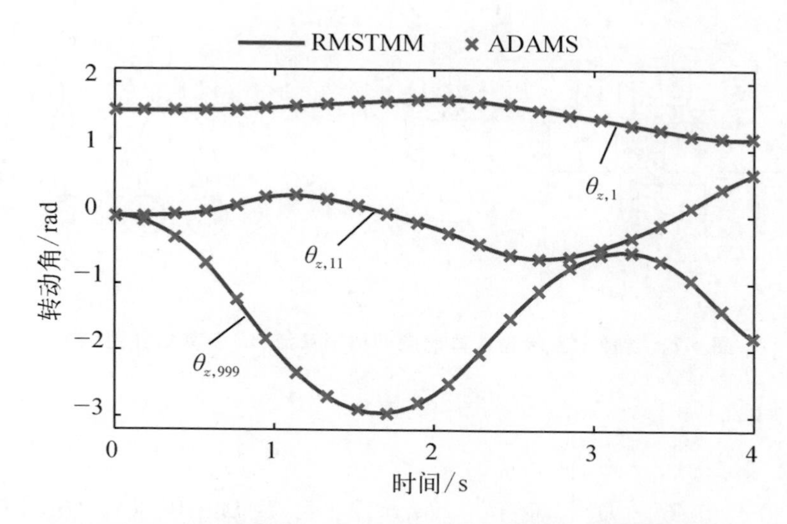

图 6.6　2N−1=999 时,图 6.5 中空间树形系统角运动时间历程

表 6.1　缩减多体系统传递矩阵法和 ADAMS 对空间树形系统的计算时间

体元件总数	2N−1	自由度	CPU 时间/s	
			RMSTMM	ADAMS
500	999	1 500	6.6	240
2 000	3 999	6 000	24.8	失败(超出内存)
35 000	69 999	105 000	549.0	失败(超出内存)

6.1.4　含数个多端输入体的树形系统

如图 6.7 所示,由含三个 2 端输入体通过相互平行柱铰联接九个体组成的空间树形系统。假设每个刚体具有相同的质量和相对于各自质心的转动惯量

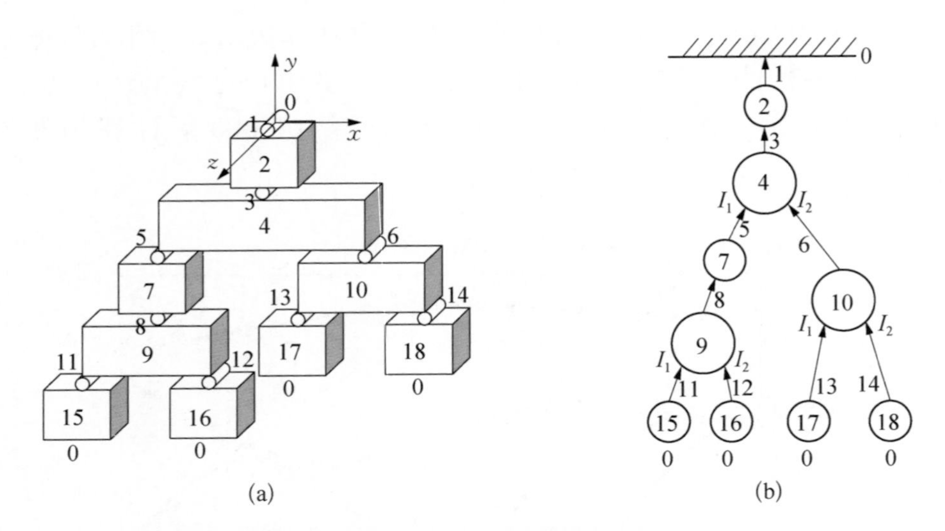

图 6.7 含数个多端输入体的空间树形系统(a)及其拓扑图(b)

$$m^i = 1\ \text{kg},$$

$$\boldsymbol{J}_C^i = \begin{bmatrix} 1/6 & 0 & 0 \\ 0 & 1/6 & 0 \\ 0 & 0 & 1/6 \end{bmatrix} \text{kg} \cdot \text{m}^2 \quad (i = 2, 4, 7, 9, 10, 15, 16, 17, 18) \tag{6.15}$$

体 2、7 和 15~18,各自质心和输出端相对于其输入端的位置坐标为

$$\boldsymbol{r}'_{IC} = [0 \quad 0.5 \quad 0]^{\text{T}}\ \text{m},\ \boldsymbol{r}'_{IO} = [0 \quad 1 \quad 0]^{\text{T}}\ \text{m} \tag{6.16}$$

相同的两端输入体 9 和 10,各自质心、第二输入端、输出端相对于其第一输入端的位置坐标为

$$\boldsymbol{r}'_{I_1C} = [1 \quad 0.5 \quad 0]^{\text{T}}\ \text{m},\ \boldsymbol{r}'_{I_1I_2} = [2 \quad 0 \quad 0]^{\text{T}}\ \text{m},\ \boldsymbol{r}'_{I_1O} = [1 \quad 1 \quad 0]^{\text{T}}\ \text{m} \tag{6.17}$$

两端输入体 4 相应的位置坐标为

$$\boldsymbol{r}'_{I_1C} = [1.5 \quad 0.5 \quad 0]^{\text{T}}\ \text{m},\ \boldsymbol{r}'_{I_1I_2} = [3 \quad 0 \quad 0]^{\text{T}}\ \text{m},\ \boldsymbol{r}'_{I_1O} = [1.5 \quad 1 \quad 0]^{\text{T}}\ \text{m} \tag{6.18}$$

各个体的初始转角和角速度为

$$\theta_{i,I}=0,\ \dot{\theta}_{i,I}=0 \quad (i=2,4,7,9,10,15,16,17,18) \tag{6.19}$$

分别用解耦铰缩减多体系统传递矩阵法(RMSTMM-H)、新版多体系统传递矩阵法和软件 ADAMS 三种方法得到的对该树形系统绕 z 轴角速度的仿真结果如图 6.8 所示,由图可见,三者得到的结果吻合很好。

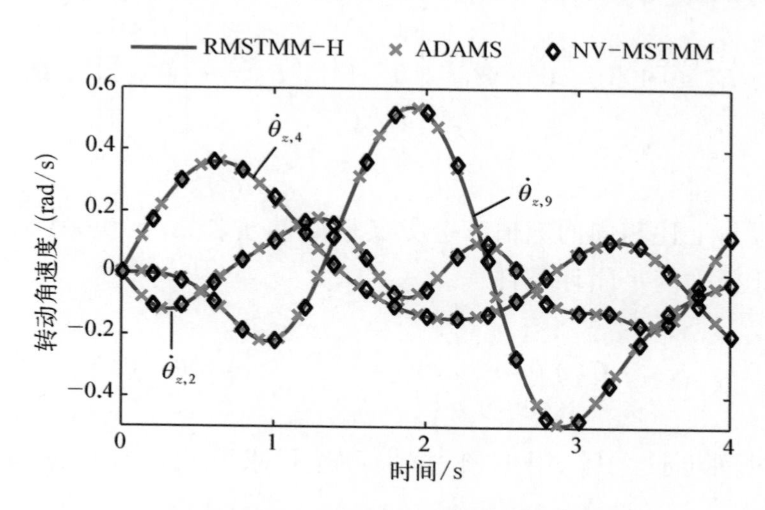

图 6.8　图 6.7 中树形系统角速度时间历程

6.1.5　闭环系统

由 N 个相同刚性杆和 N 个平行柱铰组成的初始具有正多边形构形的平面闭环系统,所有体 $i=2n-1\ (n=1,2,\cdots,N)$ 的参数为

$$m^i=1\ \text{kg},\ J_{C,z}^i=1/12\ \text{kg}\cdot\text{m}^2,\ \boldsymbol{r}_{IC}^{\prime i}=[0.5 \quad 0]^{\text{T}}\ \text{m},\ \boldsymbol{r}_{IO}^{\prime i}=[1 \quad 0]^{\text{T}}\ \text{m} \tag{6.20}$$

式中,m^i 和 $J_{C,z}^i$ 是体质量和相对于其质心的转动惯量;$\boldsymbol{r}_{IC}^{\prime i}$ 和 $\boldsymbol{r}_{IO}^{\prime i}$ 是质心和输出端相对于体输入端的位矢相应的列阵。初始条件为

$$\boldsymbol{r}_I^1=\boldsymbol{0},\ \theta_1=0,\ \theta_i=\theta_{i-2}-2\pi/N \quad (i=2n-1;\ n=2,3,\cdots,N) \tag{6.21}$$

$$\dot{\boldsymbol{r}}_I^1=\boldsymbol{0},\ \dot{\theta}_i=0 \quad (i=2n-1;\ n=1,2,\cdots,N) \tag{6.22}$$

式中,$\boldsymbol{r}_I^1$ 和 $\dot{\boldsymbol{r}}_I^1$ 是体 1 的绝对位矢及其速度相应的列阵;θ_i 和 $\dot{\theta}_i$ 是所有物

体相对于惯性系的角度和角速度。除了自身的重力外，对体 1 的中心还施加一个与所有物体重力等大反向的外力。

光滑平面柱铰对应式(3.97)和(3.101)中的缩减矩阵 $\boldsymbol{E}_e$、$\boldsymbol{E}_s$、$\boldsymbol{E}_I$、$\boldsymbol{E}_O$ 和 $\boldsymbol{E}_f$ 简化为

$$\boldsymbol{E}_e=\boldsymbol{I}_3,\ \boldsymbol{E}_s=\begin{bmatrix}1 & 0 & 0\end{bmatrix},\ \boldsymbol{E}_I=\begin{bmatrix}1 & 0\\ 0 & 1\\ 0 & 0\end{bmatrix}^{\mathrm{T}},\ \boldsymbol{E}_O=-\begin{bmatrix}1 & 0\\ 0 & 1\\ 0 & 0\end{bmatrix}^{\mathrm{T}},\ \boldsymbol{E}_f=\boldsymbol{O}_{2\times 1} \tag{6.23}$$

使用与上述相同的数值积分方案取时间步长 $\Delta t=0.001\ \mathrm{s}$。但是，为了保证精确满足闭环条件

$$\boldsymbol{C}(\boldsymbol{q})=\boldsymbol{r}_O^{2N}-\boldsymbol{r}_I^1=\begin{bmatrix}x_O^{2N}-x_I^1\\ y_O^{2N}-y_I^1\end{bmatrix}=\boldsymbol{0} \tag{6.24}$$

在每个时间步长之后，用牛顿-拉夫逊迭代求解式(6.24)来修正位置坐标[170]。

用两种缩减多体系统传递矩阵法(RMSTMM 和 RMSTMM - H)、新版多体系统传递矩阵法和拉格朗日方程(Lagrange equation)四种方法得到的刚性杆总数 N 分别为 10、24 和 25 时三种系统位形的仿真结果如图 6.9~图 6.11 所示。由图可见，当刚体总数 N 小于 25 时，四种方法得到的仿真结果吻合很好。当 $N=25$ 时，用原新版多体系统传递矩阵法时系统位形不再对称，说明此时发生了计算不稳定。当 $N=100$ 时，两种缩减多体系统传递矩阵法和拉格朗日方程得到的仿真结果如图 6.12 所示，三种结果仍然吻合很好，显然这时计算仍然是稳定的。这说明，两种缩减多体系统传递矩阵法极大地提高了闭环系统的数值稳定性。

在图 6.13 中，比较了分别使用两种缩减多体系统传递矩阵法和拉格朗日方程求解含不同体元件总数闭环系统的计算时间，计算都在 CPU 为 2.00 GHz Xeon E5-2640 的计算机上进行。和以前一样，表明本书方法计算所花 CPU 时间与系统元件数呈线性关系，因此比通常的多体系统动力学方法更高效。

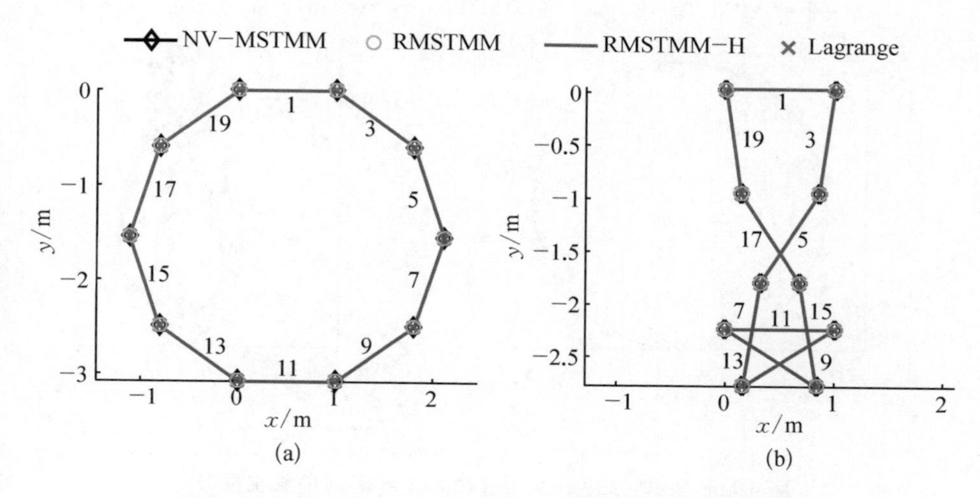

图 6.9 当 $N=10$，$t=0$ s(a)和 $t=1$ s(b)时的系统位形

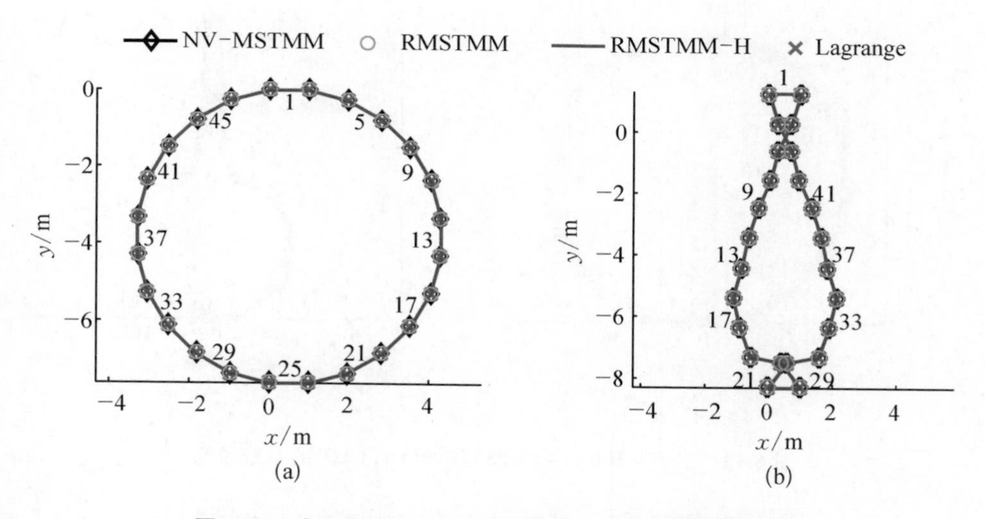

图 6.10 当 $N=24$，$t=0$ s(a)和 $t=1$ s(b)时的系统位形

6.1.6 含闭环一般系统

接下来，用解耦铰缩减多体系统传递矩阵法和 ADAMS 计算如图 6.14 所示由单个闭环子系统和树形子系统组成的平面一般系统，所有铰均为平行柱铰。除两端输入体 17 外，所有其它体的参数与式(6.20)中相同。体 17 的参数为

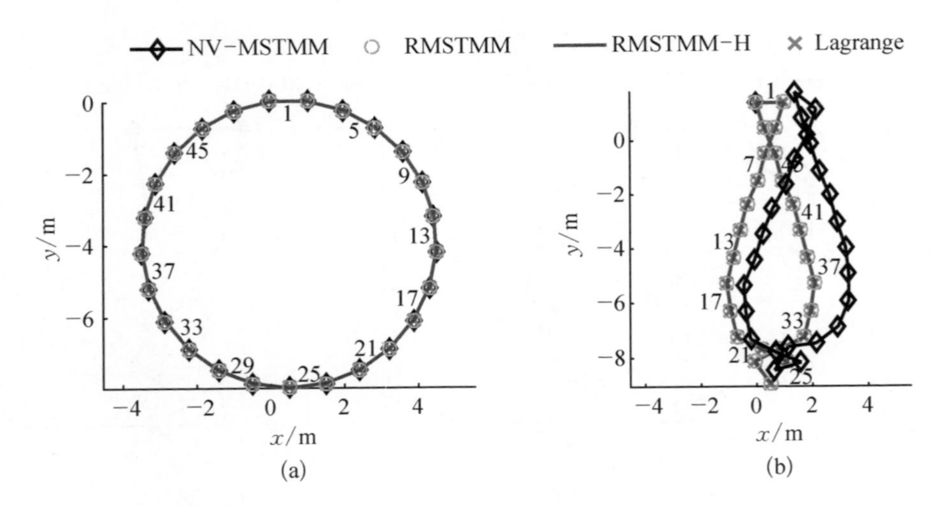

图 6.11 当 $N=25$，$t=0$ s(a)和 $t=1$ s(b)时的系统位形

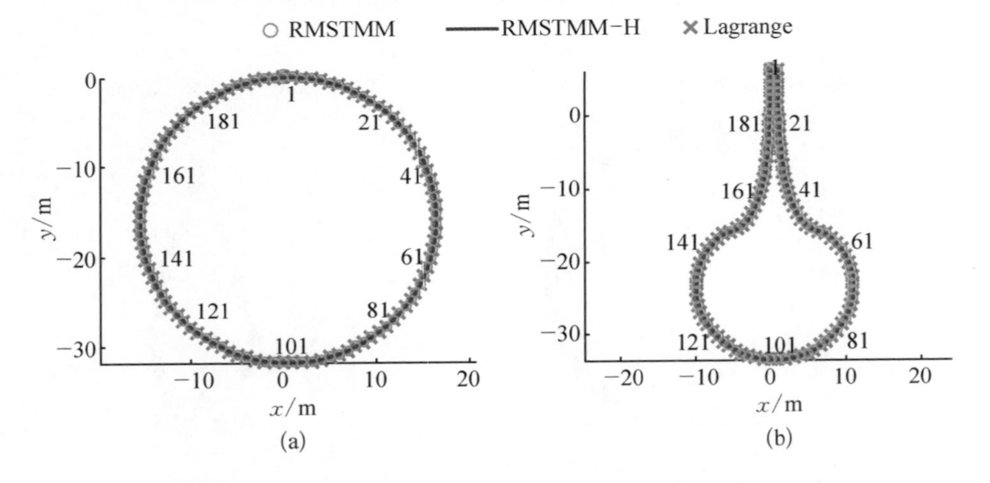

图 6.12 当 $N=100$，$t=0$ s(a)和 $t=1$ s(b)时的系统位形

$$m^{17}=2\ \mathrm{kg},\ J_{C,z}^{17}=2/3\ \mathrm{kg\cdot m^2},\ \boldsymbol{r}_{I_1C}'^{17}=[1\quad 0]^{\mathrm{T}}\ \mathrm{m},$$
$$\boldsymbol{r}_{I_1O}'^{17}=[1\quad 0]^{\mathrm{T}}\ \mathrm{m},\qquad \boldsymbol{r}_{I_1I_2}'^{17}=[2\quad 0]^{\mathrm{T}}\ \mathrm{m} \tag{6.25}$$

体的初始转角为

$$\theta_i=-\frac{2\pi}{5}(n-1)\quad (i=2n-1;\ n=1,\ 2,\ \cdots,\ 5),$$
$$\theta_i=\frac{\pi}{2}\quad (i=2n-1;\ n=6,\ 7,\ 8,\ 10,\ 11.5),\ \theta_{17}=0 \tag{6.26}$$

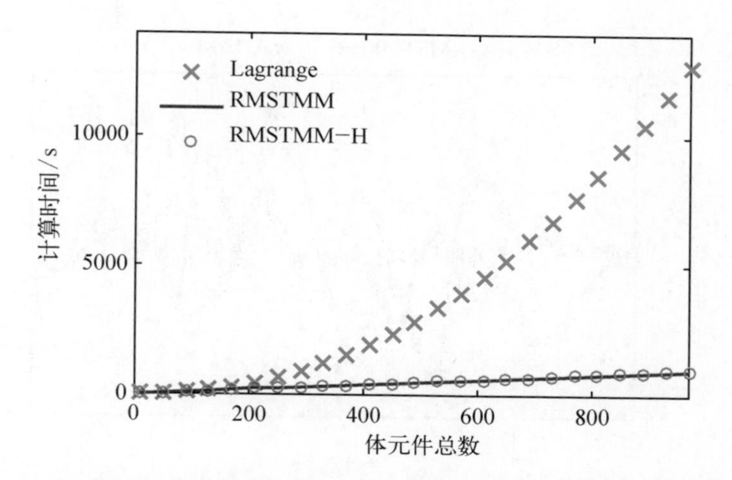

图 6.13 缩减多体系统传递矩阵法与拉格朗日方程计算时间比较

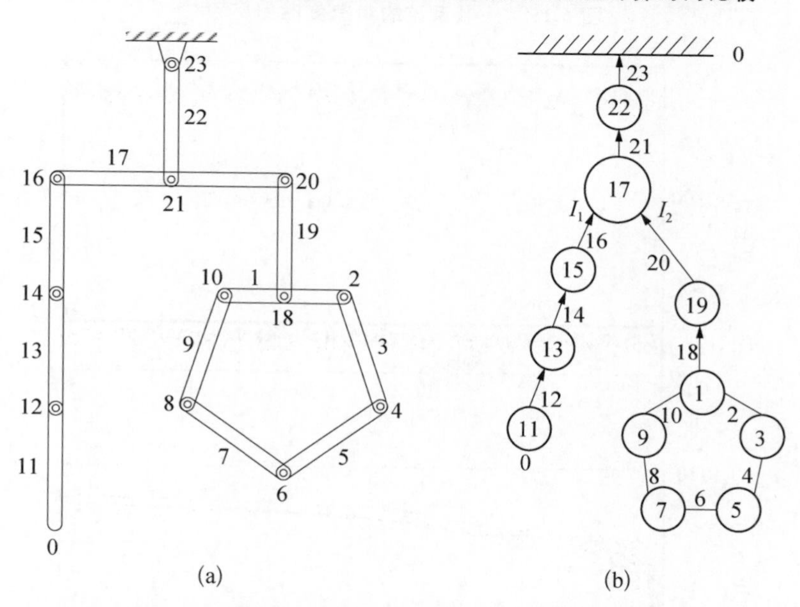

图 6.14 具有闭环和树形子系统的一般系统(a)及其拓扑图(b)

所有体的初始角速度都为零。

两种方法得到的系统角速度的时间历程如图 6.15 所示,由图可见,两种方法的计算结果吻合很好。

需要指出,此处使用了与 6.1.5 节中相同的违约修正方案来修正位置坐标,修正结果如图 6.16 所示,由图 6.16(a)可见,系统运动过程中总能量很好地保持守恒,由图 6.16(b)可见,系统运动过程中位置违约很

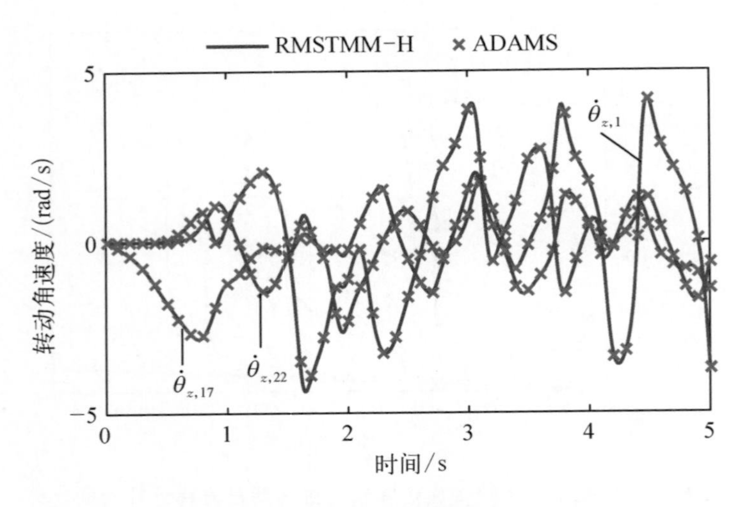

图 6.15　一般系统的角速度时间历程

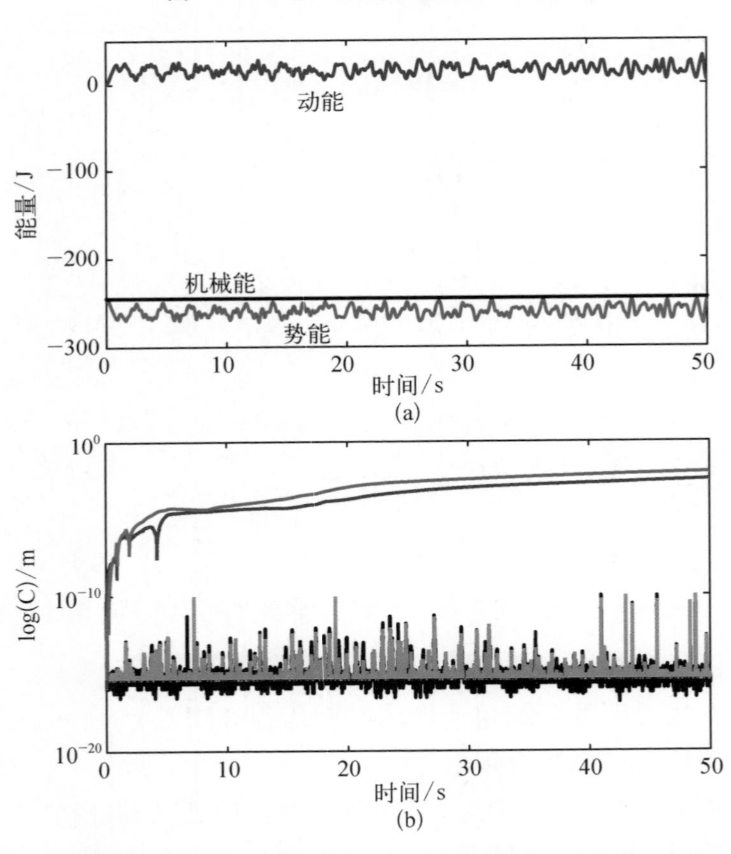

图 6.16　系统能量(a)和违约量(b)，其中蓝色(x)和红色(y)曲线为未进行违约修正的结果，绿色(x)和黑色(y)曲线为进行违约修正后的结果

小(绿色和黑色曲线)。如果不进行修正,位置误差会更高并且可能会持续增加[图 6.16(b)中的蓝色和红色曲线]。这表明:本书方法的计算稳定性很好,并也表明式(6.24)的位置坐标修正效果很好。

6.1.7 含闭环和更多子系统的一般系统

将图 6.14 系统在其体 1 与另一个子系统(如链式子系统)相联,如图 6.17 所示。这些在图 6.14 基础上新增加的体元件的所有参数与式(6.20)给出的参数相同,它们的初始转动角为 π/2,初始角速度为零。由解耦铰缩减多体系统传递矩阵法和 ADAMS 得到的系统角速度仿真结果如图 6.18 所示,由图可见,两者吻合很好

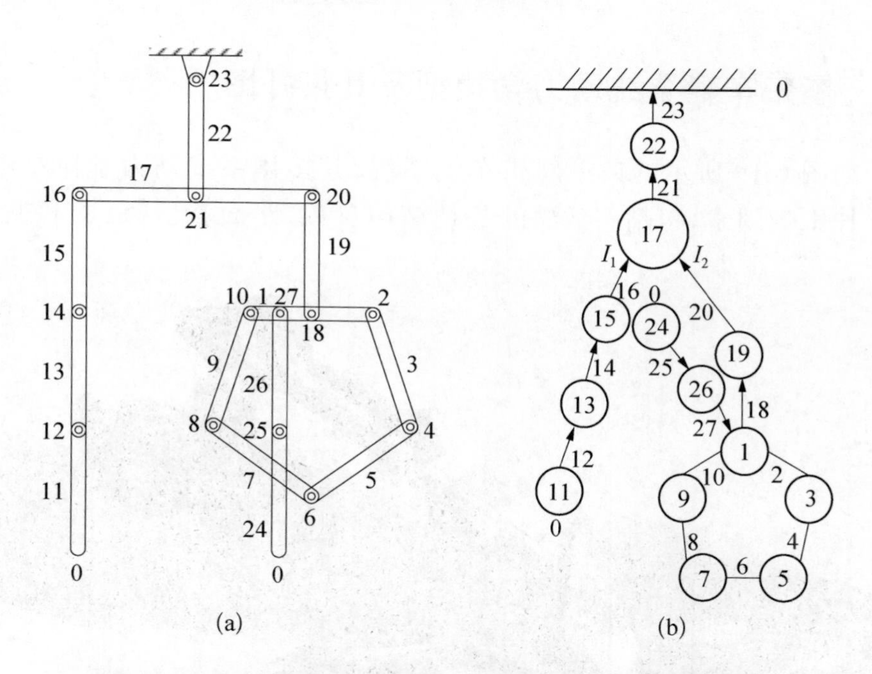

图 6.17 体 1 联接三个子系统的一般系统(a)及其拓扑图(b)

以上计算结果表明,新版多体系统传递矩阵法和缩减多体系统传递矩阵法对于链式、闭环、树形和一般系统普遍有效。同时验证了缩减多体系统传递矩阵法对超过 100 000 个自由度的巨大系统依然适用。

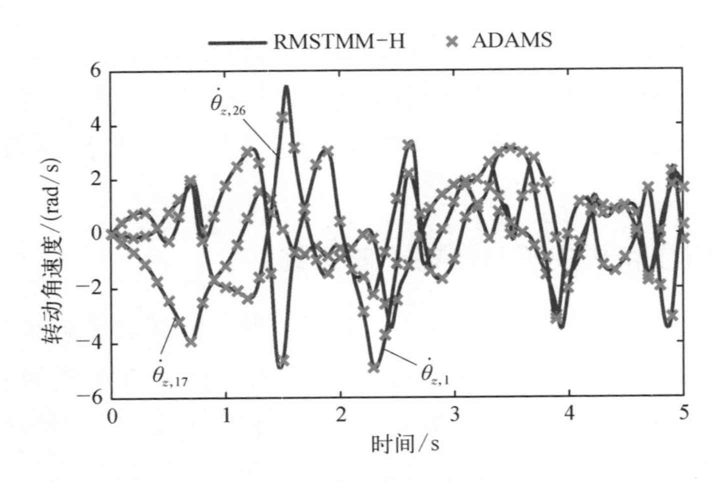

图 6.18　系统角速度时间历程

6.2　履带车辆系统动力学模型及其拓扑图

如图 6.19 所示的典型履带车辆系统,其多体系统动力学模型考虑了各种影响因素,包括:车辆的各种结构参数、路面参数、运动和振动、

图 6.19　典型履带车辆

履带板及其诱导齿、履带销、不同地面条件、负重轮、主动轮、托带轮、诱导轮、扭杆、平衡轴、车架以及它们之间的相互作用;进一步考虑了发动机、传动系统和它们之间的相互作用以及它们与车架之间的相互作用;最后考虑了车塔、回转机构、摇架、俯仰机构和它们之间的相互作用以及它们与车架之间的相互作用。各种工况下履带车辆系统的力学环境较为复杂,作用在其上的力包括:来自发动机的传动力和牵引力,履带板和履带销、主动轮、诱导轮、负重轮、托带轮、路面之间的接触力,车架和发动机、传动系统、平衡轴、主动轮、诱导轮和托带轮之间的接触力。

6.2.1 履带车辆系统动力学模型

根据多体系统传递矩阵法,履带车辆系统可分解为不同的体和铰,并如图 6.20 所示统一编号。履带车辆基本分为三个子系统:左履带子系统、右履带子系统和车体子系统。一般而言,移除履带系统后的履带车辆部分不同于一般车体。通常前者包括 C2~C6 等元件,而后者则不包括。为了简化描述,本书车体指从原履带车辆上移除履带后的车辆部分。这三个子系统通过接触作用相互联接,它们之间的所有接触力都被视为弹性阻尼力和摩擦力。左、右履带子系统均为由 85 个履带板和 85 个履带销组成的闭环系统。

以下部件建模为刚体:

- 履带板 LT1~LT85 和 RT1~RT85;
- 车架 C1;
- 回转机构 C2;
- 摇架 C3;
- 臂架 C4;
- 吊座 C5;
- 铲斗 C6;
- 发动机和传动系统 C7;
- 诱导轮 LI1 和 RI1;
- 负重轮 LR1~LR6 和 RR1~RR6;
- 主动轮 LD1 和 RD1;

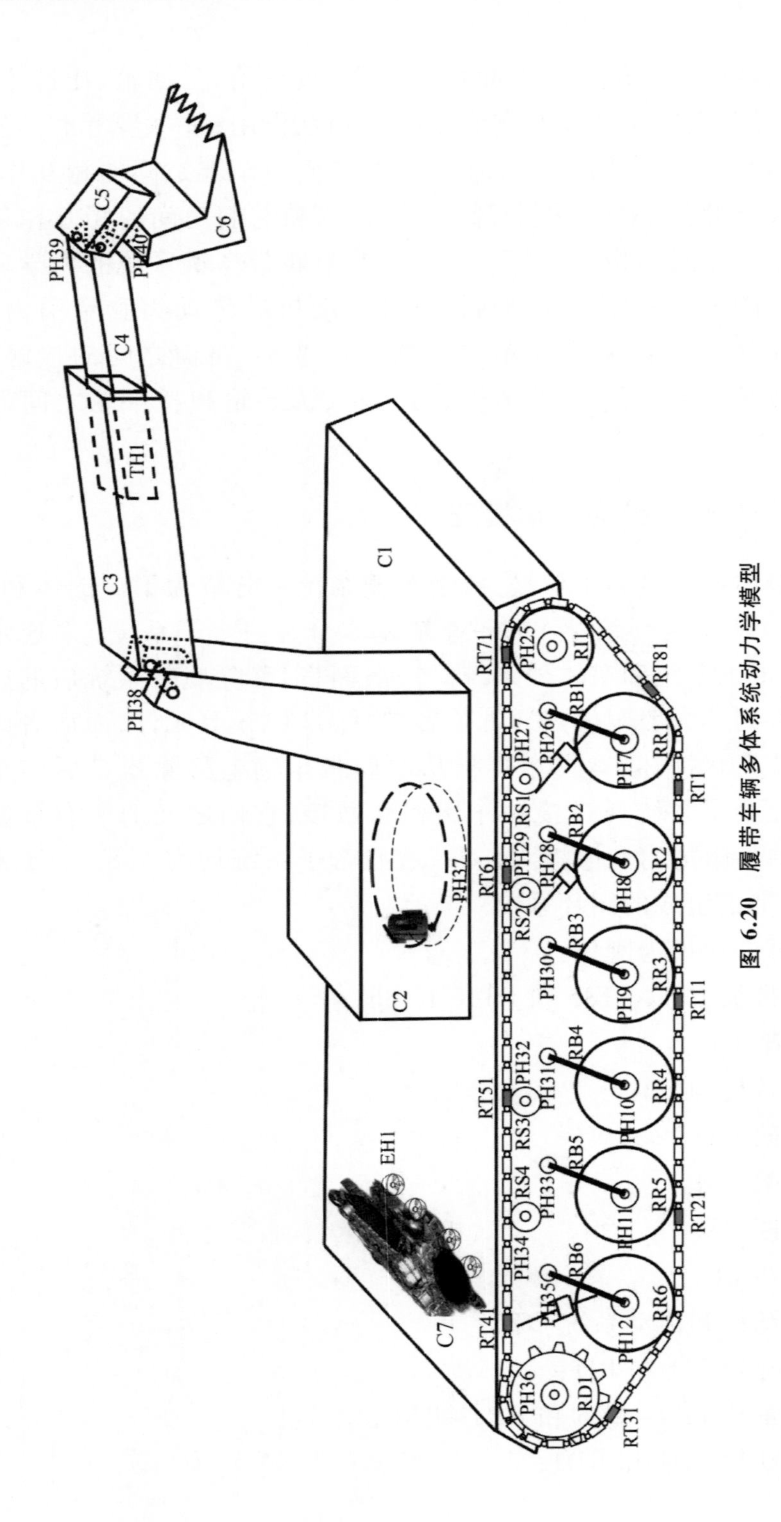

图 6.20　履带车辆多体系统动力学模型

- 托带轮 LS1～LS4 和 RS1～RS4；
- 平衡轴 LB1～LB6 和 RB1～RB6。

以下部件建模为铰：

- 联接相邻履带板的履带销 LP1～LP85 和 RP1～RP85；
- 臂杆 C4 和摇架 C3 之间的滑移铰 TH1；
- 平衡轴 LB1～LB6、RB1～RB6 下端和负重轮 LR1～LR6、RR1～RR6 之间的水平柱铰 PH1～PH12；
- 车架 C1 与主动轮 LD1 和 RD1、托带轮 LS1～LS4 和 RS1～RS4、诱导轮 LI1 和 RI1，平衡轴上端 LB1～LB6 和 RB1～RB6 之间的水平柱铰 PH13～PH36；
- 回转机构 C2 和车架 C1 之间的垂直柱铰 PH37；
- 摇架 C3 和回转机构 C2 之间的水平柱铰 PH38；
- 吊座 C5 和臂架 C4 之间的垂直柱铰 PH39；
- 铲斗 C6 和吊座 C5 之间的水平柱铰 PH40；
- 发动机和传动系统与车架之间的空间弹性阻尼铰 EH1。

将体的弹性效应处理为接触部件之间的接触力。除了分别用于发动机和行驶系统的控制器外，还有其它四个控制器分别用于摇架和车塔之间的俯仰机构、车塔和车架之间的回转机构、摇架和臂架之间的伸缩机构，以及吊座和臂架之间的升降机。每个控制器的质量都划归于相邻的体上，产生的控制力在当前时刻视为外力。因此，履带车辆动力学模型是一个由 599 个元件包括由 386 个铰(211 个柱铰、1 个滑移铰和 174 个弹性阻尼铰)联接 213 个体组成的复杂多体系统。

为提高本书的可读性，并未将所有 174 个弹性阻尼铰都标注在图 6.20 中。车体每侧有 87 个弹性阻尼铰，包括主动轮和履带板之间有 6 个铰，诱导轮和履带板之间有 5 个铰，托带轮和履带板之间有 4 个铰，负重轮和履带板之间有 14 个铰，地面和履带板之间有 29 个铰，履带板诱导齿与主动轮槽之间有 6 个铰，履带板诱导齿与诱导轮槽之间有 5 个铰，履带板诱导齿与负重轮之间有 14 个铰，履带板诱导齿与负重轮之间有 4 个铰。履带车辆元件的两种标记方法分别用于动力学模型和拓扑图中。表 6.2 给出了正文和动力学模型与拓扑图 6.21 中履带车辆主要元件序号对比。

表 6.2　正文和动力学模型与拓扑图中主要元件序号对比表

部　　件	正文和动力学模型中序号	拓扑图中序号
左履带板	LT1～LT85	1，3，…，169
右履带板	RT1～RT85	171，173，…，339
左履带销	LP1～LP85	2，4，…，170
右履带销	RP1～RP85	172，174，…，340
左诱导轮	LI1	342
右诱导轮	RI1	350
左负重轮	LR1～LR6	343～348
右负重轮	RR1～RR6	351～356
左主动轮	LD1	349
右主动轮	RD1	357
左拖带轮	LS1～LS4	370～373
右拖带轮	RS1～RS4	374～377
左平衡轴	LB1～LB6	378～383
右平衡轴	RB1～RB6	384～389
车架	C1	415
回转机构	C2	417
摇架	C3	419
臂架	C4	421
吊座	C5	423
铲斗	C6	425

续 表

部　件	正文和动力学模型中序号	拓扑图中序号
发动机和传动系统	C7	341
柱铰	PH41	390
柱铰	PH1~PH12	358~369
柱铰	PH13~PH36	391~414
柱铰	PH37~PH40	416, 418, 422, 424
滑移铰	TH1	420

6.2.2 履带车辆系统动力学模型拓扑图

图 6.20 中动力学模型的拓扑图如图 6.21 所示。履带车辆在行驶过程中受到的主要作用力包括：摇架与车塔、车塔与车架、车架与平衡轴、负重轮与履带板、负重轮与平衡轴、主动轮与履带板、托带轮与履带板、诱导轮与履带板、履带板与履带销、履带销和地面之间的相互作用。球铰和柱铰与滑移铰涉及的力和力矩视为系统的内力和内力矩，而弹性变形力、阻尼力、摩擦力和相应的力矩在每个计算步长中被视为外力和外力矩。为了方便读者阅读，这些力未在图 6.21 中标记。通过这种方式，作用在车辆上力的分析和履带车辆动力学方程建立的过程将变得方便和直观。

发动机提供的驱动力矩取决于当前和所需车速、发动机功率、最大发动机力矩等。这些力矩由传动机构施加，以驱动主动轮，从而驱动履带。最后，由履带和地面之间的反向摩擦力使车辆前行。

许多现代和经典方法可用来模拟多体系统的复杂接触动力学，例如 Eberhard 和胡斌[58]提出的方法。为了聚焦本书目标，即履带车辆的整体行为，只用经典弹性阻尼模型来描述涉及的接触问题。所有相对运动物体包括摇架、臂架、吊座、铲斗、车塔、车架、主动轮、诱导轮、负重轮、托带轮、平衡轴、履带板、减振器和路面，它们的主

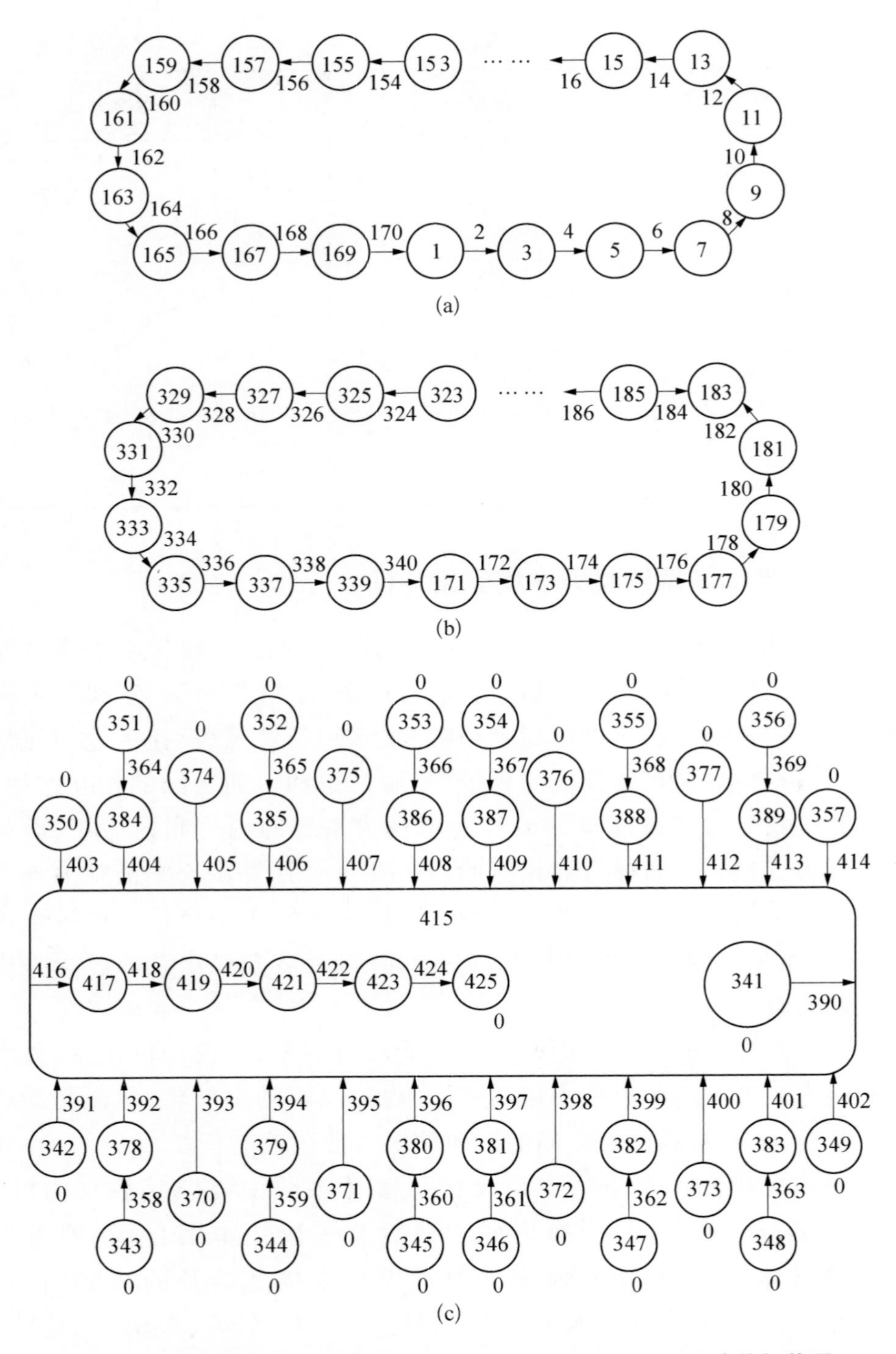

图 6.21　履带车辆(a) 左履带、(b) 右履带和(c) 车体子系统的拓扑图

体被视为刚体,它们的相互作用及弹性作用都等效为铰及弹性阻尼和摩擦作用。履带子系统和车体子系统通过主动轮、诱导轮、负重轮、托带轮和履带板之间的弹性阻尼力和摩擦力联系。当履带板与主动轮轮齿啮合时,履带板与轮齿之间的接触变形和相对速度产生的弹性阻尼力推动履带,在接触前和接触后,它们之间的接触力均为零。

履带板及其诱导齿与主动轮轮齿、车轮系径面和导向槽之间存在间隙。在行驶过程中,履带板及其诱导齿相对这些车轮的位置和方向一直在变化。因此,需要确定这些接触面的接触情况来计算相应接触作用力。当履带板及其诱导齿与车轮接触时,会产生包括变形力、阻尼力和摩擦力三种接触力;不接触时,相应的接触力为零。

6.3 履带车辆系统总传递方程

履带车辆系统模型可分解为两个孤立的履带闭环子系统和车体树形子系统,它们之间仅通过接触力耦合。同时,将履带车辆与地面的相互作用视为作用在履带板和质量为无穷大刚体之间的弹性阻尼基础。如此处理之后,就可在每个计算步长上对车体树形子系统和两个履带闭环子系统分别建模。在第 3 章和第 4 章系统描述的多体系统传递矩阵基础上,首次导出了履带车辆履带闭环子系统和车体树形子系统的总传递方程。

6.3.1 履带子系统总传递方程

用本书前述总传递方程自动推导定理,可得图 6.21(a)和图 6.21(b)中闭环履带子系统的总传递方程。在左履带的铰 170 和体 1 之间以及右履带的铰 340 和体 171 之间假想切断后,根据自动推导定理 2,两个履带子系统的总传递方程(4.7)如下:

$$(\boldsymbol{I}-\boldsymbol{U}_{1\sim170})\boldsymbol{z}_I^1=\boldsymbol{O}_{13\times1},\ (\boldsymbol{I}-\boldsymbol{U}_{171\sim340})\boldsymbol{z}_I^{171}=\boldsymbol{O}_{13\times1} \tag{6.27}$$

履带板和履带销的传递矩阵分别由单端输入刚体传递矩阵(3.2)和空间柱铰传递矩阵(3.57)确定。分别求解式(6.27)的两个方程,可获得每个计算步长的元件 1 和元件 171 输入端的完整状态矢量。然后,根据两个履带子系统各元件的传递路径和传递方程,可依次得到每个计算步长的履带子系统各联接点状态矢量。

6.3.2 车体子系统总传递方程

图 6.21(c)所示的车体子系统拓扑图可被视为图 3.6 树形系统在输入端总数为 $N=25$ 时的特例。认为铰 390 与 25 端输入体 415 的第一输入端联接。由体 415 及其内接柱铰 391~414 组成的 25 端输入子系统的传递矩阵和协调方程系数矩阵由式(3.85)和(3.88)($N=25$ 时)确定,其它单端输入刚体的传递矩阵由式(3.2)确定。除滑移铰 420 外的其它铰的传递矩阵由式(3.57)确定。滑移铰的基本方程已在 3.5 节给出,其传递矩阵可在文献[116]中找到,并直接列出:

$$\boldsymbol{U}^H=\begin{bmatrix}\boldsymbol{U}_O^{-1}\boldsymbol{U}_{I,\ddot{r}} & \boldsymbol{U}_O^{-1}\boldsymbol{U}_{I,\dot{\omega}} & \boldsymbol{U}_O^{-1}\boldsymbol{U}_{I,m} & \boldsymbol{U}_O^{-1}\boldsymbol{U}_{I,q} & \boldsymbol{U}_O^{-1}\boldsymbol{U}_{I,f}\\ \boldsymbol{O}_{3\times3} & \boldsymbol{I}_3 & \boldsymbol{O}_{3\times3} & \boldsymbol{O}_{3\times3} & \boldsymbol{O}_{3\times1}\\ \boldsymbol{O}_{3\times3} & \boldsymbol{O}_{3\times3} & \boldsymbol{I}_3 & \tilde{\boldsymbol{r}}_{IO} & \boldsymbol{O}_{3\times1}\\ \boldsymbol{O}_{3\times3} & \boldsymbol{O}_{3\times3} & \boldsymbol{O}_{3\times3} & \boldsymbol{I}_3 & \boldsymbol{O}_{3\times1}\\ \boldsymbol{O}_{1\times3} & \boldsymbol{O}_{1\times3} & \boldsymbol{O}_{1\times3} & \boldsymbol{O}_{1\times3} & 1\end{bmatrix} \tag{6.28}$$

式中

$$\boldsymbol{U}_O=\begin{bmatrix}\boldsymbol{H}_{1-2}\boldsymbol{A}_I^{\mathrm{T}}\\ -\boldsymbol{H}_3\boldsymbol{A}_O^{\mathrm{T}}\boldsymbol{U}_{4,1}\end{bmatrix},\quad \boldsymbol{U}_{I,\ddot{r}}=\begin{bmatrix}\boldsymbol{H}_{1-2}\boldsymbol{A}_I^{\mathrm{T}}\\ \boldsymbol{O}_{1\times3}\end{bmatrix},$$

$$\boldsymbol{U}_{I,\dot{\omega}}=\begin{bmatrix}-\boldsymbol{H}_{1-2}\tilde{\boldsymbol{r}}'_{IO}\boldsymbol{A}_I^{\mathrm{T}}\\ \boldsymbol{H}_3\boldsymbol{A}_O^{\mathrm{T}}\boldsymbol{U}_{4,2}\end{bmatrix},\quad \boldsymbol{U}_{I,m}=\begin{bmatrix}\boldsymbol{O}_{2\times3}\\ \boldsymbol{H}_3\boldsymbol{A}_O^{\mathrm{T}}\boldsymbol{U}_{4,3}\end{bmatrix},$$

$$\boldsymbol{U}_{I,q} = \begin{bmatrix} \boldsymbol{O}_{2\times3} \\ \boldsymbol{H}_3\boldsymbol{A}_O^{\mathrm{T}}(\boldsymbol{U}_{4,4} + \boldsymbol{U}_{4,3}\tilde{\boldsymbol{r}}_{IO}) \end{bmatrix},$$

$$\boldsymbol{U}_{I,f} = \begin{bmatrix} \boldsymbol{H}_{1-2}(\boldsymbol{A}_I^{\mathrm{T}}\tilde{\boldsymbol{\omega}}_I\tilde{\boldsymbol{\omega}}_I\boldsymbol{A}_I\boldsymbol{r}'_{IO} + 2\boldsymbol{A}_I^{\mathrm{T}}\tilde{\boldsymbol{\omega}}_I\boldsymbol{A}_I\dot{\boldsymbol{r}}'_{IO}) \\ \boldsymbol{H}_3\boldsymbol{A}_O^{\mathrm{T}}\boldsymbol{U}_{4,5} \end{bmatrix} \tag{6.29}$$

子矩阵 $\boldsymbol{U}_{i,j}$ 是该铰外接元件的传递矩阵。

然后,根据第 4 章中的自动推导定理 3,很容易得到车体子系统的总传递方程

$$\boldsymbol{U}_{\mathrm{all}}\boldsymbol{z}_{\mathrm{all}} = \boldsymbol{0} \tag{6.30}$$

和总传递矩阵

$$\boldsymbol{U}_{\mathrm{all}} = \begin{bmatrix} -\boldsymbol{I}_{13} & \boldsymbol{T}_{1,2} & \boldsymbol{T}_{1,3} & \cdots & \boldsymbol{T}_{1,26} \\ \boldsymbol{O}_{6\times13} & \boldsymbol{G}_{2,2} & \boldsymbol{G}_{2,3} & \cdots & \boldsymbol{G}_{2,26} \\ \boldsymbol{O}_{6\times13} & \boldsymbol{G}_{3,2} & \boldsymbol{G}_{3,3} & \cdots & \boldsymbol{G}_{3,26} \\ \vdots & \vdots & \vdots & \ddots & \vdots \\ \boldsymbol{O}_{6\times13} & \boldsymbol{G}_{25,2} & \boldsymbol{G}_{25,3} & \cdots & \boldsymbol{G}_{25,26} \end{bmatrix} \tag{6.31}$$

车体子系统的边界状态矢量

$$\begin{aligned} \boldsymbol{z}_{\mathrm{all}} = [\,&(\boldsymbol{z}_O^{425})^{\mathrm{T}} \quad (\boldsymbol{z}_I^{341})^{\mathrm{T}} \quad (\boldsymbol{z}_I^{342})^{\mathrm{T}} \quad (\boldsymbol{z}_I^{343})^{\mathrm{T}} \quad (\boldsymbol{z}_I^{370})^{\mathrm{T}} \quad (\boldsymbol{z}_I^{344})^{\mathrm{T}} \quad (\boldsymbol{z}_I^{371})^{\mathrm{T}} \\ &(\boldsymbol{z}_I^{345})^{\mathrm{T}} \quad (\boldsymbol{z}_I^{346})^{\mathrm{T}} \quad (\boldsymbol{z}_I^{372})^{\mathrm{T}} \quad (\boldsymbol{z}_I^{347})^{\mathrm{T}} \quad (\boldsymbol{z}_I^{373})^{\mathrm{T}} \quad (\boldsymbol{z}_I^{348})^{\mathrm{T}} \quad (\boldsymbol{z}_I^{349})^{\mathrm{T}} \\ &(\boldsymbol{z}_I^{350})^{\mathrm{T}} \quad (\boldsymbol{z}_I^{351})^{\mathrm{T}} \quad (\boldsymbol{z}_I^{374})^{\mathrm{T}} \quad (\boldsymbol{z}_I^{352})^{\mathrm{T}} \quad (\boldsymbol{z}_I^{375})^{\mathrm{T}} \quad (\boldsymbol{z}_I^{353})^{\mathrm{T}} \quad (\boldsymbol{z}_I^{354})^{\mathrm{T}} \\ &(\boldsymbol{z}_I^{376})^{\mathrm{T}} \quad (\boldsymbol{z}_I^{355})^{\mathrm{T}} \quad (\boldsymbol{z}_I^{377})^{\mathrm{T}} \quad (\boldsymbol{z}_I^{356})^{\mathrm{T}} \quad (\boldsymbol{z}_I^{357})^{\mathrm{T}}]^{\mathrm{T}} \end{aligned} \tag{6.32}$$

$\boldsymbol{T}_{1,j}$ 和 $\boldsymbol{G}_{i,j}$ 表达式如下:

$$
\left\{\begin{array}{l}
\boldsymbol{T}_{1,2}=\boldsymbol{U}_{416\sim425}\boldsymbol{U}_{390}^{415}\boldsymbol{U}^{341}\\
\boldsymbol{T}_{1,3}=\boldsymbol{U}_{416\sim425}\boldsymbol{U}_{391}^{415}\boldsymbol{U}^{342}\\
\boldsymbol{T}_{1,4}=\boldsymbol{U}_{416\sim425}\boldsymbol{U}_{392}^{415}\boldsymbol{U}^{378}\boldsymbol{U}^{358}\boldsymbol{U}^{343}\\
\boldsymbol{T}_{1,5}=\boldsymbol{U}_{416\sim425}\boldsymbol{U}_{393}^{415}\boldsymbol{U}^{370}\\
\boldsymbol{T}_{1,6}=\boldsymbol{U}_{416\sim425}\boldsymbol{U}_{394}^{415}\boldsymbol{U}^{379}\boldsymbol{U}^{359}\boldsymbol{U}^{344}\\
\boldsymbol{T}_{1,7}=\boldsymbol{U}_{416\sim425}\boldsymbol{U}_{395}^{415}\boldsymbol{U}^{371}\\
\boldsymbol{T}_{1,8}=\boldsymbol{U}_{416\sim425}\boldsymbol{U}_{396}^{415}\boldsymbol{U}^{380}\boldsymbol{U}^{360}\boldsymbol{U}^{345}\\
\boldsymbol{T}_{1,9}=\boldsymbol{U}_{416\sim425}\boldsymbol{U}_{397}^{415}\boldsymbol{U}^{381}\boldsymbol{U}^{361}\boldsymbol{U}^{346}\\
\boldsymbol{T}_{1,10}=\boldsymbol{U}_{416\sim425}\boldsymbol{U}_{398}^{415}\boldsymbol{U}^{372}\\
\boldsymbol{T}_{1,11}=\boldsymbol{U}_{416\sim425}\boldsymbol{U}_{399}^{415}\boldsymbol{U}^{382}\boldsymbol{U}^{362}\boldsymbol{U}^{347}\\
\boldsymbol{T}_{1,12}=\boldsymbol{U}_{416\sim425}\boldsymbol{U}_{400}^{415}\boldsymbol{U}^{373}\\
\boldsymbol{T}_{1,13}=\boldsymbol{U}_{416\sim425}\boldsymbol{U}_{401}^{415}\boldsymbol{U}^{383}\boldsymbol{U}^{363}\boldsymbol{U}^{348}\\
\boldsymbol{T}_{1,14}=\boldsymbol{U}_{416\sim425}\boldsymbol{U}_{402}^{415}\boldsymbol{U}^{349}\\
\boldsymbol{T}_{1,15}=\boldsymbol{U}_{416\sim425}\boldsymbol{U}_{403}^{415}\boldsymbol{U}^{350}\\
\boldsymbol{T}_{1,16}=\boldsymbol{U}_{416\sim425}\boldsymbol{U}_{404}^{415}\boldsymbol{U}^{384}\boldsymbol{U}^{364}\boldsymbol{U}^{351}\\
\boldsymbol{T}_{1,17}=\boldsymbol{U}_{416\sim425}\boldsymbol{U}_{405}^{415}\boldsymbol{U}^{374}\\
\boldsymbol{T}_{1,18}=\boldsymbol{U}_{416\sim425}\boldsymbol{U}_{406}^{415}\boldsymbol{U}^{385}\boldsymbol{U}^{365}\boldsymbol{U}^{352}\\
\boldsymbol{T}_{1,19}=\boldsymbol{U}_{416\sim425}\boldsymbol{U}_{407}^{415}\boldsymbol{U}^{375}\\
\boldsymbol{T}_{1,20}=\boldsymbol{U}_{416\sim425}\boldsymbol{U}_{408}^{415}\boldsymbol{U}^{386}\boldsymbol{U}^{366}\boldsymbol{U}^{353}\\
\boldsymbol{T}_{1,21}=\boldsymbol{U}_{416\sim425}\boldsymbol{U}_{409}^{415}\boldsymbol{U}^{387}\boldsymbol{U}^{367}\boldsymbol{U}^{354}\\
\boldsymbol{T}_{1,22}=\boldsymbol{U}_{416\sim425}\boldsymbol{U}_{410}^{415}\boldsymbol{U}^{376}\\
\boldsymbol{T}_{1,23}=\boldsymbol{U}_{416\sim425}\boldsymbol{U}_{411}^{415}\boldsymbol{U}^{388}\boldsymbol{U}^{368}\boldsymbol{U}^{355}\\
\boldsymbol{T}_{1,24}=\boldsymbol{U}_{416\sim425}\boldsymbol{U}_{412}^{415}\boldsymbol{U}^{377}\\
\boldsymbol{T}_{1,25}=\boldsymbol{U}_{416\sim425}\boldsymbol{U}_{413}^{415}\boldsymbol{U}^{389}\boldsymbol{U}^{369}\boldsymbol{U}^{356}\\
\boldsymbol{T}_{1,26}=\boldsymbol{U}_{416\sim425}\boldsymbol{U}_{414}^{415}\boldsymbol{U}^{357}
\end{array}\right.,\quad
\left\{\begin{array}{l}
\boldsymbol{G}_{i,2}=\boldsymbol{H}_{390}^{i+389}\boldsymbol{U}^{341}\\
\boldsymbol{G}_{i,3}=\boldsymbol{H}_{391}^{i+389}\boldsymbol{U}^{342}\\
\boldsymbol{G}_{i,4}=\boldsymbol{H}_{392}^{i+389}\boldsymbol{U}^{378}\boldsymbol{U}^{358}\boldsymbol{U}^{343}\\
\boldsymbol{G}_{i,5}=\boldsymbol{H}_{393}^{i+389}\boldsymbol{U}^{370}\\
\boldsymbol{G}_{i,6}=\boldsymbol{H}_{394}^{i+389}\boldsymbol{U}^{379}\boldsymbol{U}^{359}\boldsymbol{U}^{344}\\
\boldsymbol{G}_{i,7}=\boldsymbol{H}_{395}^{i+389}\boldsymbol{U}^{371}\\
\boldsymbol{G}_{i,8}=\boldsymbol{H}_{396}^{i+389}\boldsymbol{U}^{380}\boldsymbol{U}^{360}\boldsymbol{U}^{345}\\
\boldsymbol{G}_{i,9}=\boldsymbol{H}_{397}^{i+389}\boldsymbol{U}^{381}\boldsymbol{U}^{361}\boldsymbol{U}^{346}\\
\boldsymbol{G}_{i,10}=\boldsymbol{H}_{398}^{i+389}\boldsymbol{U}^{372}\\
\boldsymbol{G}_{i,11}=\boldsymbol{H}_{399}^{i+389}\boldsymbol{U}^{382}\boldsymbol{U}^{362}\boldsymbol{U}^{347}\\
\boldsymbol{G}_{i,12}=\boldsymbol{H}_{400}^{i+389}\boldsymbol{U}^{373}\\
\boldsymbol{G}_{i,13}=\boldsymbol{H}_{401}^{i+389}\boldsymbol{U}^{383}\boldsymbol{U}^{363}\boldsymbol{U}^{348}\\
\boldsymbol{G}_{i,14}=\boldsymbol{H}_{402}^{i+389}\boldsymbol{U}^{349}\\
\boldsymbol{G}_{i,15}=\boldsymbol{H}_{403}^{i+389}\boldsymbol{U}^{350}\\
\boldsymbol{G}_{i,16}=\boldsymbol{H}_{404}^{i+389}\boldsymbol{U}^{384}\boldsymbol{U}^{364}\boldsymbol{U}^{351}\\
\boldsymbol{G}_{i,17}=\boldsymbol{H}_{405}^{i+389}\boldsymbol{U}^{374}\\
\boldsymbol{G}_{i,18}=\boldsymbol{H}_{406}^{i+389}\boldsymbol{U}^{385}\boldsymbol{U}^{365}\boldsymbol{U}^{352}\\
\boldsymbol{G}_{i,19}=\boldsymbol{H}_{407}^{i+389}\boldsymbol{U}^{375}\\
\boldsymbol{G}_{i,20}=\boldsymbol{H}_{408}^{i+389}\boldsymbol{U}^{386}\boldsymbol{U}^{366}\boldsymbol{U}^{353}\\
\boldsymbol{G}_{i,21}=\boldsymbol{H}_{409}^{i+389}\boldsymbol{U}^{387}\boldsymbol{U}^{367}\boldsymbol{U}^{354}\\
\boldsymbol{G}_{i,22}=\boldsymbol{H}_{410}^{i+389}\boldsymbol{U}^{376}\\
\boldsymbol{G}_{i,23}=\boldsymbol{H}_{411}^{i+389}\boldsymbol{U}^{388}\boldsymbol{U}^{368}\boldsymbol{U}^{355}\\
\boldsymbol{G}_{i,24}=\boldsymbol{H}_{412}^{i+389}\boldsymbol{U}^{377}\\
\boldsymbol{G}_{i,25}=\boldsymbol{H}_{413}^{i+389}\boldsymbol{U}^{389}\boldsymbol{U}^{369}\boldsymbol{U}^{356}\\
\boldsymbol{G}_{i,26}=\boldsymbol{H}_{414}^{i+389}\boldsymbol{U}^{357}
\end{array}\right.
$$

$$(i=2,3,\cdots,25) \tag{6.33}$$

$$\boldsymbol{U}_j^{415} = \sum_{k=1}^{25} \boldsymbol{U}_{I_k}^{415} \boldsymbol{U}_{389+k,j} \quad (j = 390, 391, 392, \cdots, 414) \tag{6.34}$$

显然,车体子系统的总传递方程只是多端输入子系统总传递方程(3.90)的扩展,其输入到输出的传递方程和输入之间的协调方程中输入端状态矢量分别用链式子系统的梢状态乘以相应的传递矩阵表示。在总传递矩阵(6.31)中,第一行元素是主传递矩阵,它们与边界状态矢量的乘积得到系统主传递方程。主传递矩阵 $\boldsymbol{T}_{1,j}(j = 2, 3, \cdots, 26)$ 等于沿从梢到根传递路径上所有元件传递矩阵连续左乘积,其中,25 端输入树形子系统的第一输入端所涉及的传递矩阵是在传递路径中作为单端输入单端输出子系统处理的体和铰传递矩阵左乘积;25 端输入树形子系统的非第一输入端所涉及的传递矩阵是相应输入端的关联矩阵。第 $i(i = 2, 3, \cdots, 25)$ 行和第 $j(j = 2, 3, \cdots, 26)$ 列中的协调矩阵 $\boldsymbol{G}_{i,j}$ 等于从对应第 j 个梢的梢元件到 25 端输入树形子系统的第 j 个输入端的传递路径上所有元件传递矩阵连续左乘积,最后与相应的加速度提取矩阵左乘。

在加速度层级将弹性接触力和摩擦力处理为外力后,车体子系统的边界都可视为自由边界,因此对应的边界内力和内力矩均为零,即

$$\boldsymbol{z}_O^{425} = [\ddot{x} \quad \ddot{y} \quad \ddot{z} \quad \dot{\omega}_x \quad \dot{\omega}_y \quad \dot{\omega}_z \quad 0 \quad 0 \quad 0 \quad 0 \quad 0 \quad 0 \quad 1]_{425,O}^{\mathrm{T}},$$

$$\boldsymbol{z}_I^{i} = [\ddot{x} \quad \ddot{y} \quad \ddot{z} \quad \dot{\omega}_x \quad \dot{\omega}_y \quad \dot{\omega}_z \quad 0 \quad 0 \quad 0 \quad 0 \quad 0 \quad 0 \quad 1]_{i,I}^{\mathrm{T}}$$

$$(i = 341, 342, 343, 344, 345, 346, 347, 348, 349, 350, 351, 352, 353, 354, 355, 356, 357, 370, 371, 372, 373, 374, 375, 376, 377) \tag{6.35}$$

6.4 履带车辆系统缩减传递方程

为了提高计算稳定性,用解耦铰缩减多体系统传递矩阵法,在 6.4.1 节和 6.4.2 节分别建立履带子系统和车体子系统的缩减传递方程。

6.4.1 履带子系统缩减传递方程

根据 5.2.2 节和 5.3.2 节可直接获得两个闭环履带子系统的缩减传递方

程。根据式(5.37)和(5.45),假想切断体输入端缩减传递矩阵的初始值为

$$\boldsymbol{S}_I^i = \boldsymbol{O}_{6\times6},\ \boldsymbol{D}_I^i = \boldsymbol{I}_6,\ \boldsymbol{e}_I^i = \boldsymbol{O}_{6\times1},$$
$$\boldsymbol{B}_{b,I}^i = \boldsymbol{I}_6,\ \boldsymbol{B}_{a,I}^i = \boldsymbol{O}_{6\times6},\ \boldsymbol{b}_I^i = \boldsymbol{O}_{6\times1}\quad (i = 1,\ 171) \tag{6.36}$$

接下来,体 ($i = 2n - 1$; $n = 1, 2, \cdots, 170$) 缩减传递矩阵 $\boldsymbol{S}_O^i$、$\boldsymbol{D}_O^i$、$\boldsymbol{e}_O^i$、$\boldsymbol{B}_{b,O}^i$、$\boldsymbol{B}_{a,O}^i$ 和 $\boldsymbol{b}_O^i$ 可由式(5.63)即

$$\begin{cases}\boldsymbol{P}^i = (\boldsymbol{T}_{ba}^i\boldsymbol{S}_I^i + \boldsymbol{T}_{bb}^i)^{-1},\ \boldsymbol{W}^i = -\boldsymbol{P}^i\boldsymbol{T}_{ba}^i\boldsymbol{D}_I^i,\ \boldsymbol{Q}^i = -\boldsymbol{P}^i(\boldsymbol{T}_{ba}^i\boldsymbol{e}_I^i + \boldsymbol{f}_b^i)\\ \boldsymbol{S}_O^i = (\boldsymbol{T}_{aa}^i\boldsymbol{S}_I^i + \boldsymbol{T}_{ab}^i)\boldsymbol{P}^i,\ \boldsymbol{D}_O^i = (\boldsymbol{T}_{aa}^i\boldsymbol{S}_I^i + \boldsymbol{T}_{ab}^i)\boldsymbol{W}^i + \boldsymbol{T}_{aa}^i\boldsymbol{D}_I^i\\ \boldsymbol{e}_O^i = (\boldsymbol{T}_{aa}^i\boldsymbol{S}_I^i + \boldsymbol{T}_{ab}^i)\boldsymbol{Q}^i + \boldsymbol{T}_{aa}^i\boldsymbol{e}_I^i + \boldsymbol{f}_a^i\\ \boldsymbol{B}_{b,O}^i = \boldsymbol{B}_{b,I}^i\boldsymbol{P}^i,\ \boldsymbol{B}_{a,O}^i = \boldsymbol{B}_{a,I}^i + \boldsymbol{B}_{b,I}^i\boldsymbol{W}^i,\ \boldsymbol{b}_O^i = \boldsymbol{b}_I^i + \boldsymbol{B}_{b,I}^i\boldsymbol{Q}^i\end{cases} \tag{6.37}$$

以及铰($i = 2n$; $n = 1, 2, \cdots, 170$)缩减传递矩阵可由式(5.174)、(5.176)和(5.178)即

$$\begin{cases}\boldsymbol{P}^i = -\begin{bmatrix}\boldsymbol{E}_I^i\\ \boldsymbol{E}_s^i\boldsymbol{S}_I^i\end{bmatrix}^{-1}\begin{bmatrix}\boldsymbol{E}_O^i\\ \boldsymbol{O}\end{bmatrix},\ \boldsymbol{W}^i = -\begin{bmatrix}\boldsymbol{E}_I^i\\ \boldsymbol{E}_s^i\boldsymbol{S}_I^i\end{bmatrix}^{-1}\begin{bmatrix}\boldsymbol{O}\\ \boldsymbol{E}_s^i\boldsymbol{D}_I^i\end{bmatrix}\\ \boldsymbol{Q}^i = -\begin{bmatrix}\boldsymbol{E}_I^i\\ \boldsymbol{E}_s^i\boldsymbol{S}_I^i\end{bmatrix}^{-1}\begin{bmatrix}\boldsymbol{E}_f^i\\ \boldsymbol{E}_s^i\boldsymbol{e}_I^i\end{bmatrix}\\ \boldsymbol{S}_O^i = \boldsymbol{E}_e^i\boldsymbol{S}_I^i\boldsymbol{P}^i,\ \boldsymbol{D}_O^i = \boldsymbol{E}_e^i\boldsymbol{S}_I^i\boldsymbol{W}^i + \boldsymbol{E}_e^i\boldsymbol{D}_I^i,\ \boldsymbol{e}_O^i = \boldsymbol{E}_e^i\boldsymbol{e}_I^i + \boldsymbol{E}_e^i\boldsymbol{S}_I^i\boldsymbol{Q}^i\\ \boldsymbol{B}_{b,O}^i = \boldsymbol{B}_{b,I}^i\boldsymbol{P}^i,\ \boldsymbol{B}_{a,O}^i = \boldsymbol{B}_{a,I}^i + \boldsymbol{B}_{b,I}^i\boldsymbol{W}^i,\ \boldsymbol{b}_O^i = \boldsymbol{b}_I^i + \boldsymbol{B}_{b,I}^i\boldsymbol{Q}^i\end{cases} \tag{6.38}$$

沿传递路径逐一递推得到。

假想切断点状态矢量的方程可通过式(5.47)获得

$$\begin{bmatrix}\boldsymbol{I} - \boldsymbol{D}_O^n & -\boldsymbol{S}_O^n\\ -\boldsymbol{B}_{a,O}^n & \boldsymbol{I} - \boldsymbol{B}_{b,O}^n\end{bmatrix}\begin{bmatrix}\boldsymbol{z}_{a,O}^n\\ \boldsymbol{z}_{b,O}^n\end{bmatrix} = \begin{bmatrix}\boldsymbol{e}_O^n\\ \boldsymbol{b}_O^n\end{bmatrix}\quad (n = 170,\ 340) \tag{6.39}$$

获得假想切断点状态矢量后,用缩减传递方程(5.65)逆传递路径递推获得履带所有联接点的状态矢量

$$\begin{cases}\boldsymbol{z}_{b,I}^i = \boldsymbol{P}^i\boldsymbol{z}_{b,O}^i + \boldsymbol{W}^i\boldsymbol{z}_{a,O}^n + \boldsymbol{Q}^i\\ \boldsymbol{z}_{a,I}^i = \boldsymbol{S}_I^i\boldsymbol{z}_{b,I}^i + \boldsymbol{D}_I^i\boldsymbol{z}_{a,O}^n + \boldsymbol{e}_I^i\end{cases}\quad (i = 340,\ 339,\ 338,\ \cdots,\ 1) \tag{6.40}$$

式中,左履带 $n=170$,右履带 $n=340$。

6.4.2 车体子系统缩减传递方程

树形车体子系统的缩减传递方程可根据 5.2.3、5.3.1 和 5.3.4 节直接获得。边界端缩减传递矩阵的初值为

$$S_I^i = O_{6\times 6},\ e_I^i = O_{6\times 1}$$

$$(i = 341, 342, 343, 344, 345, 346, 347, 348, 349, 350, 351, 352, 353, 354, 355, 356, 357, 370, 371, 372, 373, 374, 375, 376, 377) \tag{6.41}$$

缩减传递矩阵 S_O^i 和 e_O^i 沿传递路径逐一得到。对于单端输入体($i=341, 342, \cdots, 357, 370, 371, \cdots, 389$),应用式(5.24),即

$$\begin{cases} P^i = (T_{ba}^i S_I^i + T_{bb}^i)^{-1},\ Q^i = -P^i(T_{ba}^i e_I^i + f_b^i) \\ S_O^i = (T_{aa}^i S_I^i + T_{ab}^i) P^i,\ e_O^i = (T_{aa}^i e_I^i + f_a^i) + (T_{aa}^i S_I^i + T_{ab}^i) Q^i \end{cases} \tag{6.42}$$

对于铰($i=358, 359, \cdots, 369, 390, 391, \cdots, 414$),应用式(5.166)和(5.168),即

$$\begin{cases} P^i = -\begin{bmatrix} E_I^i \\ E_s^i S_I^i \end{bmatrix}^{-1} \begin{bmatrix} E_O^i \\ O \end{bmatrix},\ Q^i = -\begin{bmatrix} E_I^i \\ E_s^i S_I^i \end{bmatrix}^{-1} \begin{bmatrix} E_f^i \\ E_s^i e_I^i \end{bmatrix} \\ S_O^i = E_e^i S_I^i P^i,\ e_O^i = E_e^i e_I^i + E_e^i S_I^i Q^i \end{cases} \tag{6.43}$$

然后,应用式(5.206)、(5.208)和(5.210)于 25 端输入刚体 415:

$$\begin{cases} P_I^{415} = \left(T_{b,I}^{415} + \sum_{j=2}^{25} T_{b,I_j}^{415} \hat{H}_{I_j}^{415}\right)^{-1},\ Q_I^{415} = -P_I^{415}\left(\sum_{j=2}^{25} T_{b,I_j}^{415} \hat{h}_{I_j}^{415} + t_b^{415}\right) \\ P_{I_j}^{415} = \hat{H}_{I_j}^{415} P_I^{415},\ Q_{I_j}^{415} = \hat{H}_{I_j}^{415} Q_I^{415} + \hat{h}_{I_j}^{415},\ (j = 2, 3, \cdots, 25) \\ S_O^{415} = \left(T_{a,I}^{415} + \sum_{j=2}^{25} T_{a,I_j}^{415} \hat{H}_{I_j}^{415}\right) P_I^{415} \\ e_O^{415} = \left(T_{a,I}^{415} + \sum_{j=2}^{25} T_{a,I_j}^{415} \hat{H}_{I_j}^{415}\right) Q_I^{415} + \sum_{j=2}^{25} T_{a,I_j}^{415} \hat{h}_{I_j}^{415} + t_a^{415} \end{cases} \tag{6.44}$$

最后,从给定的 $\boldsymbol{S}_O^{415}$ 和 $\boldsymbol{e}_O^{415}$ 开始,应用体(i = 417, 419, 421, 423, 425)递推方程(6.42)和铰(i = 416, 418, 420, 422, 424)递推方程(6.43),到 $\boldsymbol{S}_O^{425}$ 和 $\boldsymbol{e}_O^{425}$ 结束。系统根 $P_{425,O}$ 的状态矢量用其缩减传递方程和边界条件得到

$$\boldsymbol{z}_{a,O}^{425} = \boldsymbol{S}_O^{425}\boldsymbol{z}_{b,O}^{425} + \boldsymbol{e}_O^{425} = \boldsymbol{O}_{6\times 1} \tag{6.45}$$

一旦获得了系统根 $P_{425,O}$ 的状态矢量,所有联接点的状态矢量可逆传递路径依次得到。对于单端输入体(i = 341, 342, …, 357, 370, 371, …, 389, 417, 419, 421, 423, 425)和单端输入铰(i = 358, 359, …, 369, 390, 391, …, 414, 416, 418, 420, 422, 424)使用式(5.27)

$$\begin{cases} \boldsymbol{z}_{b,I}^{i} = \boldsymbol{P}^{i}\boldsymbol{z}_{b,O}^{i} + \boldsymbol{Q}^{i} \\ \boldsymbol{z}_{a,I}^{i} = \boldsymbol{S}_I^{i}\boldsymbol{z}_{b,I}^{i} + \boldsymbol{e}_I^{i} \end{cases} \tag{6.46}$$

对于 25 端输入体,使用缩减传递方程(5.211)

$$\begin{cases} \boldsymbol{z}_{b,I_j}^{415} = \boldsymbol{P}_{I_j}^{415}\boldsymbol{z}_{b,O}^{415} + \boldsymbol{Q}_{I_j}^{415} \\ \boldsymbol{z}_{a,I_j}^{415} = \boldsymbol{S}_{I_j}^{415}\boldsymbol{z}_{b,I_j}^{415} + \boldsymbol{e}_{I_j}^{415} \end{cases} \quad (j = 1, 2, \cdots, 25) \tag{6.47}$$

6.5 履带车辆系统动力学仿真及其试验验证

为了验证所提出的方法,仿真并试验测试了履带车辆在各种不平路面上行驶时的动力学行为,并将履带车辆系统动力学的仿真与试验结果进行比较。

6.5.1 履带车辆系统动力学仿真

随机路面输入是指车辆在路面上受到的连续激励,这种路面的平整程度比较均匀,频率分布较广,通常使用统计特征来描述。路面不平度主要采用路面功率谱密度(PSD)描述其统计特征,并采用如下幂函数形式表示[171]

$$G_q(n) = G_q(n_0)\left(\frac{n}{n_0}\right)^{-W} \tag{6.48}$$

式中，n 表示空间频率，是波长的倒数；n_0 为参考空间频率；$G_q(n_0)$ 为参考空间频率 n_0 下的路面谱值，称为路面不平度系数；W 为频率指数，是功率谱密度在双对数坐标下斜线的斜率，它决定路面谱的频率结构。

国家标准 GB7031－86[171] 中按路面功率谱密度把路面的不平度分为 8 个等级，表 6.3 给出了在 $0.011 < n < 2.83$ 范围 8 个等级路面不平度系数 $G_q(n_0)$ 的上限、下限、几何平均值和路面不平度相应的均方根 $q_{rms}(\sigma_q)$。

表 6.3　路面不平度分类标准

路面等级	$G_q(n_0)/(10^{-6}\ m^3)$ $(n_0 = 0.1\ m^{-1})$			$q_{rms}(\sigma_q)$
	上　限	下　限	几何平均值	
A	8	32	16	3.81
B	32	128	64	7.61
C	128	512	256	15.23
D	512	2 048	1 024	30.45
E	2 048	8 192	4 096	60.90
F	8 192	32 768	16 384	121.80
G	32 768	131 072	65 536	243.61
H	131 072	524 288	262 144	487.22

行驶速度 v、空间频率 n 和时间频率 f 具有以下关系：

$$f = vn \tag{6.49}$$

$$G_q(f) = G_q(n)/v \tag{6.50}$$

当 $W = 2$ 时，将式(6.49)和(6.50)代入式(6.48)可得

$$G_q(f) = n_0^2 G_q(n_0) v/f^2 \tag{6.51}$$

采用谐波叠加法[172]重构路面高度随距离的变化。A 级、D 级和 E 级道路的路面谱如图 6.22 所示。

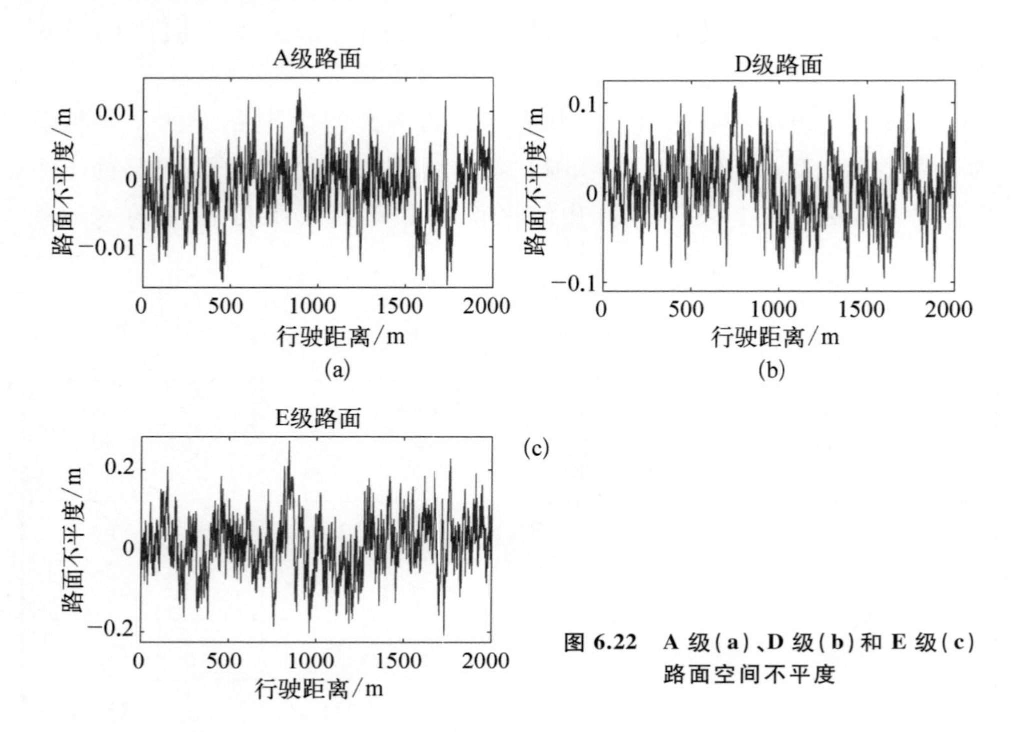

图 6.22　A 级(a)、D 级(b)和 E 级(c)路面空间不平度

用解耦铰缩减多体系统传递矩阵法,在以下初始条件下进行履带车辆动力学仿真:车体第一输入端的初始位置坐标为

$$\boldsymbol{r}_{I_1}^{415} = [0 \quad 0.636\,48 \quad 0]^{\mathrm{T}}\ \mathrm{m} \tag{6.52}$$

初始角度为

$$\boldsymbol{\theta}_{415} = [0 \quad 0 \quad 0]^{\mathrm{T}}\ \mathrm{rad} \tag{6.53}$$

所有柱铰和滑移铰的初始相对转角和相对位移为零,除了柱铰 392、394、396、397、399、401、404、406 408、409、411 和 413 具有以下值:

$$\begin{gathered}\theta_{392} = 2.593\,494\,3\ \mathrm{rad},\ \theta_{394} = 3.020\,229\,9\ \mathrm{rad},\\ \theta_{396} = \theta_{397} = \theta_{399} = \theta_{401} = 3.100\,516\,1\ \mathrm{rad}\end{gathered} \tag{6.54}$$

$$\theta_{404} = 2.644\,625\,7\ \text{rad},\ \theta_{406} = 3.064\,755\,5\ \text{rad},$$

$$\theta_{408} = \theta_{409} = \theta_{411} = \theta_{413} = 3.144\,831\,1\ \text{rad} \tag{6.55}$$

所有体和铰的初始线速度和角速度均为零。

左履带子系统第一个履带板的初始位置坐标为

$$\boldsymbol{r}_l^1 = [-0.299\,55 \quad 0.541\,98 \quad -2.79]^{\mathrm{T}}\ \text{m} \tag{6.56}$$

初始角度为

$$\boldsymbol{\theta}_1 = [0 \quad 0 \quad 0]^{\mathrm{T}}\ \text{rad} \tag{6.57}$$

表 6.4 给出了所有其它柱铰的初始相对转角 θ_r。

表 6.4 左履带柱铰初始相对转角

序号	θ_r/rad	序号	θ_r/rad	序号	θ_r/rad	序号	θ_r/rad
2	0.515	28	0.548E-7	54	-0.548E-7	80	-0.552E-7
4	0.515	30	0.406E-8	56	0.444E-15	82	0.461E-9
6	0.515	32	-0.588E-7	58	-0.180E-2	84	0.132
8	0.515	34	0.588E-7	60	-0.714E-2	86	0.573
10	0.346	36	-0.157E-4	62	-0.897E-8	88	0.588E-7
12	0.934E-2	38	-0.159E-4	64	0.897E-8	90	0.608
14	0	40	-0.548E-7	66	0.548E-7	92	0.608
16	-0.548E-7	42	-0.408E-8	68	-0.637E-7	94	0.524
18	0.548E-7	44	0.515	70	0.277E-2	96	0.683E-1
20	-0.225E-9	46	0.588E-7	72	0.128E-1	98	0.323E-6
22	-0.117E-2	48	-0.548E-7	74	0.444E-15	100	-0.323E-6
24	-0.706E-2	50	-0.444E-15	76	0	102	0.323E-6
26	-0.588E-7	52	0.548E-7	78	0.548E-7	104	0.142 6

续 表

序号	θ_r/rad	序号	θ_r/rad	序号	θ_r/rad	序号	θ_r/rad
106	0.403	124	0	142	0	160	0
108	0.847E-1	126	0	144	0	162	0
110	0	128	0	146	0	164	0.772
112	0	130	0	148	0	166	0.343
114	0	132	0	150	0	168	0.485
116	0	134	0	152	0	170	-0.389
118	0	136	0	154	0		
120	0	138	0	156	0		
122	0	140	0	158	0		

右履带子系统第一个履带板的初始位置坐标为

$$\boldsymbol{r}_I^{171} = [-0.287\,98 \quad 0.525\,21 \quad 0]^{\mathrm{T}}\ \mathrm{m} \tag{6.58}$$

初始角度为

$$\boldsymbol{\theta}_{171} = [0 \quad 0 \quad 0]^{\mathrm{T}}\ \mathrm{rad} \tag{6.59}$$

表 6.5 给出了所有其它柱铰的初始相对转角 θ_r。

表 6.5 右履带柱铰初始相对转角

序号	θ_r/rad	序号	θ_r/rad	序号	θ_r/rad	序号	θ_r/rad
172	0.516	180	0.387	188	-0.444E-15	196	-0.477E-2
174	0.516	182	0.222E-1	190	0.547E-7	198	0.444E-15
176	0.516	184	0	192	-0.547E-7	200	0.406E-8
178	0.516	186	0.444E-15	194	-0.339E-2	202	-0.406E-8

续 表

序号	θ_r/rad	序号	θ_r/rad	序号	θ_r/rad	序号	θ_r/rad
204	0.444E-15	240	-0.458E-7	276	0.297	312	0
206	0.406E-8	242	0.730E-2	278	0.779E-2	314	0
208	-0.245E-4	244	0.815E-2	280	0	316	0
210	-0.711E-5	246	0.444E-15	282	0	318	0
212	0.444E-15	248	-0.510E-9	284	0	320	0
214	0.515 5	250	0.552E-7	286	0	322	0
216	-0.444E-15	252	-0.547E-7	288	0	324	0
218	0.444E-15	254	0.106	290	0	326	0
220	-0.444E-15	256	0.557	292	0	328	0
222	0.444E-15	258	-0.444E-15	294	0	330	0
224	-0.408E-8	260	0.608	296	0	332	0.469E-3
226	0.408E-8	262	0.608	298	0	334	0.239
228	0	264	0.497	300	0	336	0.174
230	-0.438E-2	266	0.476E-1	302	0.608	338	0.281E-7
232	-0.456E-2	268	0.319E-6	304	0	340	0.220E-7
234	0.458E-7	270	-0.360E-6	306	0		
236	0.896E-8	272	0.411E-1	308	0		
238	-0.896E-8	274	0.372	310	0		

所有履带板和履带销的初始线速度和角速度均为零。下面给出部分仿真结果。

在A级、D级和E级路面以25 km/h和40 km/h速度行驶时，车塔底部中心铅垂位移和速度的仿真结果如图6.23所示。表6.6给出了不

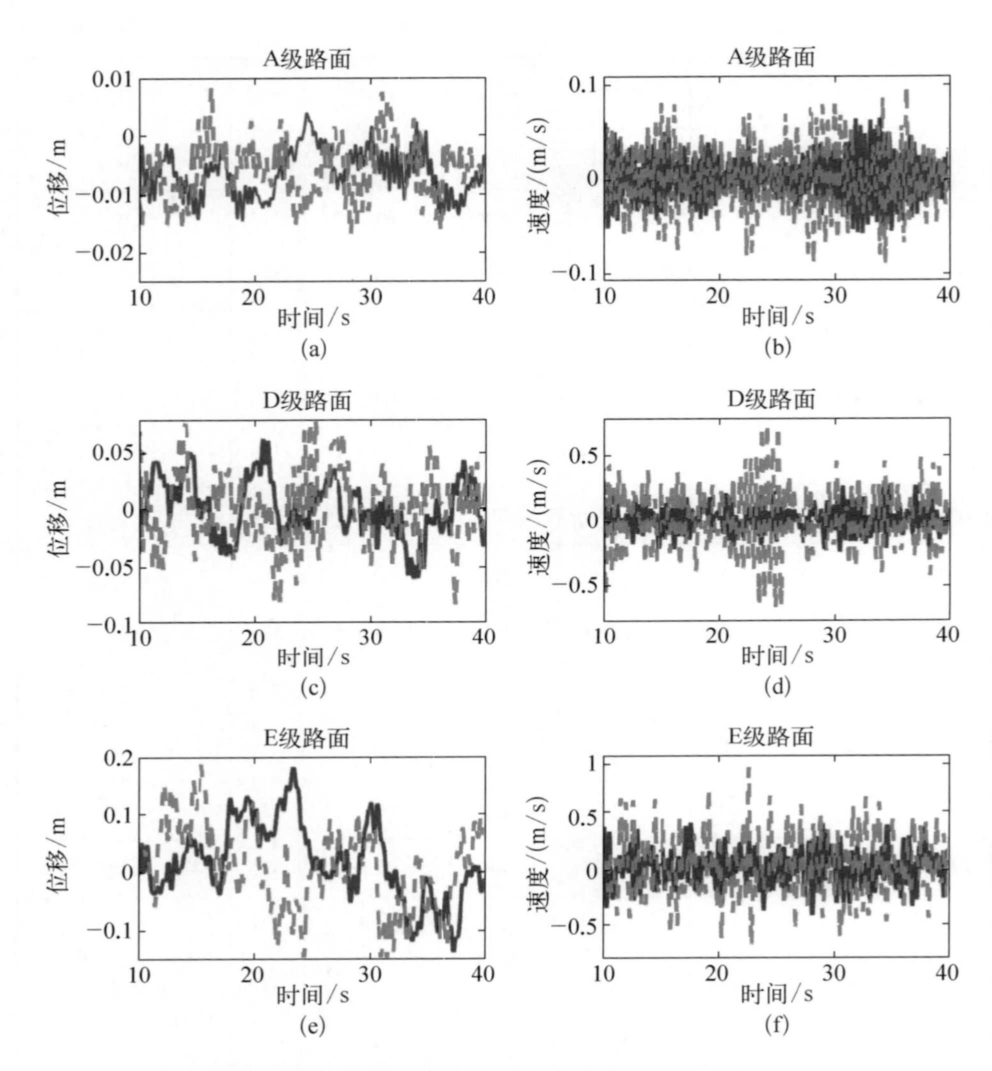

图 6.23　不同路面、不同行驶速度下车塔底部中心铅垂振动仿真结果
(蓝线表示 25 km/h，红色虚线表示 40 km/h)

同速度和不同路面下车塔底部中心振动加速度均方根值。

履带作为最典型的闭环子系统之一，由约 340 个元件组成，对履带车辆的动力学性能起着非常重要的作用。图 6.24 给出了在 E 级路面上以 25 km/h 和 40 km/h 的速度行驶时履带的瞬时位形仿真结果。图 6.25 给出了在 D 级路面上以 25 km/h 速度行驶时指定履带板中心的垂向振动位移和速度的仿真结果。

表 6.6 不同行驶速度和路面下车塔底部中心加速度（表示为重力加速度 g 的倍数）的均方根值

路　面	行　驶　速　度	
	25 km/h	**40 km/h**
A 级	$1.850g$	$3.437g$
D 级	$1.953g$	$3.464g$
E 级	$1.984g$	$4.057g$

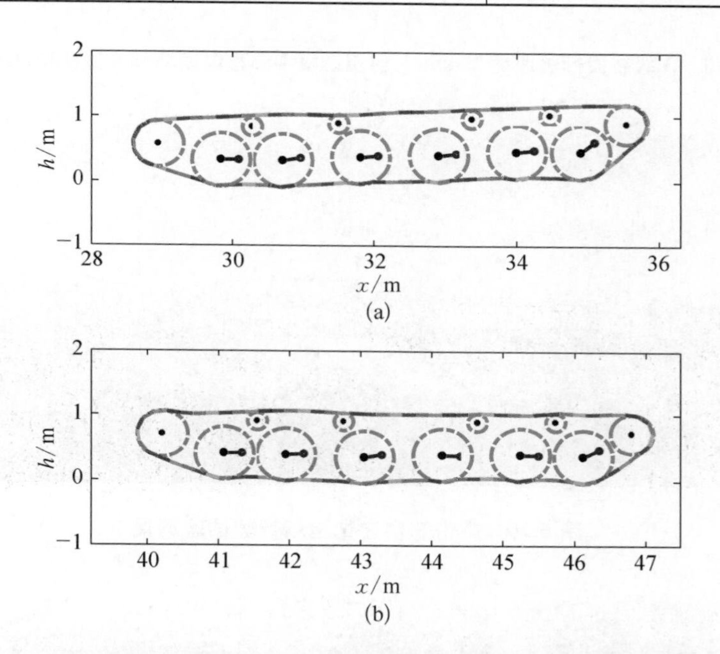

图 6.24 E 级路面行驶速度（a）25 km/h 和（b）40 km/h，$t=5$ s 时的履带位形

6.5.2 仿真结果试验验证

为了验证书中提出的理论和方法，如图 6.26 所示，在典型试验场上进行了真实履带车辆行驶试验。车辆动力学模型及其拓扑图分别与图 6.20 和图 6.21 相同，行驶试验在同一辆车上进行。图 6.26 给出了真实的试验测试场景，其中测试道路为标准泥土路（D 级路面）。履带车辆上的测量点如图 6.27 所示，其中 P1 为车架底部前端点，P2 为车架底部中心，P3 为座椅底部，P4 和 P5 分别为摇架尾部和车塔底部。

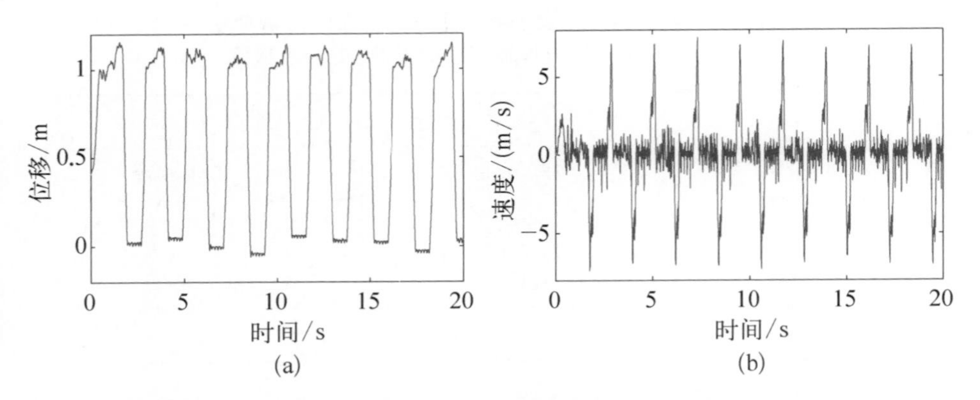

图 6.25　D 级路面行驶速度 25 km/h 时履带板中心垂向振动(a) 位移和(b) 速度

图 6.26　履带车辆在试验场行驶试验场景

图 6.27　试验车辆测量点

对履带车辆的仿真结果得到了实车行驶试验验证。表 6.7 给出了 P1、P2 和 P4 振动加速度仿真和试验结果,结果对比表明仿真和试验结果吻合好。

表 6.7 D 级路面上 22 km/h 速度下振动加速度均方根值仿真与试验结果

	加速度均方根值		
	P1	**P2**	**P4**
仿真	0.795g	0.176g	0.117g
试验	0.806g	0.163g	0.127g
相对误差	−1.365%	7.975%	−7.874%

7 分析与总结

根据第 6 章 12 个算例不同方法的仿真结果对比与分析，特别是对履带车辆复杂系统动力学仿真设计大型工程实践仿真与试验结果的对比分析，对全书总结出了相关重要结论，阐述了多体系统传递矩阵法未来可能的研究方向。

7.1 仿真与试验结果分析

1）从第 6.1.1 节和图 6.12 可见，新版多体系统传递矩阵法与牛顿-欧拉法等通常多体系统动力学方法具有类似的计算精度。

2）从图 6.6 和表 6.1 可见，与 ADAMS 相比，缩减多体系统传递矩阵法具有快得多的计算速度和小得多的内存占用，适用于各种系统以及超过 100 000 个自由度的巨大系统，验证它大幅提高了计算速度和效率，大幅减少了占用的内存。

3）从图 6.11 和图 6.12 可见，缩减多体系统传递矩阵法极大地改善了新版多体系统传递矩阵法对巨大系统的计算稳定性。

4）从图 6.13 可见，缩减多体系统传递矩阵法的计算速度远快于诸如拉格朗日方程等通常多体系统动力学方法，计算时间与系统元件数近似为线性关系，而拉格朗日方程的计算时间与系统元件数近似为三次方关系。

5）从式(6.27)～(6.35)可见，复杂履带车辆系统的总传递方程仅为图 3.6 中树形子系统当 $N = 25$ 时式(3.90)和图 4.4 中闭环子系统当 $N = 170$ 时式(4.7)的特例的组合。这意味着，第 3 章和第 4 章中的树形系统和闭环系统模型可被视为许多多体系统的通用模型，而且总传递方程自动推导定理对复杂的实际机械系统非常有效。

6）从表 6.7 可见，履带车辆不同位置行驶振动加速度的计算和试验结果吻合良好,表明本书方法对处理复杂机械系统动力学问题功能强大。

7) 由上述 1)~6) 可见,第 2~6 章建立的方法、算法、方程、仿真程序和选用的参数得到了囊括各种拓扑结构的链式、闭环、树形、一般多体系统 13 个算例不同方法仿真结果对比的验证,特别是得到履带车辆复杂多体系统动力学仿真设计大型工程实践试验验证。

7.2 结论

本书在新版多体系统传递矩阵法框架下,采用不同策略,建立了多端输入刚体和多铰子系统与由二者组成的子系统以及各种类型铰的传递方程和传递矩阵的一般形式。揭示了任意多体系统中任意体和铰的任意联接点的状态矢量之间的严格线性传递规律。多端输入刚体和多端输入子系统的传递方程分别描述了各自的输入端和输出端之间的关系,并给出了相应的物理意义解释。对铰的独特处理方法使它们的传递方程不依赖于外接元件,因此,建立铰传递方程的一般过程适用于任意多体系统中的任意铰以及任意铰的任意模式组合。

在上述方程的基础上,建立了树形系统和一般系统总传递方程的一般形式,方程形式简单,规律清晰,物理意义明确,易于理解。并将总传递方程概括为与各种系统拓扑结构对应的 4 条自动推导定理,实现了任意拓扑结构的多体系统总传递方程自动推导。

通过定义不同的缩减变换,推导元件缩减传递方程,首次提出了适用于时变、非线性、大运动的链式、闭环、树形和一般系统的缩减多体系统传递矩阵法,并建立了使用常规铰传递方程和解耦铰传递方程两种递推求解策略,在保留新版多体系统传递矩阵法计算速度快的优点基础上,系统边界条件在整个动力学计算过程中始终满足,属于一种精确的多体系统动力学分析方法,减小了截断误差和累积误差,大幅提高了多体系统动力学计算的数值稳定性和精度。事实上,以往的 Riccati 变换和 Riccati 传递矩阵法可被视为本书缩减变换和缩减多体系统传递矩阵法在链式系统时的特例。

各种实例的应用证明和验证了本书所提出的方法的有效性和适用性。对具有超过 100 000 个自由度的巨大空间树系统的成功计算验证了缩减多体系统传递矩阵法对巨大系统也有效,并且具有很高的计算稳定性。以用 386 个铰联接 213 个刚体共包含 599 个元件的履带车辆作为实际工程应用案例,建立了履带车辆行驶动力学模型和相应的拓扑图、总传递方程、缩减传递方程和仿真系统,实现了复杂机械系统动力学快速仿真,可用于履带车辆系统动力学性能设计。履带车辆系统动力学计算结果与试验结果吻合,验证了履带车辆系统动力学多体系统传递矩阵法理论、算法、参数和仿真程序的正确性,也意味着书中所研究的方法为提高履带车辆系统动力学设计水平和动力学性能提供了高效的理论和手段。

根据新版多体系统传递矩阵法、缩减多体系统传递矩阵法和解耦铰缩减多体系统传递矩阵法的原理、公式和计算结果,将这三种方法特点归纳于表 7.1,从表中可以看出,缩减多体系统传递矩阵法对多体系统传递矩阵法作了如下发展:

1）进一步降低了对各种系统的建模复杂度;

2）显著提高了包括巨大系统在内的各种复杂多体系统动力学的计算稳定性;

3）适用于包括巨大系统在内的各种复杂多体系统。

表 7.1　缩减多体系统传递矩阵法对多体系统传递矩阵法的发展

	新版多体系统传递矩阵法	缩减多体系统传递矩阵法	解耦铰缩减多体系统传递矩阵法
单个铰建模	铰传递矩阵依赖于外接元件传递矩阵		铰传递矩阵独立于外接元件,更简单
多端输入体建模	多端输入体和内接铰需要处理为一个子系统		无需考虑内接铰,更简单
适用的系统和边界条件	适用于各类系统和各种边界条件		适用于各类系统并采用不同形式处理不同的边界条件

续　表

	新版多体系统传递矩阵法	缩减多体系统传递矩阵法	解耦铰缩减多体系统传递矩阵法
适用的系统规模	不适用于含长链和长闭环的系统	适用于包括巨大系统在内的各种系统	
计算速度	比通常多体系统动力学方法具有更高的计算速度		
计算稳定性	对大型系统不够稳定	对所有系统(包括巨型系统)都具有良好的稳定性	

书中对许多有关多刚体系统动力学的研究结果,包括：各种铰、体和子系统的传递方程、总传递方程自动推导定理、对各种拓扑结构多体系统的三种缩减变换、体和铰的缩减传递矩阵、常规元件传递方程和解耦铰传递方程两种递推求解策略等,也都适用于多刚柔体系统动力学。

7.3　展望

多体系统传递矩阵法未来可能的研究方向包括：

1）扩展以往文献中的柔性体元件和子系统的传递矩阵库,由此应用本书方法获得相应的柔性体元件及子系统的缩减传递方程和缩减传递矩阵递推公式,用于各种复杂机械系统动力学；

2）系统构建完善基于缩减多体系统传递矩阵法的多体系统动力学仿真设计大型通用软件。不断提高缩减多体系统传递矩阵法软件的通用化和工程化水平,以满足各行各业数字化设计平台对复杂多体系统动力学快速仿真设计的迫切需求；

3）系统研究塑性体、气体、流体和散粒体系统动力学的缩减多体系统传递矩阵法；

4）将多体系统传递矩阵法推广应用于声学、光学、电学、磁学、热学系统动力学研究,借助多体系统传递矩阵法思想,通过发现并利用呈线性传递规律的状态矢量,建立相应的传递方程和缩减传递方程,实现上述各类系统动力学的快速计算。

附录 A　坐标变换的运动学关系

连体坐标系 $I\xi\eta\zeta$ 相对惯性直角坐标系 $Oxyz$ 的方位可用依次绕 x、y 和 z 惯性轴转动的空间三轴角 θ_x、θ_y 和 θ_z 完全确定。Kane、Likins 和 Levinson (1983)[173]用表列出了 24 组描述刚体在惯性系中方位与方向余弦相关的运动学微分方程。必须指出,多体系统传递矩阵法中使用的欧拉角是绕相互垂直的惯性轴旋转的,不同于大多数通常多体系统动力学方法中采用的转动角。例如, Eberhard (1995)[57] 和 Schiehlen (1986)[52]更喜欢使用由 Goldstein (1950)[174] 提出的使用最广泛的欧拉角。

一个刚体的运动可分解为其基点的平动和连体系 $I\xi\eta\zeta$ 相对惯性直角坐标系 $Oxyz$ 中基点的转动。任何矢量 $\boldsymbol{x}$ 都可以在 $Oxyz$ 和 $I\xi\eta\zeta$ 系中分别用其相应列阵 $\boldsymbol{x}$ 和 $\boldsymbol{x}'$ 来描述,这两者之间的关系由坐标变换给出

$$\boldsymbol{x} = \boldsymbol{A}\boldsymbol{x}' \tag{A.1}$$

式中,坐标变换矩阵 $\boldsymbol{A}$ 描述了连体系 $I\xi\eta\zeta$ 相对惯性系 $Oxyz$ 的转动。

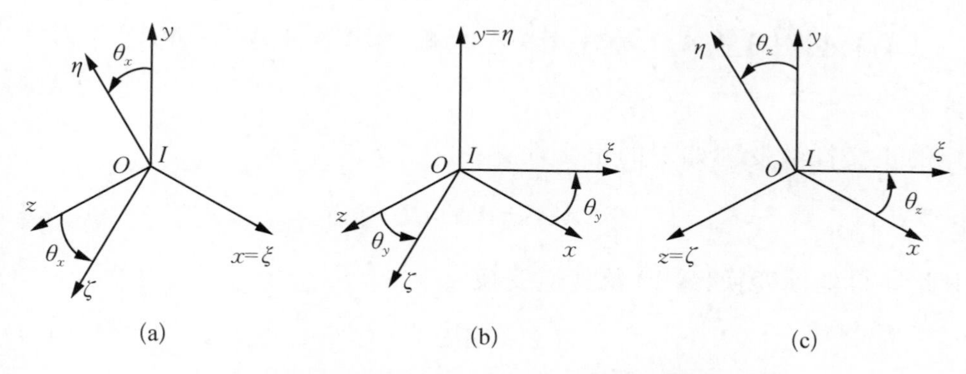

图 A.1　绕(a) x、(b) y 和(c) z 轴的简单转动

对绕任一惯性轴转动的简单转动(图 A.1),坐标变换矩阵为

$$\boldsymbol{A}_x=\begin{bmatrix}1&0&0\\0&c_x&-s_x\\0&s_x&c_x\end{bmatrix},\ \boldsymbol{A}_y=\begin{bmatrix}c_y&0&s_y\\0&1&0\\-s_y&0&c_y\end{bmatrix},\ \boldsymbol{A}_z=\begin{bmatrix}c_z&-s_z&0\\s_z&c_z&0\\0&0&1\end{bmatrix}\tag{A.2}$$

式中

$$s_i=\sin\theta_i,\ c_i=\cos\theta_i\quad i\in\{x,\ y,\ z\}\tag{A.3}$$

容易证明,上述矩阵是正交的,即

$$\boldsymbol{A}_i^{\mathrm{T}}\boldsymbol{A}_i=\boldsymbol{A}_i\boldsymbol{A}_i^{\mathrm{T}}=\boldsymbol{I}\tag{A.4}$$

任何空间转动都可通过三个依次简单转动来实现。转动过程中如果使用三个不同的轴,则称之为坐标变换。Kane、Likins 和 Levinson (1983)[173]给出了绕 x、y 和 z 惯性轴依次转动的坐标变换

$$\boldsymbol{x}=\boldsymbol{A}_z(\boldsymbol{A}_y(\boldsymbol{A}_x\boldsymbol{x}'))=\boldsymbol{A}\boldsymbol{x}'\tag{A.5}$$

式中

$$\boldsymbol{A}=\boldsymbol{A}_z\boldsymbol{A}_y\boldsymbol{A}_x=\begin{bmatrix}c_yc_z&s_xs_yc_z-c_xs_z&c_xs_yc_z+s_xs_z\\c_ys_z&s_xs_ys_z+c_xc_z&c_xs_ys_z-s_xc_z\\-s_y&s_xc_y&c_xc_y\end{bmatrix}\tag{A.6}$$

由于

$$(\boldsymbol{A}_z\boldsymbol{A}_y\boldsymbol{A}_x)^{\mathrm{T}}(\boldsymbol{A}_z\boldsymbol{A}_y\boldsymbol{A}_x)\equiv\boldsymbol{A}_x^{\mathrm{T}}\boldsymbol{A}_y^{\mathrm{T}}\boldsymbol{A}_z^{\mathrm{T}}\boldsymbol{A}_z\boldsymbol{A}_y\boldsymbol{A}_x\equiv\boldsymbol{A}_x^{\mathrm{T}}\boldsymbol{A}_y^{\mathrm{T}}\boldsymbol{A}_y\boldsymbol{A}_x\equiv\boldsymbol{A}_x^{\mathrm{T}}\boldsymbol{A}_x\equiv\boldsymbol{I}\tag{A.7}$$

$\boldsymbol{A}_i$ 的正交性转变为如下的正交性

$$\boldsymbol{A}^{\mathrm{T}}\boldsymbol{A}=\boldsymbol{A}\boldsymbol{A}^{\mathrm{T}}=\boldsymbol{I}\tag{A.8}$$

由此导得坐标变换(A.1)及其逆变换

$$\boldsymbol{x}'=\boldsymbol{A}^{\mathrm{T}}\boldsymbol{x}\tag{A.9}$$

因为 $\boldsymbol{A}$ 是正交的,所以对式(A.8)的时间微分得

$$\dot{\boldsymbol{A}}\boldsymbol{A}^{\mathrm{T}}+\boldsymbol{A}\dot{\boldsymbol{A}}^{\mathrm{T}}=\boldsymbol{O}\tag{A.10}$$

或记为

$$\dot{\boldsymbol{A}}\boldsymbol{A}^{\mathrm{T}} = -\boldsymbol{A}\dot{\boldsymbol{A}}^{\mathrm{T}} \equiv -(\dot{\boldsymbol{A}}\boldsymbol{A}^{\mathrm{T}})^{\mathrm{T}} \tag{A.11}$$

上式意味着乘积 $\dot{\boldsymbol{A}}\boldsymbol{A}^{\mathrm{T}}$（或 $\boldsymbol{A}\dot{\boldsymbol{A}}^{\mathrm{T}}$）是反对称的。所以存在列阵 $\boldsymbol{\omega} = [\omega_x \quad \omega_y \quad \omega_z]^{\mathrm{T}}$ 满足

$$\dot{\boldsymbol{A}}\boldsymbol{A}^{\mathrm{T}} = \tilde{\boldsymbol{\omega}} = \begin{bmatrix} 0 & -\omega_z & \omega_y \\ \omega_z & 0 & -\omega_x \\ -\omega_y & \omega_x & 0 \end{bmatrix} \tag{A.12}$$

一般而言，叉乘 $\boldsymbol{y} = \boldsymbol{\omega} \times \boldsymbol{x}$ 可写为 $\boldsymbol{y} = \tilde{\boldsymbol{\omega}}\boldsymbol{x}$。从式(A.12)可得

$$\dot{\boldsymbol{A}} = \tilde{\boldsymbol{\omega}}\boldsymbol{A}, \tag{A.13}$$

$$\ddot{\boldsymbol{A}} = \dot{\tilde{\boldsymbol{\omega}}} + \tilde{\boldsymbol{\omega}}\dot{\boldsymbol{A}} \equiv (\dot{\tilde{\boldsymbol{\omega}}} + \tilde{\boldsymbol{\omega}}\tilde{\boldsymbol{\omega}})\boldsymbol{A} \tag{A.14}$$

$\boldsymbol{\omega}$ 在 $Oxyz$ 系中描述 $I\xi\eta\zeta$ 系相对 $Oxyz$ 系的角速度。另外，角速度也可根据式(A.1)和(A.9)在 $I\xi\eta\zeta$ 系用 $\boldsymbol{\omega}'$ 来描述

$$\boldsymbol{\omega} = \boldsymbol{A}\boldsymbol{\omega}', \ \boldsymbol{\omega}' = \boldsymbol{A}^{\mathrm{T}}\boldsymbol{\omega} \tag{A.15}$$

使用式(A.13)，通过式(A.1)对时间微分得

$$\dot{\boldsymbol{x}} = \dot{\boldsymbol{A}}\boldsymbol{x}' + \boldsymbol{A}\dot{\boldsymbol{x}}' = \tilde{\boldsymbol{\omega}}\boldsymbol{A}\boldsymbol{x}' + \boldsymbol{A}\dot{\boldsymbol{x}}' = \boldsymbol{A}\dot{\boldsymbol{x}}' + \tilde{\boldsymbol{\omega}}\boldsymbol{x} \tag{A.16}$$

矢量 $\boldsymbol{x}$ 相对于惯性系的绝对导数 $\mathrm{d}/\mathrm{d}t$ 和相对于运动系的相对导数 $\mathrm{d}'/\mathrm{d}t$ 有如下关系式

$$\frac{\mathrm{d}\boldsymbol{x}}{\mathrm{d}t} = \frac{\mathrm{d}'\boldsymbol{x}}{\mathrm{d}t} + \boldsymbol{\omega} \times \boldsymbol{x} \tag{A.17}$$

式(A.15)对时间微分，并注意到式(A.13)，得

$$\dot{\boldsymbol{\omega}} = \frac{\mathrm{d}}{\mathrm{d}t}(\boldsymbol{A}\boldsymbol{\omega}') = \dot{\boldsymbol{A}}\boldsymbol{\omega}' + \boldsymbol{A}\dot{\boldsymbol{\omega}}' = \tilde{\boldsymbol{\omega}}\boldsymbol{A}\boldsymbol{\omega}' + \boldsymbol{A}\dot{\boldsymbol{\omega}}' \equiv \underbrace{\tilde{\boldsymbol{\omega}}\boldsymbol{\omega}}_{\boldsymbol{o}} + \boldsymbol{A}\dot{\boldsymbol{\omega}}' = \boldsymbol{A}\dot{\boldsymbol{\omega}}' \tag{A.18}$$

使用式(A.17)并考虑到 $\boldsymbol{\omega} \times \boldsymbol{\omega} = \boldsymbol{0}$，可得

$$\frac{\mathrm{d}\boldsymbol{\omega}}{\mathrm{d}t} = \frac{\mathrm{d}'\boldsymbol{\omega}}{\mathrm{d}t} + \boldsymbol{\omega} \times \boldsymbol{\omega} \equiv \frac{\mathrm{d}'\boldsymbol{\omega}}{\mathrm{d}t} \tag{A.19}$$

式(A.19)表明在上述两个不同的坐标系中对绝对角速度 $\boldsymbol{\omega}$ 微分都可求得角加速度。

由式(A.12)和(A.6)可求得角速度[173]

$$\boldsymbol{\omega}' = \boldsymbol{H}\dot{\boldsymbol{\theta}} \tag{A.20}$$

对上式微分得角加速度

$$\dot{\boldsymbol{\omega}}' = \dot{\boldsymbol{H}}\dot{\boldsymbol{\theta}} + \boldsymbol{H}\ddot{\boldsymbol{\theta}} \tag{A.21}$$

式中

$$\boldsymbol{\omega}' = \begin{bmatrix} \omega'_x \\ \omega'_y \\ \omega'_z \end{bmatrix},\ \boldsymbol{\theta} = \begin{bmatrix} \theta_x \\ \theta_y \\ \theta_z \end{bmatrix},\ \boldsymbol{H} = \begin{bmatrix} 1 & 0 & -s_y \\ 0 & c_x & s_x c_y \\ 0 & -s_x & c_x c_y \end{bmatrix},$$

$$\dot{\boldsymbol{H}} = \begin{bmatrix} 0 & 0 & -c_y\dot{\theta}_y \\ 0 & -s_x\dot{\theta}_x & c_x c_y\dot{\theta}_x - s_x s_y\dot{\theta}_y \\ 0 & -c_x\dot{\theta}_x & -s_x c_y\dot{\theta}_x - c_x s_y\dot{\theta}_y \end{bmatrix} \tag{A.22}$$

整理式(A.21)得

$$\ddot{\boldsymbol{\theta}} = \boldsymbol{H}^{-1}\dot{\boldsymbol{\omega}}' - \boldsymbol{H}^{-1}\dot{\boldsymbol{H}}\dot{\boldsymbol{\theta}} = \boldsymbol{H}^{-1}\boldsymbol{A}^{\mathrm{T}}\dot{\boldsymbol{\omega}} - \boldsymbol{H}^{-1}\dot{\boldsymbol{H}}\dot{\boldsymbol{\theta}} \tag{A.23}$$

空间三轴角描述的式(A.20)在式(A.24)的情况下将发生奇异

$$\det \boldsymbol{H} = \cos\theta_y = 0 \tag{A.24}$$

上式意味着此时对给定的 $\boldsymbol{\omega}$ 解不出 $\dot{\boldsymbol{\theta}}$。特别是必须避免 $\theta_y = \pm\pi/2$ 来保证空间转动需要的绕不同轴的第一次和最后一次转动 θ_x 和 θ_z。这就是在新版多体系统传递矩阵法中用 $\dot{\boldsymbol{\omega}}$ 而不是 $\ddot{\boldsymbol{\theta}}$ 作为状态矢量的状态变量的原因。运算中当接近奇异点附近时,可换用另一组简单转动来避免奇异问题。另外,可用罗德里格斯参数或欧拉参数来避免奇异性[68]。系统动力学仿真过程中,应该控制和检查行列式(A.24)。

附录 B　多端输入子系统传递矩阵简化

就像在 3.4.2 节所见到的,式(3.85)涉及的传递矩阵中含有许多零元素。利用这个特点通过直接矩阵乘法可避免不必要的计算来提高计算速度。

当 $k=j=1$,多端输入体的第一输入端有与式(3.3)完全相同的 $\boldsymbol{U}_I^i=\boldsymbol{U}^B$,以及与单端输入体联接的球铰的传递矩阵(3.41)完全一致的 $\boldsymbol{U}_{H_1,H_1}=\boldsymbol{U}^H$。上述两者相乘后得

$$\boldsymbol{U}_I^i\boldsymbol{U}_{H_1,H_1}$$

$$=\boldsymbol{U}^B\boldsymbol{U}^H$$

$$=\begin{bmatrix}\boldsymbol{I}_3 & -\tilde{\boldsymbol{r}}_{IO} & \boldsymbol{O}_{3\times3} & \boldsymbol{O}_{3\times3} & \tilde{\boldsymbol{\omega}}_I\tilde{\boldsymbol{\omega}}_I\boldsymbol{r}_{IO}\\ \boldsymbol{O}_{3\times3} & \boldsymbol{I}_3 & \boldsymbol{O}_{3\times3} & \boldsymbol{O}_{3\times3} & \boldsymbol{O}_{3\times1}\\ m\tilde{\boldsymbol{r}}_{CO}^{\mathrm{T}} & \boldsymbol{U}_{3,2} & \boldsymbol{I}_3 & \tilde{\boldsymbol{r}}_{IO} & \boldsymbol{U}_{3,5}\\ -m\boldsymbol{I}_3 & m\tilde{\boldsymbol{r}}_{IC} & \boldsymbol{O}_{3\times3} & \boldsymbol{I}_3 & \boldsymbol{f}_C-m\tilde{\boldsymbol{\omega}}_I\tilde{\boldsymbol{\omega}}_I\boldsymbol{r}_{IC}\\ \boldsymbol{O}_{1\times3} & \boldsymbol{O}_{1\times3} & \boldsymbol{O}_{1\times3} & \boldsymbol{O}_{1\times3} & 1\end{bmatrix}$$

$$\begin{bmatrix}\boldsymbol{I}_3 & \boldsymbol{O}_{3\times3} & \boldsymbol{O}_{3\times3} & \boldsymbol{O}_{3\times3} & \boldsymbol{O}_{3\times1}\\ -\boldsymbol{U}_{3,2}^{-1}m\tilde{\boldsymbol{r}}_{CO}^{\mathrm{T}} & \boldsymbol{O}_{3\times3} & -\boldsymbol{U}_{3,2}^{-1} & -\boldsymbol{U}_{3,2}^{-1}\tilde{\boldsymbol{r}}_{IO} & -\boldsymbol{U}_{3,2}^{-1}\boldsymbol{U}_{3,5}\\ \boldsymbol{O}_{3\times3} & \boldsymbol{O}_{3\times3} & \boldsymbol{I}_3 & \boldsymbol{O}_{3\times3} & \boldsymbol{O}_{3\times1}\\ \boldsymbol{O}_{3\times3} & \boldsymbol{O}_{3\times3} & \boldsymbol{O}_{3\times3} & \boldsymbol{I}_3 & \boldsymbol{O}_{3\times1}\\ \boldsymbol{O}_{1\times3} & \boldsymbol{O}_{1\times3} & \boldsymbol{O}_{1\times3} & \boldsymbol{O}_{1\times3} & 1\end{bmatrix}$$

$$
=\begin{bmatrix}
\boldsymbol{I}_3+\tilde{\boldsymbol{r}}_{IO}\boldsymbol{U}_{3,2}^{-1}m\tilde{\boldsymbol{r}}_{CO}^{\mathrm{T}} & \boldsymbol{O}_{3\times3} & \tilde{\boldsymbol{r}}_{IO}\boldsymbol{U}_{3,2}^{-1} & \tilde{\boldsymbol{r}}_{IO}\boldsymbol{U}_{3,2}^{-1}\tilde{\boldsymbol{r}}_{IO} & \tilde{\boldsymbol{\omega}}_I\tilde{\boldsymbol{\omega}}_I\boldsymbol{r}_{IO}+\tilde{\boldsymbol{r}}_{IO}\boldsymbol{U}_{3,2}^{-1}\boldsymbol{U}_{3,5} \\
-\boldsymbol{U}_{3,2}^{-1}m\tilde{\boldsymbol{r}}_{CO}^{\mathrm{T}} & \boldsymbol{I}_3 & -\boldsymbol{U}_{3,2}^{-1} & -\boldsymbol{U}_{3,2}^{-1}\tilde{\boldsymbol{r}}_{IO} & -\boldsymbol{U}_{3,2}^{-1}\boldsymbol{U}_{3,5} \\
\boldsymbol{O}_{3\times3} & \boldsymbol{O}_{3\times3} & \boldsymbol{O}_{3\times3} & \boldsymbol{O}_{3\times3} & \boldsymbol{O}_{3\times1} \\
\begin{matrix}-m\boldsymbol{I}_3- \\ m\tilde{\boldsymbol{r}}_{IC}\boldsymbol{U}_{3,2}^{-1}m\tilde{\boldsymbol{r}}_{CO}^{\mathrm{T}}\end{matrix} & \boldsymbol{O}_{3\times3} & -m\tilde{\boldsymbol{r}}_{IC}\boldsymbol{U}_{3,2}^{-1} & \begin{matrix}\boldsymbol{I}_3 \\ -m\tilde{\boldsymbol{r}}_{IC}\boldsymbol{U}_{3,2}^{-1}\tilde{\boldsymbol{r}}_{IO}\end{matrix} & \begin{matrix}\boldsymbol{f}_C-m\tilde{\boldsymbol{\omega}}_I\tilde{\boldsymbol{\omega}}_I\boldsymbol{r}_{IC} \\ -m\tilde{\boldsymbol{r}}_{IC}\boldsymbol{U}_{3,2}^{-1}\boldsymbol{U}_{3,5}\end{matrix} \\
\boldsymbol{O}_{1\times3} & \boldsymbol{O}_{1\times3} & \boldsymbol{O}_{1\times3} & \boldsymbol{O}_{1\times3} & 1
\end{bmatrix} \tag{B.1}
$$

式中,采用了式(3.4)的简写,即

$$
\begin{aligned}
&\boldsymbol{U}_{3,2}=\boldsymbol{A}\boldsymbol{J}_I'\boldsymbol{A}^{\mathrm{T}}+m\tilde{\boldsymbol{r}}_{IO}\tilde{\boldsymbol{r}}_{IC}, \\
&\boldsymbol{U}_{3,5}=\tilde{\boldsymbol{\omega}}_I\boldsymbol{A}\boldsymbol{J}_I'\boldsymbol{A}^{\mathrm{T}}\boldsymbol{\omega}_I-m\tilde{\boldsymbol{r}}_{IO}\tilde{\boldsymbol{\omega}}_I\tilde{\boldsymbol{\omega}}_I\boldsymbol{r}_{IC}-\boldsymbol{m}_C+\tilde{\boldsymbol{r}}_{CO}\boldsymbol{f}_C
\end{aligned} \tag{B.2}
$$

当 $k=1$, $j>1$, 由式(3.3)和(3.74)得

$$
\begin{aligned}
&\boldsymbol{U}_I^i\boldsymbol{U}_{H_1,H_j} \\
&=\boldsymbol{U}^B\boldsymbol{U}_{H_1,H_j} \\
&=\begin{bmatrix}
\boldsymbol{I}_3 & -\tilde{\boldsymbol{r}}_{IO} & \boldsymbol{O}_{3\times3} & \boldsymbol{O}_{3\times3} & \tilde{\boldsymbol{\omega}}_I\tilde{\boldsymbol{\omega}}_I\boldsymbol{r}_{IO} \\
\boldsymbol{O}_{3\times3} & \boldsymbol{I}_3 & \boldsymbol{O}_{3\times3} & \boldsymbol{O}_{3\times3} & \boldsymbol{O}_{3\times1} \\
m\tilde{\boldsymbol{r}}_{CO}^{\mathrm{T}} & \boldsymbol{U}_{3,2} & \boldsymbol{I}_3 & \tilde{\boldsymbol{r}}_{IO} & \boldsymbol{U}_{3,5} \\
-m\boldsymbol{I}_3 & m\tilde{\boldsymbol{r}}_{IC} & \boldsymbol{O}_{3\times3} & \boldsymbol{I}_3 & \boldsymbol{f}_C-m\tilde{\boldsymbol{\omega}}_I\tilde{\boldsymbol{\omega}}_I\boldsymbol{r}_{IC} \\
\boldsymbol{O}_{1\times3} & \boldsymbol{O}_{1\times3} & \boldsymbol{O}_{1\times3} & \boldsymbol{O}_{1\times3} & 1
\end{bmatrix} \\
&\quad\begin{bmatrix}
\boldsymbol{O}_{3\times3} & \boldsymbol{O}_{3\times3} & \boldsymbol{O}_{3\times3} & \boldsymbol{O}_{3\times3} & \boldsymbol{O}_{3\times1} \\
\boldsymbol{O}_{3\times3} & \boldsymbol{O}_{3\times3} & \boldsymbol{E}_O^{H_1} & \boldsymbol{E}_O^{H_k}\tilde{\boldsymbol{r}}_{I_jO} & \boldsymbol{O}_{3\times1} \\
\boldsymbol{O}_{3\times3} & \boldsymbol{O}_{3\times3} & \boldsymbol{O}_{3\times3} & \boldsymbol{O}_{3\times3} & \boldsymbol{O}_{3\times1} \\
\boldsymbol{O}_{3\times3} & \boldsymbol{O}_{3\times3} & \boldsymbol{O}_{3\times3} & \boldsymbol{O}_{3\times3} & \boldsymbol{O}_{3\times1} \\
\boldsymbol{O}_{1\times3} & \boldsymbol{O}_{1\times3} & \boldsymbol{O}_{1\times3} & \boldsymbol{O}_{1\times3} & 0
\end{bmatrix}
\end{aligned}
$$

$$
= \begin{bmatrix} \boldsymbol{O}_{3\times3} & \boldsymbol{O}_{3\times3} & \tilde{\boldsymbol{r}}_{IO}\boldsymbol{U}_{3,2}^{-1} & \tilde{\boldsymbol{r}}_{IO}\boldsymbol{U}_{3,2}^{-1}\tilde{\boldsymbol{r}}_{I_jO} & \boldsymbol{O}_{3\times1} \\ \boldsymbol{O}_{3\times3} & \boldsymbol{O}_{3\times3} & -\boldsymbol{U}_{3,2}^{-1} & -\boldsymbol{U}_{3,2}^{-1}\tilde{\boldsymbol{r}}_{I_jO} & \boldsymbol{O}_{3\times1} \\ \boldsymbol{O}_{3\times3} & \boldsymbol{O}_{3\times3} & -\boldsymbol{I}_3 & \tilde{\boldsymbol{r}}_{I_jO} & \boldsymbol{O}_{3\times1} \\ \boldsymbol{O}_{3\times3} & \boldsymbol{O}_{3\times3} & -m\tilde{\boldsymbol{r}}_{IC}\boldsymbol{U}_{3,2}^{-1} & -m\tilde{\boldsymbol{r}}_{IC}\boldsymbol{U}_{3,2}^{-1}\tilde{\boldsymbol{r}}_{I_jO} & \boldsymbol{O}_{3\times1} \\ \boldsymbol{O}_{1\times3} & \boldsymbol{O}_{1\times3} & \boldsymbol{O}_{1\times3} & \boldsymbol{O}_{1\times3} & 0 \end{bmatrix} \tag{B.3}
$$

式中，采用了式(B.2)的简写，由于 $\tilde{\boldsymbol{r}}_{I,I}^{i}=\boldsymbol{O}_{3\times3}$，由式(3.71)的简写得

$$
\boldsymbol{E}_O^{H_1} = [\,(\boldsymbol{U}_{3,1}^i)_I\,(\tilde{\boldsymbol{r}}_{I,I}^i)^{\mathrm{T}} - (\boldsymbol{U}_{3,2}^i)_I\,]^{-1} \equiv -(\boldsymbol{U}_{3,2}^i)_I^{-1} \tag{B.4}
$$

当 $k>1$, $\boldsymbol{U}_{I_k}^i$ 和 $\boldsymbol{U}_{H_k,H_j}$ 分别由式(3.22)和(3.74)给出。因此当 $j=k$，得

$$
\begin{aligned}
&\boldsymbol{U}_{I_k}^i\boldsymbol{U}_{H_k,H_j} \\
&= \begin{bmatrix} \boldsymbol{O}_{3\times3} & \boldsymbol{O}_{3\times3} & \boldsymbol{O}_{3\times3} & \boldsymbol{O}_{3\times3} & \boldsymbol{O}_{3\times1} \\ \boldsymbol{O}_{3\times3} & \boldsymbol{O}_{3\times3} & \boldsymbol{O}_{3\times3} & \boldsymbol{O}_{3\times3} & \boldsymbol{O}_{3\times1} \\ \boldsymbol{O}_{3\times3} & \boldsymbol{O}_{3\times3} & \boldsymbol{I}_3 & \tilde{\boldsymbol{r}}_{I_kO} & \boldsymbol{O}_{3\times1} \\ \boldsymbol{O}_{3\times3} & \boldsymbol{O}_{3\times3} & \boldsymbol{O}_{3\times3} & \boldsymbol{I}_3 & \boldsymbol{O}_{3\times1} \\ \boldsymbol{O}_{1\times3} & \boldsymbol{O}_{1\times3} & \boldsymbol{O}_{1\times3} & \boldsymbol{O}_{1\times3} & 0 \end{bmatrix} \\
&\quad \begin{bmatrix} \boldsymbol{I}_3 & \boldsymbol{O}_{3\times3} & \boldsymbol{O}_{3\times3} & \boldsymbol{O}_{3\times3} & \boldsymbol{O}_{3\times1} \\ \boldsymbol{E}_O^{H_k}(\boldsymbol{U}_{3,1}^i)_I & \boldsymbol{O}_{3\times3} & \boldsymbol{E}_O^{H_k}(\boldsymbol{U}_{3,3}^i)_{I_k} & \boldsymbol{E}_O^{H_k}(\boldsymbol{U}_{3,4}^i)_{I_k} & \boldsymbol{E}_O^{H_k}\boldsymbol{E}_f^{H_k} \\ \boldsymbol{O}_{3\times3} & \boldsymbol{O}_{3\times3} & \boldsymbol{I}_3 & \boldsymbol{O}_{3\times3} & \boldsymbol{O}_{3\times1} \\ \boldsymbol{O}_{3\times3} & \boldsymbol{O}_{3\times3} & \boldsymbol{O}_{3\times3} & \boldsymbol{I}_3 & \boldsymbol{O}_{3\times1} \\ \boldsymbol{O}_{1\times3} & \boldsymbol{O}_{1\times3} & \boldsymbol{O}_{1\times3} & \boldsymbol{O}_{1\times3} & 1 \end{bmatrix} \\
&= \begin{bmatrix} \boldsymbol{O}_{3\times3} & \boldsymbol{O}_{3\times3} & \boldsymbol{O}_{3\times3} & \boldsymbol{O}_{3\times3} & \boldsymbol{O}_{3\times1} \\ \boldsymbol{O}_{3\times3} & \boldsymbol{O}_{3\times3} & \boldsymbol{O}_{3\times3} & \boldsymbol{O}_{3\times3} & \boldsymbol{O}_{3\times1} \\ \boldsymbol{O}_{3\times3} & \boldsymbol{O}_{3\times3} & \boldsymbol{I}_3 & \tilde{\boldsymbol{r}}_{I_kO} & \boldsymbol{O}_{3\times1} \\ \boldsymbol{O}_{3\times3} & \boldsymbol{O}_{3\times3} & \boldsymbol{O}_{3\times3} & \boldsymbol{I}_3 & \boldsymbol{O}_{3\times1} \\ \boldsymbol{O}_{1\times3} & \boldsymbol{O}_{1\times3} & \boldsymbol{O}_{1\times3} & \boldsymbol{O}_{1\times3} & 0 \end{bmatrix} = \boldsymbol{U}_{I_k}^i
\end{aligned} \tag{B.5}
$$

当 $j \neq k$，则有

$$
\begin{aligned}
&\boldsymbol{U}_{I_k}^i \boldsymbol{U}_{H_k,H_j} \\
&= \begin{bmatrix}
\boldsymbol{O}_{3\times3} & \boldsymbol{O}_{3\times3} & \boldsymbol{O}_{3\times3} & \boldsymbol{O}_{3\times3} & \boldsymbol{O}_{3\times1} \\
\boldsymbol{O}_{3\times3} & \boldsymbol{O}_{3\times3} & \boldsymbol{O}_{3\times3} & \boldsymbol{O}_{3\times3} & \boldsymbol{O}_{3\times1} \\
\boldsymbol{O}_{3\times3} & \boldsymbol{O}_{3\times3} & \boldsymbol{I}_3 & \tilde{\boldsymbol{r}}_{I_k O} & \boldsymbol{O}_{3\times1} \\
\boldsymbol{O}_{3\times3} & \boldsymbol{O}_{3\times3} & \boldsymbol{O}_{3\times3} & \boldsymbol{I}_3 & \boldsymbol{O}_{3\times1} \\
\boldsymbol{O}_{1\times3} & \boldsymbol{O}_{1\times3} & \boldsymbol{O}_{1\times3} & \boldsymbol{O}_{1\times3} & 0
\end{bmatrix} \\
&\quad \begin{bmatrix}
\boldsymbol{O}_{3\times3} & \boldsymbol{O}_{3\times3} & \boldsymbol{O}_{3\times3} & \boldsymbol{O}_{3\times3} & \boldsymbol{O}_{3\times1} \\
\boldsymbol{O}_{3\times3} & \boldsymbol{O}_{3\times3} & \boldsymbol{E}_O^{H_k}(\boldsymbol{U}_{3,3}^i)_{I_j} & \boldsymbol{E}_O^{H_k}(\boldsymbol{U}_{3,4}^i)_{I_j} & \boldsymbol{O}_{3\times1} \\
\boldsymbol{O}_{3\times3} & \boldsymbol{O}_{3\times3} & \boldsymbol{O}_{3\times3} & \boldsymbol{O}_{3\times3} & \boldsymbol{O}_{3\times1} \\
\boldsymbol{O}_{3\times3} & \boldsymbol{O}_{3\times3} & \boldsymbol{O}_{3\times3} & \boldsymbol{O}_{3\times3} & \boldsymbol{O}_{3\times1} \\
\boldsymbol{O}_{1\times3} & \boldsymbol{O}_{1\times3} & \boldsymbol{O}_{1\times3} & \boldsymbol{O}_{1\times3} & 0
\end{bmatrix} \\
&= \boldsymbol{O}_{13\times13}
\end{aligned}
\tag{B.6}
$$

上述所有四种情况可以归纳为

$$
\boldsymbol{U}_{I_k}^i \boldsymbol{U}_{H_k,H_j} = \begin{cases}
\boldsymbol{U}_I^i \boldsymbol{U}_{H_1,H_1} = \boldsymbol{U}^B \boldsymbol{U}^H & \text{当 } k = j = 1 \\
\boldsymbol{U}_I^i \boldsymbol{U}_{H_1,H_j} & \text{当 } k = 1,\ j > 1 \\
\boldsymbol{U}_{I_k}^i & \text{当 } k > 1,\ j = k \\
\boldsymbol{O}_{13\times13} & \text{当 } k > 1,\ j \neq k
\end{cases}
\tag{B.7}
$$

应用式(B.7)，当 $j = 1$，式(3.85)可简化为

$$
\boldsymbol{U}_{H_1}^i = \boldsymbol{U}_I^i \boldsymbol{U}_{H_1,H_1} + \sum_{k=2}^{N} \boldsymbol{U}_{I_k}^i \boldsymbol{U}_{H_k,H_j} = \boldsymbol{U}^B \boldsymbol{U}^H + \boldsymbol{O}_{13\times13} = \boldsymbol{U}^B \boldsymbol{U}^H
\tag{B.8}
$$

当 $j > 1$，式(3.85)可简化为

$$
\begin{aligned}
\boldsymbol{U}_{H_j}^i &= \boldsymbol{U}_I^i \boldsymbol{U}_{H_1,H_j} + \sum_{\substack{k=2 \\ k \neq j}}^{N} \boldsymbol{U}_{I_k}^i \boldsymbol{U}_{H_k,H_j} + \boldsymbol{U}_{I_j}^i \boldsymbol{U}_{H_j,H_j} = \boldsymbol{U}^B \boldsymbol{U}_{H_1,H_j} + \boldsymbol{O}_{13\times13} + \boldsymbol{U}_{I_j}^i \\
&= \boldsymbol{U}^B \boldsymbol{U}_{H_1,H_j} + \boldsymbol{U}_{I_j}^i
\end{aligned}
\tag{B.9}
$$

附录 C　对含多个非自由边界系统的处理

缩减多体系统传递矩阵法对任何边界条件的处理都一样，无需区别对待。解耦铰缩减多体系统传递矩阵法对含多于一个非自由边界的系统则要作相应处理。以图 4.3 链式系统为例，来说明含多个非自由边界系统的缩减多体系统传递矩阵法的递推公式。假设系统的梢铰 1 和根铰 n 都用光滑球铰与无穷大刚体地面联接。从系统中移去铰 1 后，铰 1 对其外接体 2 的作用可用铰 1 处的内力

$$\boldsymbol{q}_I^2 = [\,q_x \quad q_y \quad q_z\,]_{2,I}^{\mathrm{T}} \tag{C.1}$$

连同简支边界条件

$$\ddot{\boldsymbol{r}}_I^2 = [\,\ddot{x} \quad \ddot{y} \quad \ddot{z}\,]_{2,I}^{\mathrm{T}} = \boldsymbol{0} \tag{C.2}$$

来代替，式(C.1)和(C.2)也能用相应联接点的状态矢量描述为

$$\boldsymbol{z}_{a,I}^2 = \boldsymbol{G}_a \boldsymbol{q}_I^2 \tag{C.3}$$

和

$$\ddot{\boldsymbol{r}}_I^2 = [\,\ddot{x} \quad \ddot{y} \quad \ddot{z}\,]_{2,I}^{\mathrm{T}} = \boldsymbol{G}_b \boldsymbol{z}_{b,I}^2 = \boldsymbol{0} \tag{C.4}$$

式中

$$\boldsymbol{G}_a = \begin{bmatrix} 0 & 0 & 0 & 1 & 0 & 0 \\ 0 & 0 & 0 & 0 & 1 & 0 \\ 0 & 0 & 0 & 0 & 0 & 1 \end{bmatrix}^{\mathrm{T}}, \ \boldsymbol{G}_b = \begin{bmatrix} 1 & 0 & 0 & 0 & 0 & 0 \\ 0 & 1 & 0 & 0 & 0 & 0 \\ 0 & 0 & 1 & 0 & 0 & 0 \end{bmatrix} \tag{C.5}$$

将式(C.3)代入体 2 传递方程(5.10)得

$$\boldsymbol{z}_{b,O}^2 = \boldsymbol{T}_{ba}^2 \boldsymbol{G}_a \boldsymbol{q}_I^2 + \boldsymbol{T}_{bb}^2 \boldsymbol{z}_{b,I}^2 + \boldsymbol{f}_b^2 \tag{C.6}$$

由式(C.6)可得 $\boldsymbol{z}_{b,I}^2$ 为

$$z_{b,I}^{2} = (T_{bb}^{2})^{-1} z_{b,O}^{2} - (T_{bb}^{2})^{-1} T_{ba}^{2} G_{a} q_{I}^{2} - (T_{bb}^{2})^{-1} f_{b}^{2} \tag{C.7}$$

将式(C.7)代入式(C.4)得

$$0 = G_{b}(T_{bb}^{2})^{-1} z_{b,O}^{2} - G_{b}(T_{bb}^{2})^{-1} T_{ba}^{2} G_{a} q_{I}^{2} - G_{b}(T_{bb}^{2})^{-1} f_{b}^{2} \tag{C.8}$$

式(C.8)表明体 2 处的边界条件也能用包括铰 1 处内力 q_I^2 的体 2 输出端的状态矢量来确定,该式可解释为 5.2.2 节中补充方程的一般形式

$$0 = B_{b} z_{b} + B_{c} q_{I}^{2} + b \tag{C.9}$$

由 5.3.2 节可知,系统中任何联接点的状态矢量具有相同形式的补充方程。所以,对体 2 输入端,式(C.9)可写为

$$0 = B_{b,I}^{2} z_{b,I}^{2} + B_{c,I}^{2} q_{I}^{2} + b_{I}^{2} \tag{C.10}$$

比较式(C.10)与(C.4)得

$$B_{b,I}^{2} = G_{b},\ B_{c,I}^{2} = O_{3\times3},\ b_{I}^{2} = O_{3\times1} \tag{C.11}$$

类似于 5.3.2 节中闭环的处理方法,可定义系统中每个联接点的缩减变换为

$$z_{a} = S z_{b} + D q_{I}^{2} + e \tag{C.12}$$

特别地,对体 2 输入端,可得

$$z_{a,I}^{2} = S_{I}^{2} z_{b,I}^{2} + D_{I}^{2} q_{I}^{2} + e_{I}^{2} \tag{C.13}$$

比较式(C.13)和(C.3)得

$$S_{I}^{2} = O_{6\times6},\ D_{I}^{2} = G_{a},\ e_{I}^{2} = O_{6\times1} \tag{C.14}$$

式(C.9)和(C.12)适用于系统中任何联接点,沿传递路径到铰 n 输出端可得

$$z_{a,O}^{n} = S_{O}^{n} z_{b,O}^{n} + D_{O}^{n} q_{I}^{2} + e_{O}^{n} \tag{C.15}$$

$$0 = B_{b,O}^{n} z_{b,O}^{n} + B_{c,O}^{n} q_{I}^{2} + b_{O}^{n} \tag{C.16}$$

铰 n 输出端为固支,由此根据式(3.93)得 $z_{b,O}^{n} = 0$。将其代入式(C.15)和(C.16)得线性代数方程组

$$\begin{bmatrix} \boldsymbol{I} & -\boldsymbol{D}_O^n \\ \boldsymbol{O} & -\boldsymbol{B}_{c,O}^n \end{bmatrix}\begin{bmatrix} \boldsymbol{z}_{a,O}^n \\ \boldsymbol{q}_I^2 \end{bmatrix} = \begin{bmatrix} \boldsymbol{e}_O^n \\ \boldsymbol{b}_O^n \end{bmatrix} \tag{C.17}$$

求解式(C.18)得铰 n 完整的状态矢量 $\boldsymbol{z}_O^n$ 和内力 $\boldsymbol{q}_I^2$，然后，系统中所有联接点的状态矢量可由缩减传递方程依次递推得到。

参照 5.2.2 节方法可获得体元件缩减传递矩阵递推方程

$$\begin{cases} \boldsymbol{P} = (\boldsymbol{T}_{ba}\boldsymbol{S}_I + \boldsymbol{T}_{bb})^{-1},\ \boldsymbol{W} = -\boldsymbol{P}\boldsymbol{T}_{ba}\boldsymbol{D}_I,\ \boldsymbol{Q} = -\boldsymbol{P}(\boldsymbol{T}_{ba}\boldsymbol{e}_I + \boldsymbol{f}_b) \\ \boldsymbol{S}_O = (\boldsymbol{T}_{aa}\boldsymbol{S}_I + \boldsymbol{T}_{ab})\boldsymbol{P},\ \boldsymbol{D}_O = (\boldsymbol{T}_{aa}\boldsymbol{S}_I + \boldsymbol{T}_{ab})\boldsymbol{W} + \boldsymbol{T}_{aa}\boldsymbol{D}_I \\ \boldsymbol{e}_O = (\boldsymbol{T}_{aa}\boldsymbol{S}_I + \boldsymbol{T}_{ab})\boldsymbol{Q} + \boldsymbol{T}_{aa}\boldsymbol{e}_I + \boldsymbol{f}_a \\ \boldsymbol{B}_{b,O} = \boldsymbol{B}_{b,I}\boldsymbol{P},\ \boldsymbol{B}_{c,O} = \boldsymbol{B}_{c,I} + \boldsymbol{B}_{b,I}\boldsymbol{W},\ \boldsymbol{b}_O = \boldsymbol{b}_I + \boldsymbol{B}_{b,I}\boldsymbol{Q} \end{cases} \tag{C.18}$$

参照 5.3.2 节可获得解耦铰缩减传递矩阵递推方程

$$\begin{cases} \boldsymbol{P} = -\begin{bmatrix} \boldsymbol{E}_I \\ \boldsymbol{E}_s\boldsymbol{S}_I \end{bmatrix}^{-1}\begin{bmatrix} \boldsymbol{E}_O \\ \boldsymbol{O} \end{bmatrix},\ \boldsymbol{W} = -\begin{bmatrix} \boldsymbol{E}_I \\ \boldsymbol{E}_s\boldsymbol{S}_I \end{bmatrix}^{-1}\begin{bmatrix} \boldsymbol{O} \\ \boldsymbol{E}_s\boldsymbol{D}_I \end{bmatrix} \\ \boldsymbol{Q} = -\begin{bmatrix} \boldsymbol{E}_I \\ \boldsymbol{E}_s\boldsymbol{S}_I \end{bmatrix}^{-1}\begin{bmatrix} \boldsymbol{E}_f \\ \boldsymbol{E}_s\boldsymbol{e}_I \end{bmatrix} \\ \boldsymbol{S}_O = \boldsymbol{E}_e\boldsymbol{S}_I\boldsymbol{P},\ \boldsymbol{D}_O = \boldsymbol{E}_e\boldsymbol{S}_I\boldsymbol{W} + \boldsymbol{E}_e\boldsymbol{D}_I,\ \boldsymbol{e}_O = \boldsymbol{E}_e\boldsymbol{e}_I + \boldsymbol{E}_e\boldsymbol{S}_I\boldsymbol{Q} \\ \boldsymbol{B}_{b,O} = \boldsymbol{B}_{b,I}\boldsymbol{P},\ \boldsymbol{B}_{c,O} = \boldsymbol{B}_{c,I} + \boldsymbol{B}_{b,I}\boldsymbol{W},\ \boldsymbol{b}_O = \boldsymbol{b}_I + \boldsymbol{B}_{b,I}\boldsymbol{Q} \end{cases} \tag{C.19}$$

状态矢量逆向递推过程可通过下式缩减传递方程实现

$$\begin{cases} \boldsymbol{z}_{b,I} = \boldsymbol{P}\boldsymbol{z}_{b,O} + \boldsymbol{W}\boldsymbol{q}_I^2 + \boldsymbol{Q} \\ \boldsymbol{z}_{a,I} = \boldsymbol{S}_I\boldsymbol{z}_{b,I} + \boldsymbol{D}_I\boldsymbol{q}_I^2 + \boldsymbol{e}_I \end{cases} \tag{C.20}$$

对含有更多非自由边界的系统，可参照上述方法，将非自由边界处的作用力引入到缩减变换中，并添加相应的补充方程。

以如图 C.1 所示的平面四连杆机构为数值仿真算例，该机构包括曲柄 2、连杆 4、摇杆 6 三个刚体以及标号 1、3、5、7 的四个光滑柱铰。结构参数和初始条件列于表 C.1 中。

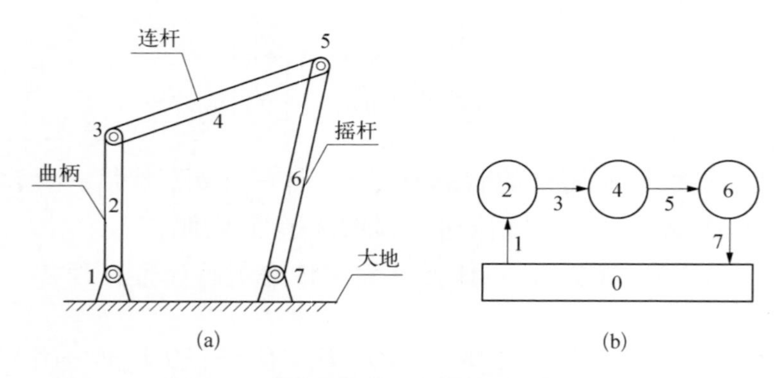

图 C.1　平面四连杆机构(a)及其拓扑图(b)

表 C.1　四连杆机构的结构参数和初始条件

体标号	质量/kg	转动惯量/(kg·m²)	长度/m	初始角度/(°)
0	—	—	0.15	—
2	3.120	0.042 25	0.40	90.0
4	2.028	0.011 85	0.26	10.576
6	3.588	0.064 02	0.46	-103.269

分别用解耦铰缩减多体系统传递矩阵法和拉格朗日方程对该机构从初始位置开始自由运动进行仿真,摇杆角速度时间历程仿真结果如图 C.2 所示,两种方法计算结果吻合很好。

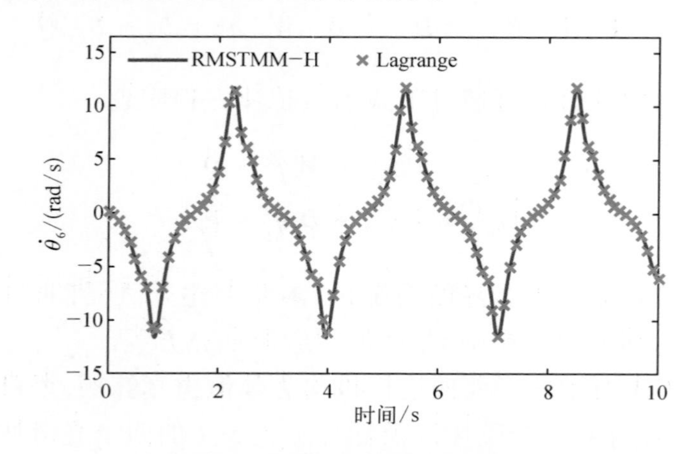

图 C.2　摇杆角速度时间历程

参考文献

[1] 芮筱亭,贠来峰,陆毓琪,等.多体系统传递矩阵法及其应用.北京：科学出版社,2008.

[2] Rui X T, Wang G P, Zhang J S. Transfer matrix method for multibody systems: Theory and applications. Singapore: Wiley, 2018.

[3] Rui X T, Wang X, Zhou Q B, et al. Transfer matrix method for multibody systems (Rui method) and its applications. Science China Technological Science, 2019, 62: 712－720.

[4] Foss F C. Jane's tanks and combat vehicles recognition guide. London: Harper Collins Publishers, 2000.

[5] Murphy N R, Ahlvin R B. AMC－74 vehicle dynamics module. Technical Report No. M－76－1, Army Engineer Waterways Experiment Station, 1976: 1－52.

[6] Galaitsis A G. A model for predicting dynamic track loads in military vehicles. Journal of Vibration, Acoustics, Stress, and Reliability in Design, 1984, 106(2): 286－291.

[7] Bando K, Yoshida K, Hori K. The development of the rubber track for small size bulldozers. SAE Technical Paper 911854, Proceedings of International Off-Highway & Powerplant Congress and Exposition, Milwaukee, Wisconsin, 1991.

[8] Nakanishi T, Shabana A A. Contact forces in the nonlinear dynamic analysis of tracked vehicles. International Journal for Numerical Methods in Engineering, 1994, 37(8): 1251－1275.

[9] Dhir A, Sankar S. Ride dynamics of high-speed tracked vehicles: Simulation with field validation. Vehicle System Dynamics, 1994, 23(1): 379－409.

[10] Choi J H, Lee H C, Shabana A A. Spatial dynamics of multibody tracked vehicles. Part I: Spatial equations of motion. Vehicle System Dynamic, 1998, 29(1): 27－49.

[11] Balamurugan V. Dynamic analysis of a military tracked vehicle. Defence Science Journal, 2000, 50(2): 155－165.

[12] Ryu H S, Bae D S, Choi J H, et al. A compliant track link model for high-speed, high-mobility tracked vehicles. International Journal for Numerical

Methods in Engineering, 2000, 48(10): 1481 – 1502.

[13] Ryu H S, Huh K S, Bae D S, et al. Development of a multibody dynamics simulation tool for tracked vehicles. Part I: Efficient contact and nonlinear dynamics modeling. JSME International Journal, Series C. Mechanical Systems, Machine Elements and Manufacturing, 2002, 46(2): 540 – 549.

[14] Ozaki T, Shabana A A. Treatment of constraints in multibody systems. Part I: Methods of constrained dynamics. International Journal for Multiscale Computational Engineering, 2003, 1: 235 – 252.

[15] Ozaki T, Shabana A A. Treatment of constraints in multibody systems. Part II: Application to tracked vehicles. International Journal for Multiscale Computational Engineering, 2003, 1: 253 – 276.

[16] Rubinstein D, Hitron R. A detailed multi-body model for dynamic simulation of off-road tracked vehicles. Journal of Terramechanics, 2004, 41(2): 163 – 173.

[17] Sandu C, Freeman J S. Military tracked vehicle model. Part I: Multibody dynamics formulation. International Journal of Vehicle Systems Modelling and Testing, 2005, 1: 48 – 67.

[18] Sandu C, Freeman J S. Military tracked vehicle model. Part II: Case study. International Journal of Vehicle Systems Modelling and Testing, 2005, 1: 216 – 231.

[19] Gunter D D, Bylsma W W, Edgar K, et al. Using modeling and simulation to evaluate stability and traction performance of a track-laying robot vehicle. US Army Research, RDECOM, TARDEC, 2005.

[20] Janarthanan B, Padmanabhan C, Sujatha C. Longitudinal dynamics of a tracked vehicle: Simulation and experiment. Journal of Terramechanics, 2012, 49(2): 63 – 72.

[21] Newton I. Philosophiae naturalis principia mathematica. London: Royal Society, 1687. (Mathemetical principles of natural philosophy. Translated and Edited by Cohen I B, Whitman A. Berkeley: University of California Press, 1999)

[22] Euler L. Nova methodi motum corporum rigidarum determinandi. Novi Commentarii Academiae Scientiarum Petropolitanae, 1776, 20: 208 – 233.

[23] Wittenburg J. Dynamics of multibody systems. Berlin: Springer, 2008.

[24] D'Alembert J R. Traité de Dynamique. Paris: David, 1743.

[25] Lagrange J L. Mécanique Analytique. Paris, 1788.

[26] Gauss C F. Über ein neues allgemeines Grundgesetz der Mechanik. J. für die reine und angewandte Mathematik, 1829, 4(4): 232 – 235.

[27] Hamilton W R. Second essay on a general method in dynamics. Philosophical

Transactions of the Royal Society of London, 1835, 125: 95 - 144.

[28] Wittenburg J. Dynamics of systems of rigid bodies. Stuttgart: Teubner, 1977.

[29] Roberson R E, Schwertassek R. Dynamics of multibody systems. Berlin: Springer, 1988.

[30] Schiehlen W. Multibody systems handbook. Berlin: Springer, 1990.

[31] Pfeiffer F. Mechanical system dynamics. Berlin: Springer, 2008.

[32] 刘延柱,潘振宽,戈新生.多体系统动力学.北京:高等教育出版社,2014.

[33] Fischer D. Theoretical foundation for the mechanics of living mechanisms (in German). Leipzig: Teubner, 1906.

[34] Kane T R. Dynamics of nonholonomic systems. Journal of Applied Mechanics, 1961, 28(4): 574 - 578.

[35] Roberson R E, Wittenburg J. A dynamical formalism for an arbitrary number of interconnected rigid bodies, with reference to the problem of satellite attitude control. Proceedings of 3rd IFAC Congress, London, 1966.

[36] Chace M A, Smith D A. DAMN-digital computer program for the dynamic analysis of generalized mechanical systems. SAE Technical Paper 710244, University of Michigan, 1971.

[37] Andrews G C. The vector-network model — A topological approach to mechanics, dissertation. Ottawa: University of Waterloo, 1971.

[38] Magnus K. Fortschritte in der Kinetik von Mehrkörpersystemen. Ludwig Prantl-Gedächtnisvorlesung, DGLR Jahrbuch, 1972: 11 - 26.

[39] Vereshchagin A F. Computer simulation of the dynamics of complicated mechanisms of robot-manipulators. Engineering Cybernetics, 1974, 12(6): 65 - 70.

[40] Schiehlen W, Kreuzer E. Rechnergestütztes Aufstellen der Bewegungsgleichungen gewöhnlicher Mehrkörpersysteme. Ingenieur-Archiv, 1977, 46: 185 - 194.

[41] Magnus K. Dynamics of multibody systems. Proceedings of IUTAM Symposium on Dynamics of Multibody Systems, Munich, Germany, 1977.

[42] Huston R L, Passerello C E, Harlow M W. Dynamics of multirigid-body systems. Journal of Applied Mechanics, 1978, 45(4): 889 - 894.

[43] Popov E P, Vereshchagin A F, Zenkevich S A. Manipulative robots, dynamics and algorithm. Moscow: Science, 1978. (in Russian. Попов, Е.П, Верещагин, А. Ф, Зенкевич, С. Л.: Манипуляционные роботы: динамика и алгоритмы. Наука, 1978.)

[44] Nikravesh P E, Haug E J. Generalized coordinate partitioning for analysis of mechanical systems with nonholonomic constraints. Journal of Mechanisms

Transmissions and Automation in Design, 1983, 105(3): 379 - 384.
[45] 刘延柱,杨海兴.弹性联系的多刚体系统动力学方程.应用力学学报,1986, 3(4): 1 - 9.
[46] Winfery R C. Elastic link mechanism dynamics. Journal of Engineeirng for Industry, 1971, 93(1): 268 - 272.
[47] Schiehlen W. Multibody system dynamics: Roots and perspectives. Multibody System Dynamics, 1997, 1(2): 149 - 188.
[48] Shabana A A. Flexible multibody dynamics: Review of past and recent developments. Multibody System Dynamics, 1997, 1(2): 189 - 222.
[49] Wasfy T M, Noor A K. Computational strategies for flexible multibody systems. Applied Mechanics Reviews, 2003, 56(6): 553 - 613.
[50] Rong B, Rui X T, Tao L, et al. Theoretical modeling and numerical solution methods for flexible multibody system dynamics. Nonlinear Dynamics, 2019, 98(2): 1519 - 1553.
[51] Belytschko T, Hsieh B J. Non-linear transient finite element analysis with convected coordinates. International Journal of Numerical Methods and Engineering, 1973, 7(3): 255 - 271.
[52] Schiehlen W. Technische dynamik. Stuttgart: B.G. Teubner, 1986.
[53] Shabana A A. An absolute nodal coordinates formulation for the large rotation and deformation analysis of flexible bodies. Technical Report No. MBS96 - 1 - UIC, University of Illinois at Chicago, 1996.
[54] Ambrósio A C, Gonçalves P C. Complex flexible multibody systems with application to vehicle dynamics. Multibody System Dynamics, 2001, 6(2): 168 - 182.
[55] Bestle D, Eberhard P. Analyzing and optimizing multibody systems. Mechanics of Structures and Machines, 1992, 20(1): 67 - 92.
[56] Bestle D. Analyse und Optimierung von Mehrkörpersystemen. Berlin: Springer, 1994.
[57] Eberhard P. Analysis and optimization of complex multibody systems using advanced sensitivity analysis methods. Journal of Applied Mathematics and Mechanics, 1995, 76: 40 - 43.
[58] Eberhard P,胡斌.现代接触力学.南京:东南大学出版社,2003.
[59] Ergenzinger C, Seifried R, Eberhard P. A discrete element model to describe failure of strong rock in uniaxial compression. Granular Matter, 2011, 13: 341 - 364.
[60] Jiang S P, Rui X T, Hong J, et al. Numerical simulation of impact breakage of

gun propellant charge. Granular Matter, 2011, 13(5): 611 - 622.
[61] 周起钊.柔性系统力学中的主要课题.力学进展,1989,19(4): 464 - 476.
[62] Featherstone R. Robot dynamics algorithms. Boston: Springer, 1987.
[63] Simo J C. A finite strain beam formulation. Part I: The three-dimensional dynamic problem. Computer Methods in Applied Mechanics and Engineering, 1985, 49(1): 55 - 70.
[64] Kim S S, Vanderploeg M J. QR decomposition for state space representation of constrained mechanical dynamic systems. Journal of Mechanisms Transmissions and Automation in Design, 1986, 108(2): 183 - 188.
[65] Baumgarte J. Stabilization of constraints and integrals of motion in dynamical systems. Computer Methods in Applied Mechanics & Engineering, 1972, 1(1): 1 - 16.
[66] Liu C, Tian Q, Yan D, et al. Dynamic analysis of membrane systems undergoing overall motions, large deformations and wrinkles via thin shell elements of ANCF. Computer Methods in Applied Mechanics and Engineering, 2013, 258: 81 - 95.
[67] Bauchau O A. Flexible multibody dynamics. Dodrecht: Springer, 2011.
[68] Shabana A A. Dynamics of multibody systems (Fourth Edition). New York: Cambridge University Press, 2013.
[69] Kreuzer E J, Schiehlen W. Computerized generation of symbolic equations of motion for spacecraft. Journal of Guidance, Control and Dynamics, 1985, 8(2): 284 - 287.
[70] Rui X T, Wang G P, Lu Y Q, et al. Transfer matrix method for linear multibody system. Multibody System Dynamics, 2008, 19(3): 179 - 207.
[71] 芮筱亭.多体系统发射动力学研究.南京: 南京理工大学,1993.
[72] Chang Y, Ding J G, Zhuang H, et al. Study on the model of a single-point diamond fly cutting machine tool at different rotational speed based on trasfer matrix method for multibody systems. The International Symposium on Transfer Matrix Method for Multibody Systems and Its Applications, Proceedings of the 14th International Conference on Multibody Systems, Nonlinear Dynamics, and Control, Quebec City, Quebec, Canada, 2018.
[73] 芮筱亭,陆毓琪,何飞跃,等.多体系统动力学离散时间传递矩阵法//陈滨.动力学、振动与控制的研究.长沙: 湖南大学出版社,1998: 279 - 283.
[74] Rui X T, Bestle D, Zhang J S. A new form of the transfer matrix method for multibody systems. Proceedings of the ECCOMAS Thematic Conference on Multibody Dynamics, Zagreb, Croatia, 2013: 259 - 268.

[75] 芮筱亭.多体系统发射动力学.北京：国防工业出版社，1995.
[76] 芮筱亭，黄葆华，陆毓琪.复杂多体耦合系统振动分析//余寿文，杨卫，郑泉水.固体力学进展.北京：清华大学出版社，1997：147－154.
[77] 芮筱亭，贠来峰，陆毓琪.刚弹耦合多体系统增广特征矢量及其正交性.兵工学报，2007，28(5)：581－586.
[78] Rui X T, Yun L F, Tang J J, et al. Transfer matrix method for 2-dimension system. Proceedings of the International Conference on Mechanical Engineering and Mechanics, Nanjing, China, 2005: 93－99.
[79] 贠来峰，芮筱亭，何斌，等.二维系统传递矩阵法.力学学报，2006，38(5)：712－720.
[80] 贠来峰，芮筱亭，陆毓琪.用扩展传递矩阵法计算多体系统的稳态响应.南京理工大学学报(自然科学版)，2006，30(4)：419－423.
[81] 董满才，芮筱亭，王国平.随机参数多体系统特征值随机特性分析方法研究.南京理工大学学报(自然科学版)，2006，30(4)：458－461.
[82] Wang G P, Rui X T, Yang F F. Dynamics simulation and optimization of multibody system with random parameters. Proceedings of the International Conference on Mechanical Engineering and Mechanics, Wuxi, China, 2007: 1019－1023.
[83] Bestle D, Abbas L K, Rui X T. Recursive eigenvalue search algorithm for transfer matrix method of flexible multibody systems. Multibody System Dynamics, 2014, 32(4): 429－444.
[84] Rui X T, He B, Lu Y Q, et al. Discrete time transfer matrix method for multibody system dynamics. Multibody System Dynamics, 2005, 14: 317－344.
[85] 芮筱亭，何斌，陆毓琪，等.刚柔多体系统动力学离散时间传递矩阵法.南京理工大学学报(自然科学版)，2006，30(4)：389－394.
[86] Rui X T, He B, Rong B, et al. Discrete time transfer matrix method for dynamics of a multi-rigid-flexible-body system moving in plane. Proceedings of the Institution of Mechanical Engineers Part K-Journal of Multibody Dynamics, 2009, 223(1): 23－42.
[87] Rui X, Wang G P, He B. Differential quadrature discrete time transfer matrix method for vibration mechanics. Advances in Mechanical Engineering, 2019, 11(5): 1－14.
[88] Wang X. Differential quadrature and differential quadrature based element methods: Theory and applications. Waltham, MA: Butterworth-Heinemann, 2015.
[89] Rui X T, Bestle D, Zhang J S, et al. A new version of transfer matrix method for

multibody systems. Multibody System Dynamics, 2016, 38: 137 – 156.

[90] Rui X T, Yang H G, Gu J J, et al. Design of visual dynamics software of transfer matrix method for multibody system. Proceedings of the ASME 2014 International Mechanical Engineering Congress & Exposition, Montreal, Canada, 2014.

[91] Yang H G, Rui X T, Zhan Z H, et al. Virtual design software for mechanical system dynamics using transfer matrix method of multibody system and its Application. Advances in Mechanical Engineering, 2015, 7(9): 1 – 24.

[92] Rui X T, Gu J J, Zhang J S, et al. Visualized simulation and design method of mechanical system dynamics based on transfer matrix method for multibody systems. Advances in Mechanical Engineering, 2017, 9(8): 1 – 12.

[93] MSC Software. Adams tutorial kit for mechanical engineering courses. URL: www.mscsoftware.com/page/adams-tutorial-kit-mechanical-engineering-courses. Last access Sept, 2019.

[94] Tu T X, Wang G P, Rui X T, et al. Direct differentiation method for sensitivity analysis based on transfer matrix method for multibody systems. International Journal for Numerical Methods in Engineering, 2018, 115(13): 1601 – 1622.

[95] He Z H, Rui X T, Zhang J S, et al. Study on transfer matrix of single-ended input and single-ended output plate with large motion and small deformation. Proceedings of the 15th International Conference on Multibody Systems, Nonlinear Dynamics, and Control, Anaheim, CA, USA, 2019.

[96] 陆卫杰,芮筱亭,贠来峰,等.受控线性多体系统传递矩阵法.振动与冲击,2006,25(5): 24 – 27,31.

[97] 杨富锋,芮筱亭,贠来峰,等.受控多体系统传递矩阵法.南京理工大学学报(自然科学版),2006,30(4): 414 – 418.

[98] Yang F F, Rui X T, Zhan Z H. Study on dynamics of controlled multibody system with branch based on transfer matrix method of controlled multibody system. Proceedings of the International Conference on Mechanical Engineering and Mechanics, Wuxi, China, 2007: 1367 – 1371.

[99] Bestle D, Rui X T. Application of the transfer matrix method to control problems. Proceedings of the ECCOMAS Thematic Conference on Multibody Dynamics, Zagreb, Croatia, 2013: 259 – 268.

[100] Hendy H, Rui X T, Zhou Q B, et al. Controller parameters tuning based on transfer matrix method for multibody systems. Advances in Mechanical Engineering, 2014, Article ID 957684.

[101] Zhou Q B, Rui X T, Tao Y, et al. Deduction method of the overall transfer equation of linear controlled multibody systems. Multibody System Dynamics,

2016, 38(3): 263 - 295.

[102] Zhan Z H, Rui X T, Rong B, et al. Design of active vibration control for launcher of multiple launch rocket system. Proceedings of the Insititution of Mechanical Engineers, Part K-Journal of Multibody Dynamics, 2011, 225 (K3): 280 - 293.

[103] Wang G P, Rui X T, Tang W B. Active vibration control design method based on transfer matrix method for multibody system. Journal of Engineering Mechanics, 2017, 143(6): 1 - 9.

[104] Gu L L, Rui X T, Wang G P, et al. A novel vibration control system applying annularly arranged thrusters for multiple launch rocket system in launching process. Shock and Vibration, 2020, Article ID 7040827.

[105] Jiang M, Rui X T, Zhu W, et al. Modeling and control of magnetorheological 6-DOF stewart platform based on multibody systems transfer matrix method. Smart Materials and Structures, 2020, 29(3): 035029.

[106] Rong B, Rui X T, Wang G P, et al. Dynamic modeling and H_∞ independent modal space vibration control of laminate plates. Science China Physics, Mechanics & Astronomy, 2011, 54(9): 1638 -1650.

[107] Rong B, Rui X T, Tao L. Dynamics and genetic fuzzy neural network vibration control design of a smart flexible four-bar linkage mechanism. Multibody System Dynamics, 2012, 28(4): 291 - 311.

[108] Rong B, Rui X T, Wang G P, et al. Discrete time transfer matrix method for dynamics of multibody system with real-time control. Journal of Sound and Vibration, 2010, 329(6): 627 - 643.

[109] Rong B, Rui X T, Lu K, et al. Dynamics analysis and wave compensation control design of ship's seaborne supply by discrete time transfer matrix method of multibody system. Mechanical Systems and Signal Processing, 2019, 128(1): 50 - 68.

[110] Wang P X, Rui X T, Yu H L. Study on dynamic track tension control for high-speed tracked vehicles. Mechanical Systems and Signal Processing, 2019, 132(1): 277 - 292.

[111] 芮筱亭,戎保.多体系统传递矩阵法研究进展.力学进展,2012,42(1): 4 - 17.

[112] Rui X T, Zhang J S. Automatical transfer matrix method of multibody system. Proceedings of 2nd Joint International Conference on Multibody System Dynamics, Stuttgart, Germany, May - June, 2012.

[113] Rui X T, Zhang J S, Zhou Q B. Automatic deduction theorem of overall transfer

equation of multibody system. Advances in Mechanical Engineering, 2014, 2014(2): 1-12.

[114] 芮雪.多体系统传递矩阵法及其应用研究.南京：南京理工大学,2014.

[115] Rui X, Wang G P, Zhang J S, et al. Study on automatic deduction method of overall transfer equation for branch multibody system. Advances in Mechanical Engineering, 2016, 8(6): 1-16.

[116] Sun L, Wang G P, Rui X T, et al. Study on automatic deduction method of overall transfer equation for tree systems as well as closed-loop-and branch-mixed systems. Advances in Mechanical Engineering, 2018, 10(7): 1-17.

[117] Rui X. Multibody system dynamics analysis for any topology using multibody system transfer matrix method. Multibody System Dynamics, 2022, submitted.

[118] Horner G C, Pilkey W D. The Riccati transfer matrix method. Journal of Mechanics Design, 1978, 100(2): 297-302.

[119] Zhang J S, Rui X T, Wang G P, et al. Riccati transfer matrix method for eigenvalue problem of the system with antisymmetric boundaries. Proceedings of the ECCOMAS Thematic Conference on Multibody Dynamics, Zagreb, Croatia, 2013.

[120] Chen G L, Rui X T, Yang F F, et al. Study on the natural vibration characteristics of flexible missile with thrust by using Riccati transfer matrix method. Journal of Applied Mechanics, 2016, 83(3): 1-8.

[121] Gu J J, Rui X T, Zhang J S, et al. Riccati transfer matrix method for linear tree multibody system. Journal of Applied Mechanics, 2017, 84(1): 1-7.

[122] Gu J J, Rui X T, Zhang J S, et al. Research on the solver of Riccati transfer matrix method for linear multibody systems. The International Symposium on Transfer Matrix Method for Multibody Systems and Its Applications, Proceedings of the 14th International Conference on Multibody Systems, Nonlinear Dynamics, and Control, Quebec City, Quebec, Canada, 2018.

[123] Gu J J, Rui X T, Zhang J S. Riccati transfer matrix method for linear multibody systems with closed loops. AIP Advances, 2020, 10: 1-9.

[124] Zhang J S, Rui X T, Gu J J. Riccati transfer equations for linear multibody systems with indeterminate in-span conditions. Journal of Applied Mechanics, 2019, 86(6): 1-5.

[125] He B, Rui X T, Lu Y Q. Riccati discrete time transfer matrix method for huge chain multi-rigid-body system dynamics. Proceedings of the International Conference on Mechanical Engineering and Mechanics, Nanjing, China, 2005: 726-731.

[126] He B, Rui X T, Wang G P. Riccati discrete time transfer matrix method for elastic beam undergoing large overall motion. Multibody System Dynamics, 2007, 18(4): 579 - 598.

[127] Rui X, Bestle D, Wang G P, et al. A new version of the Riccati transfer matrix method for multibody systems consisting of chain and branch bodies. Multibody System Dynamics, 2020, 49(3): 337 - 354.

[128] Rui X, Bestle D. Reduced multibody system transfer matrix method using decoupled hinge equations. International Journal of Mechanical System Dynamics, 2021, 1(2): 182 - 193.

[129] 芮筱亭,刘怡昕,于海龙.坦克自行火炮发射动力学.北京:科学出版社,2011.

[130] 王国平,芮筱亭,杨富锋,等.轮式与履带式多管火箭动力学分析.兵工学报,2012,33(11):1286 - 1290.

[131] 莫荣博,王秋花,许恩永,等.多体系统传递矩阵法的载货汽车动力学建模方法.机械设计与制造,2019,8:261 - 264.

[132] Rui X T, Abbas L K, Yang F F, et al. Flapwise vibration computations of coupled helicopter rotor/fuselage: Application of multibody system dynamics. AIAA Journal, 2018, 56(2): 818 - 835.

[133] Rong B, Rui X T, Yu H L, et al. Discrete time transfer matrix method for dynamic modeling of complex spacecraft with flexible appendages. Journal of Computational and Nonlinear Dynamics, 2011, 6(1): 1 - 10.

[134] Chen G L, Rui X T, Yang F F, et al. Study on the dynamics of laser gyro strapdown inertial measurement unit system based on transfer matrix method for multibody system. Advances in Mechanical Engineering, 2013, Article ID 854583: 1 - 9.

[135] Wang G P, Rong B, Tao L, et al. Riccati discrete time transfer matrix method for dynamic modeling and simulation of an underwater towed system. Journal of Applied Mechanics, 2012, 79(4): 1 - 9.

[136] Chen D Y, Abbas L K, Rui X T, et al. Dynamic modeling of sail mounted hydroplanes system-Part I: Modal characteristics from a transfer matrix method. Ocean Engineering, 2017, 130: 629 - 644.

[137] Liu X, Zhao J, Zhang J S, et al. Elastokinematics of a rectilinear rear independent suspension. Proceedings of the Institution of Mechanical Engineers Part D-Journal of Automobile Engineering, 2016, 230(14): 1904 - 1924.

[138] 田杨.基于多体传递矩阵法的重型龙门机床-混凝土基础系统动力学模型.机械设计与制造,2016(12):69 - 71,74.

[139] Lu H J, Rui X T, Chen G L. Study on the dynamics response of ultra-precision single-point diamond fly-cutting machine tool as multi-rigid-flexible-body system based on transfer matrix method for multibody systems. The International Symposium on Transfer Matrix Method for Multibody Systems and Its Applications, Proceedings of the 14th International Conference on Multibody Systems, Nonlinear Dynamics, and Control, Quebec City, Quebec, Canada, 2018.

[140] Li X J, Shen Y P, Wang S L. Dynamic modeling and analysis of the large-scale rotary machine with multi-supporting. Shock and Vibration, 2011, 18: 53 - 62.

[141] 郑钰琪,隋立起,王三民.汽车起重机振动模态研究.机械设计与制造,2011(11):107 - 108.

[142] 王丙,陈徐均,江召兵,等.传递矩阵法在浮桥动力响应分析中的应用.解放军理工大学学报(自然科学版),2013,14(4):408 - 414.

[143] 刘志军,芮筱亭,展志焕,等.超长斜拉索张力振动测量的传递矩阵法.振动、测试与诊断,2012,32(4):634 - 639,692.

[144] Rui X, Sun L, Bestle D, et al. Vortex-induced vibration analysis of a composite riser system based on the transfer matrix method for multibody systems. The International Symposium on Transfer Matrix Method for Multibody Systems and Its Applications, Proceedings of the 14th International Conference on Multibody Systems, Nonlinear Dynamics, and Control, Quebec City, Quebec, Canada, 2018.

[145] 芮雪,陈东阳,王国平.海洋热塑性增强管(RTP)涡激振动数值计算.力学学报,2020,52(1):235 - 246.

[146] Li Z H, Cui X W. Wind turbine main shaft dynamics analysis based on transfer matrix method. Mechanical Engineering & Automation, 2014(5): 44 - 45, 48.

[147] 黄巍,廖明夫,程勇.传递矩阵法在风力机塔架动力学分析中的应用.科学技术与工程,2012,12(7):1548 - 1553.

[148] 桂佳林,罗哲,朱光宇.基于多体系统传递矩阵的柴油机配气系统动力学分析.福州大学学报(自然科学版),2014,42(4):577 - 583.

[149] 余鹏,王俨剀,廖明夫.离散时间传递矩阵法在燃气轮机动力学计算中的应用.机械科学与技术,2016,35(3):346 - 350.

[150] Zhu W, Chen G L, Bian L X, et al. Transfer matrix method for multibody systems for piezoelectric stack actuators. Smart Materials and Structures, 2014, 23(9): 1 - 12.

[151] Rui X T, Wang X, Zhou Q B, et al. Developments in transfer matrix method for multibody systems (Rui method) and its applications. The International Symposium on Transfer Matrix Method for Multibody Systems and Its Applications, Proceedings of the 14th International Conference on Multibody Systems, Nonlinear Dynamics, and Control, Quebec City, Quebec, Canada, 2018.

[152] 芮筱亭,陆毓琪,王国平,等.多管火箭发射动力学仿真与试验测试方法.北京:国防工业出版社,2003.

[153] Pestel E C, Leckie F A. Matrix method in elastomechanics. New York: McGraw-Hill Book Company, 1963.

[154] Kumar A S, Sankar T S. A new transfer matrix method for response analysis of large dynamic systems. Computers & Structures, 1986, 23(4): 545 - 552.

[155] Ehrich F F. Handbook of rotordynamics. New York: McGraw-Hill, 1992.

[156] 任兴民,顾家柳.航空发动机静子支承刚性的一种传递矩阵算法.西北工业大学学报,1993,11(3): 282 - 287.

[157] 顾致平,陈松淇.连续空间离散时间-Riccati 传递矩阵积分法.航空动力学报,1991,6(1): 46 - 50.

[158] 刘忠族,孙玉东,吴有生.空间管路振动频率计算的精确传递矩阵法.计算力学学报,2002,19(2): 207 - 211,216.

[159] Zhang J S, Rui X T, Liu F F, et al. Substructuring technique for dynamics analysis of flexible beams with large deformation. Journal of Shanghai Jiao Tong University (Science), 2017, 22(5): 562 - 569.

[160] Dokanish M A. A new approach for plate vibration: Combination of transfer matrix and finite element technique. Journal of Mechanical Design, 1972, 94(2): 526 - 530.

[161] 何斌,芮筱亭,于海龙,等.几何非线性机械臂有限段传递矩阵法.火力与指挥控制,2007,32(4): 14 - 17.

[162] 芮筱亭,于海龙,何斌,等.舰炮振动分析的多体系统有限元传递矩阵法.兵工学报,2007,28(9): 1036 - 1040.

[163] 何斌,芮筱亭,陆毓琪.多体系统离散时间传递矩阵法与有限元法混合方法.南京理工大学学报(自然科学版),2006,30(4): 395 - 399.

[164] Rong B. Efficient dynamics analysis of large-deformation flexible beams by using the absolute nodal coordinate transfer matrix method. Multibody System Dynamics, 2014, 32: 535 - 549.

[165] 张建书.新版多体系统传递矩阵法相关问题研究.南京:南京理工大学,2017.

[166] Rui X T, Wang X, Zhang J S, et al. Research progress and development tendency of transfer matrix method for multibody systems (Rui method). Proceedings of the 15th International Conference on Multibody Systems, Nonlinear Dynamics, and Control, Anaheim, CA, USA, 2019.

[167] Dormand J R, Prince P J. A family of embedded Runge-Kutta formulae. Journal of Computational and Applied Mathematics, 1980, 6(1): 19-26.

[168] Riccati J F. Animadversationes in aequationes differentiales secundi gradus. Acta Eruditorum Lipsiae, 1724(8): 66-73.

[169] Featherstone R. Rigid body dynamics algorithms. New York: Springer, 2014.

[170] Zhang L N, Rui X T, Zhang J S, et al. Study on transfer matrix method for the planar multibody system with closed-loops. Journal of Computational and Nonlinear Dynamics, 2021, 16(12): 121006.

[171] 国家标准 GB 7031-1986.车辆振动输入路面平度表示方法.1986.

[172] Qin Y C, Wei C F, Tang X L, et al. A novel nonlinear road profile classification approach for controllable suspension system: Simulation and experimental validation. Mechanical Systems and Signal Processing, 2019, 125: 79-98.

[173] Kane T R, Likins P W, Levinson D A. Spacecraft dynamics. New York: McGraw-Hill Book Company, 1983.

[174] Goldstein H. Classical mechanics. Massachusetts: Addison Wesley Pub. Co., 1950.